电气工程师基础

蔡杏山　主编

化学工业出版社

·北京·

本书采用双色图解和视频讲解的形式，系统介绍了电气工程师入门的相关知识，主要内容包括：电气基础知识与安全用电、电气基本操作技能、电气测量仪表的使用、低压电器、电子元器件、变压器、电动机、三相异步电动机常用控制线路识图与安装、室内配电与照明线路的安装、变频器的使用和PLC快速入门等。本书对重点部分用双色进行了突出标记，同时，在重点章节同步配套视频教学，非常方便读者学习。

本书涵盖了电气工程师需要掌握的基础知识和技能，讲解全面详细，理论和实践操作相结合，内容由浅入深、语言通俗易懂，读者通过学习本书可以尽快掌握成为一名合格的电气工程师所需的知识。

本书可供从事电气工程工作的技术人员、初级电工等学习使用，也可供大中专院校、培训机构相关专业的师生学习使用。

图书在版编目（CIP）数据

电气工程师基础／蔡杏山主编 . —北京：化学工业出版社，2018.11（2025.2 重印）
ISBN 978-7-122-32973-8

Ⅰ. ①电…　Ⅱ. ①蔡…　Ⅲ. ①电工技术　Ⅳ. ① TM

中国版本图书馆 CIP 数据核字（2018）第 207308 号

责任编辑：李军亮　万忻欣　　　　　　　　　　文字编辑：陈　喆
责任校对：秦　姣　　　　　　　　　　　　　　装帧设计：张　辉

出版发行：化学工业出版社　（北京市东城区青年湖南街13号　邮政编码100011）
印　　装：北京虎彩文化传播有限公司
787mm×1092mm　1/16　印张17　字数412千字　2025年 2 月北京第 1 版第 9 次印刷

购书咨询：010-64518888　　售后服务：010-64518899
网　　址：http://www.cip.com.cn
凡购买本书，如有缺损质量问题，本社销售中心负责调换。

定　　价：58.00元

前言 Foreword

现代社会电气化程度越来越高，小到家里的照明线路，大到工厂全自动生产线的电气控制系统，只要有电的地方就会用到电气技术，因此社会上需要大量的电气技术人才。要想成为一名合格的电气技术人才，既可以在学校系统学习，也可以自学成才，不管是哪种情况，都需要一些合适的学习图书。好的电气技术图书不但可以让学习者轻松迈入电气技术大门，而且能让学习者的技术水平快速提高。

《电气工程师基础》共有11章，各章内容简介如下：

第1章　电气基础知识与安全用电　与学习其他技术一样，学习电气技术也要先学习基础知识。本章主要介绍了电路基础、欧姆定律、电功、电功率、焦耳定律、电阻的连接方式、直流电、交流电和安全用电。

第2章　电气基本操作技能　要成为一名合格的电气技术人员，必须掌握基本的电气操作技能。本章主要介绍了常用测试工具及使用、导线的选择和导线的连接。

第3章　电气测量仪表的使用　电气仪表主要用来检查各种电量和用电设备性能好坏。本章主要介绍了指针万用表、数字万用表、电能表、钳形表、兆欧表、交流电压表和交流电流表。

第4章　低压电器　低压电器是组成低压电气线路的基本单元，用导线将不同的低压电器按不同的方式连接起来就能组成各种各样的电气线路。本章主要介绍了开关、熔断器、断路器、漏电保护器、接触器和继电器。

第5章　电子元器件　电子元器件是组成电子电路的基本单元，用导线将不同的电子元器件按不同的方式连接起来就能组成各种各样的电子电路。本章主要介绍电阻器、电感器、电容器、二极管、三极管和其他常用元器件。

第6章　变压器　变压器是一种可以改变交流电压和交流电流大小的电气设备。本章主要介绍了变压器的基础知识、三相变压器、电力变压器、自耦变压器和交流弧焊变压器。

第7章　电动机　电动机是一种将电能转换成机械能的电气设备。本章主要介绍了三相异步电动机、单相异步电动机、直流电动机、同步电动机、步进电动机、无刷直流电动机、开关磁阻电动机和直线电动机。

第8章　三相异步电动机常用控制线路识图与安装　三相异步电动机是一种在工业领域应用最为广泛的电动机，为了让电动机能按要求运行，在使用时需要安装控制线路。本章主要介绍了三相异步电动机的常用控制线路原理和控制线路的安装。

第9章　室内配电与照明线路的安装　室内配电是将室外的电源通过配电箱引入室内，再通过布线将电源送到室内指定位置。本章主要介绍了一些常见的照明光源和室内配电布线的操作方法与技巧。

第10章　变频器的使用　变频器是一种电动机驱动调速设备，不但可控制电动机转向，还能对电动机进行无级调速。本章主要介绍了变频器的基本组成与调速原理、变频器的结构与接线说明、操作面板的使用和变频器的使用。

第11章　PLC快速入门　PLC是一种控制设备，可以通过编程的方式改变其控制功能。本章主要介绍了PLC基础知识、PLC的组成与工作原理、PLC编程软件的使用、PLC应用系统的开发流程及举例。

在本书的编写过程中，蔡玉山、詹春华、黄勇、何慧、黄晓玲、蔡春霞、刘凌云、刘海峰、刘元能、邵永亮、朱球辉、蔡华山、蔡理峰、万四香、蔡理刚、何丽、梁云、唐颖、王娟、戴艳花、邓艳姣、何彬、何宗昌、蔡理忠、黄芳、谢佳宏、李清荣、蔡任英和邵永明等参与了资料的收集和整理工作。

由于我们水平有限，书中的不足之处在所难免，望广大读者和同仁予以批评指正。

编　者

目录 Contents

第3章 电气测量仪表的使用

第1章
电气基础知识与安全用电

1.1 电路基础

1.1.1 电路与电路图

图1-1（a）所示是一个简单的实物电路，该电路由电源（电池）、开关、导线和灯泡组成。电源的作用是提供电能；开关、导线的作用是控制和传递电能，称为中间环节；灯泡是消耗电能的用电器，它能将电能转变为光能，称为负载。因此，电路是由电源、中间环节和负载组成的。

使用实物图来绘制电路很不方便，为此人们就采用一些简单的图形符号代替实物的方法来画电路，这样画出的图形就称为电路图。图1-1（b）所示的图形就是图1-1（a）所示实物电路的电路图，不难看出，用电路图来表示实际的电路非常方便。

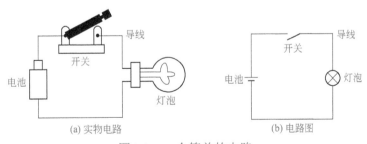

图1-1　一个简单的电路

1.1.2 电流与电阻

（1）电流

在图1-2所示电路中，将开关闭合，灯泡会发光，为什么会这样呢？原来当开关闭合时，带负电荷的电子源源不断地从电源负极经导线、灯泡、开关流向电源正极。这些电子在流经

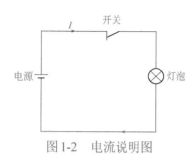

图1-2 电流说明图

灯泡内的钨丝时，钨丝会发热，温度急剧上升而发光。

大量的电荷朝一个方向移动（也称定向移动）就形成了电流，这就像公路上有大量的汽车朝一个方向移动就形成"车流"一样。实际上，我们把电子运动的反方向作为电流方向，即把正电荷在电路中的移动方向规定为电流的方向。图1-2所示电路的电流方向是：电源正极→开关→灯泡→电源的负极。

电流用字母"I"表示，单位为安培（简称安），用"A"表示，比安培小的单位有毫安（mA）、微安（μA），它们之间的关系为

$$1A = 10^3 mA = 10^6 \mu A$$

（2）电阻

在图1-3（a）所示电路中，给电路增加一个元器件——电阻器，发现灯光会变暗，该电路的电路图如图1-3（b）所示。为什么在电路中增加了电阻器后灯泡会变暗呢？原来电阻器对电流有一定的阻碍作用，从而使流过灯泡的电流减小，灯泡变暗。

(a) 实物电路   (b) 电路图

图1-3 电阻说明图

导体对电流的阻碍称为该导体的电阻，电阻用字母"R"表示，电阻的单位为欧姆（简称欧），用"Ω"表示，比欧姆大的单位有千欧（kΩ）、兆欧（MΩ），它们之间关系为

$$1M\Omega = 10^3 k\Omega = 10^6 \Omega$$

导体的电阻计算公式为

$$R = \rho \frac{L}{S}$$

式中，L为导体的长度（单位：m）；S为导体的横截面积（单位：m²）；ρ为导体的电阻率（单位：Ω·m）。不同的导体，ρ值一般不同。表1-1列出了一些常见导体的电阻率（20℃时）。

在长度L和横截面积S相同的情况下，电阻率越大的导体其电阻越大，例如，L、S相同的铁导线和铜导线，铁导线的电阻约是铜导线的5.9倍，由于铁导线的电阻率较铜导线大很多，为了减小电能在导线上的损耗，让负载得到较大电流，供电线路通常采用铜导线。

表1-1 一些常见导体的电阻率（20℃时）

导 体	电阻率/Ω·m	导 体	电阻率/Ω·m
银	1.62×10^{-8}	锡	11.4×10^{-8}
铜	1.69×10^{-8}	铁	10.0×10^{-8}

续表

导　体	电阻率/Ω·m	导　体	电阻率/Ω·m
铝	2.83×10^{-8}	铅	21.9×10^{-8}
金	2.4×10^{-8}	汞	95.8×10^{-8}
钨	5.51×10^{-8}	碳	3500×10^{-8}

导体的电阻除了与材料有关外，还受温度影响。一般情况下，导体温度越高电阻越大，例如常温下灯泡（白炽灯）内部钨丝的电阻很小，通电后钨丝的温度上升到1000℃以上，其电阻急剧增大；导体温度下降电阻减小，某些导电材料在温度下降到某一值时（如-109℃），电阻会突然变为零，这种现象称为超导现象，具有这种性质的材料称为超导材料。

1.1.3　电位、电压和电动势

电位、电压和电动势对初学者来说较难理解，下面通过图1-4所示的水流示意图来说明这些术语。首先来分析图1-4中的水流过程。

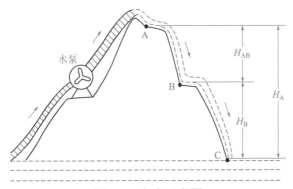

图1-4　水流示意图

水泵将河中的水抽到山顶的A处，水到达A处后再流到B处，水到B处后流往C处（河中），同时水泵又将河中的水抽到A处，这样使得水不断循环流动。水为什么能从A处流到B处，又从B处流到C处呢？这是因为A处水位较B处水位高，B处水位较C处水位高。

要测量A处和B处水位的高度，必须先要找一个基准点（零点），就像测量人身高要选择脚底为基准点一样，这里以河的水面为基准（C处）。AC之间的垂直高度为A处水位的高度，用H_A表示，BC之间的垂直高度为B处水位的高度，用H_B表示，由于A处和B处水位高度不一样，它们存在着水位差，该水位差用H_{AB}表示，它等于A处水位高度H_A与B处水位高度H_B之差，即$H_{AB}=H_A-H_B$。为了让A处源源不断有水往B、C处流，需要水泵将低水位的河水抽到高处的A点，这样做水泵是需要消耗能量的（如耗油）。

（1）电位

电路中的电位、电压和电动势与上述水流情况很相似。如图1-5所示，电源的正极输出电流，流到A点，再经R_1流到B点，然后通过R_2流到C点，最后流到电源的负极。

与图1-4所示水流示意图相似，图1-5所示电路中的A、B点也有高低之分，只不过不是

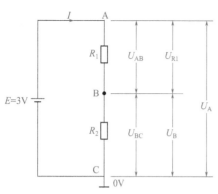

图 1-5　电位、电压和电动势说明图

水位，而称为电位，A点电位较B点电位高。为了计算电位的高低，也需要找一个基准点作为零点，为了表明某点为零基准点，通常在该点处画一个"⊥"符号，该符号称为接地符号，接地符号处的电位规定为0V，电位单位不是米，而是伏特（简称伏），用V表示。在图1-5所示电路中，以C点为0V（该点标有接地符号），A点的电位为3V，表示为 $U_A = 3V$，B点电位为1V，表示为 $U_B = 1V$。

（2）电压

图1-5电路中的A点和B点的电位是不同的，有一定的差距，这种电位之间的差距称为电位差，又称电压。A点和B点之间的电位差用 U_{AB} 表示，它等于A点电位 U_A 与B点电位 U_B 的差，即 $U_{AB} = U_A - U_B = 3V - 1V = 2V$。因为A点和B点电位差实际上就是电阻器 R_1 两端的电位差（即电压），R_1 两端的电压用 U_{R1} 表示，所以 $U_{AB} = U_{R1}$。

（3）电动势

为了让电路中始终有电流流过，电源需要在内部将流到负极的电流源源不断地"抽"到正极，使电源正极具有较高的电位，这样正极才会输出电流。当然，电源内部将负极的电流"抽"到正极需要消耗能量（如干电池会消耗掉化学能）。电源消耗能量在两极建立的电位差称为电动势，电动势的单位也为伏特，图1-5所示电路中电源的电动势为3V。

由于电源内部的电流方向是由负极流向正极，故电源的电动势方向规定为从电源负极指向正极。

1.1.4　电路的三种状态

电路有三种状态：通路、开路和短路，这三种状态的电路如图1-6所示。

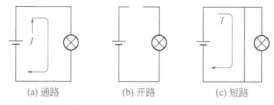

(a) 通路　　　　(b) 开路　　　　(c) 短路

图1-6　电路的三种状态

（1）通路

图1-6（a）所示电路处于通路状态。电路处于通路状态的特点有：电路畅通，有正常的电流流过负载，负载正常工作。

（2）开路

图1-6（b）所示电路处于开路状态。电路处于开路状态的特点有：电路断开，无电流流过负载，负载不工作。

（3）短路

图1-6（c）中的电路处于短路状态。电路处于短路状态的特点有：电路中有很大电流流过，但电流不流过负载，负载不工作。由于电流很大，很容易烧坏电源和导线。

1.1.5 接地与屏蔽

（1）接地

接地在电工电子技术中应用广泛，接地常用图1-7所示的符号表示。接地主要有以下的含义：

① 在电路图中，接地符号处的电位规定为0V。在图1-8（a）所示电路中，A点标有接地符号，规定A点的电位为0V。

② 在电路图中，标有接地符号处的地方都是相通的。图1-8（b）所示的两个电路图虽然从形式上看不一样，但实际的电路连接是一样的，故两个电路中的灯泡都会亮。

③ 在强电设备中，常常将设备的外壳与大地连接，当设备绝缘性能变差而使外壳带电时，可迅速通过接地线泄放到大地，从而避免人体触电，如图1-9所示。

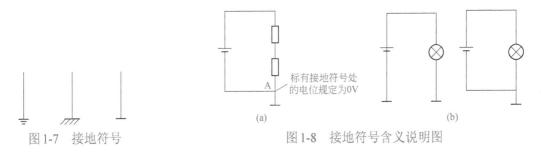

图1-7 接地符号   图1-8 接地符号含义说明图

（2）屏蔽

在电气设备中，为了防止某些元器件和电路工作时受到干扰，或者为了防止某些元器件和电路在工作时产生干扰信号影响其他电路正常工作，通常对这些元器件和电路采取隔离措施，这种隔离称为屏蔽。屏蔽常用图1-10所示的符号表示。

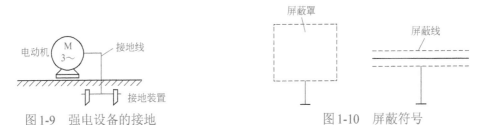

图1-9 强电设备的接地   图1-10 屏蔽符号

屏蔽的具体做法是用金属材料（称为屏蔽罩）将元器件或电路封闭起来，再将屏蔽罩接地（通常为电源的负极）。图1-11所示为带有屏蔽罩的元器件和导线，外界干扰信号无法穿过金属屏蔽罩干扰内部元器件和电路。

图1-11 带有屏蔽罩的元器件和导线

1.2 欧姆定律

欧姆定律是电工电子技术中的一个最基本的定律，它反映了电路中电阻、电流和电压之间的关系。欧姆定律分为部分电路欧姆定律和全电路欧姆定律。

1.2.1 部分电路欧姆定律

部分电路欧姆定律内容是：在电路中，流过导体的电流 I 的大小与导体两端的电压 U 成正比，与导体的电阻 R 成反比，即

$$I = \frac{U}{R}$$

也可以表示为 $U = IR$ 或 $R = \frac{U}{I}$。

为了让大家更好地理解欧姆定律，下面以图1-12为例来说明。

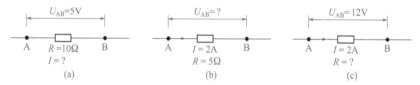

图1-12 欧姆定律的几种形式

如图1-12（a）所示，已知电阻 $R = 10\Omega$，电阻两端电压 $U_{AB} = 5V$，那么流过电阻的电流 $I = \frac{U_{AB}}{R} = \frac{5}{10}$ A=0.5A。

又如图1-12（b）所示，已知电阻 $R = 5\Omega$，流过电阻的电流 $I = 2A$，那么电阻两端的电压 $U_{AB} = IR = (2 \times 5)$ V = 10V。

在图1-12（c）所示电路中，流过电阻的电流 $I = 2A$，电阻两端的电压 $U_{AB} = 12V$，那么电阻的大小 $R = \frac{U}{I} = \frac{12}{2} \Omega = 6\Omega$。

下面再来说明欧姆定律在实际电路中的应用，如图1-13所示。

在图1-13所示电路中，电源的电动势 $E = 12V$，A、D之间的电压 U_{AD} 与电动势 E 相等，三个电阻器 R_1、R_2、R_3 串接起来，可以相当于一个电阻器 R，$R = R_1 + R_2 + R_3 = (2+7+3)\Omega = 12\Omega$。知道了电阻的大小和电阻器两端的电压，就可以求出流过电阻器的电流 I。

$$I = \frac{U}{R} = \frac{U_{AD}}{R_1 + R_2 + R_3} = \frac{12}{12}A = 1A$$

求出了流过 R_1、R_2、R_3 的电流 I，并且它们的电阻大小已知，就可以求 R_1、R_2、R_3 两端的电压 U_{R1}（U_{R1} 实际就是A、B两点之间的电压 U_{AB}）、U_{R2}（实际就是 U_{BC}）和 U_{R3}（实际就是 U_{CD}），即

$$U_{R1} = U_{AB} = IR_1 = (1 \times 2) \text{ V} = 2V$$
$$U_{R2} = U_{BC} = IR_2 = (1 \times 7) \text{ V} = 7V$$
$$U_{R3} = U_{CD} = IR_3 = (1 \times 3) \text{ V} = 3V$$

从上面可以看出 $U_{R1} + U_{R2} + U_{R3} = U_{AB} + U_{BC} + U_{CD} = U_{AD} = 12V$

在图1-13所示电路中如何求B点电压呢？首先要明白，求某点电压指的就是求该点与地

之间的电压，所以B点电压U_B实际就是电压U_{BD}。求U_B有以下两种方法。

方法一：$U_B = U_{BD} = U_{BC} + U_{CD} = U_{R2} + U_{R3} = (7+3)V = 10V$

方法二：$U_B = U_{BD} = U_{AD} - U_{AB} = U_{AD} - U_{R1} = (12-2)V = 10V$

1.2.2 全电路欧姆定律

全电路是指含有电源和负载的闭合回路。全电路欧姆定律又称闭合电路欧姆定律，其内容是：闭合电路中的电流与电源的电动势成正比，与电路的内、外电阻之和成反比，即

$$I = \frac{E}{R + R_0}$$

全电路欧姆定律应用如图1-14所示。

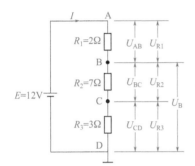

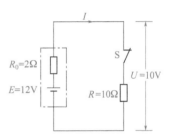

图1-13 部分电路欧姆定律应用说明图　　　　图1-14 全电路欧姆定律应用说明图

图1-14中点画线框内为电源，R_0表示电源的内阻，E表示电源的电动势。当开关S闭合后，电路中有电流I流过，根据全电路欧姆定律可求得$I = \dfrac{E}{R + R_0} = \dfrac{12}{10 + 2}A = 1A$。电源输出电压（也即电阻$R$两端的电压）$U = IR = (1 \times 10)V = 10V$，内阻$R_0$两端的电压$U_0 = IR_0 = (1 \times 2)V = 2V$。如果将开关S断开，电路中的电流$I = 0A$，那么内阻$R_0$上消耗的电压$U_0 = 0V$，电源输出电压$U$与电源电动势相等，即$U = E = 12V$。

根据全电路欧姆定律不难看出以下几点。

① 在电源未接负载时，不管电源内阻多大，内阻消耗的电压始终为0V，电源两端电压与电动势相等。

② 当电源与负载构成闭合电路后，由于有电流流过内阻，内阻会消耗电压，从而使电源输出电压降低。内阻越大，内阻消耗的电压越大，电源输出电压越低。

③ 在电源内阻不变的情况下，外阻越小，电路中的电流越大，内阻消耗的电压也越大，电源输出电压也会降低。

由于正常电源的内阻很小，内阻消耗的电压很低，故一般情况下可认为电源的输出电压与电源电动势相等。

利用全电路欧姆定律可以解释很多现象。比如用仪表测得旧电池两端电压与正常电压相同，但将旧电池与电路连接后除了输出电流很小外，电池的输出电压也会急剧下降，这是因为旧电池内阻变大的缘故；又如将电源正、负极直接短路时，电源会发热甚至烧坏，这是因为短路时流过电源内阻的电流很大，内阻消耗的电压与电源电动势相等，大量的电能在电源内阻上消耗并转换成热能，故电源会发热。

1.3　电功、电功率和焦耳定律

1.3.1　电功

电流流过灯泡，灯泡会发光；电流流过电炉丝，电炉丝会发热；电流流过电动机，电动机会运转。由此可以看出，电流流过一些用电设备时是会做功的，电流做的功称为电功。用电设备做功的大小不但与加到用电设备两端的电压及流过的电流有关，还与通电时间长短有关。电功可用下面的公式计算

$$W = UIt$$

式中，W表示电功，单位是焦（J）；U表示电压，单位是伏（V）；I表示电流，单位是安（A）；t表示时间，单位是秒（s）。

电功的单位是焦耳（J），在电学中还常用到另一个单位：千瓦时（kW·h），也称度。1kW·h = 1度。千瓦时与焦耳的换算关系是：

$$1kW·h = 1×10^3W×(60×60)s = 3.6×10^6W·s = 3.6×10^6J$$

1kW·h可以这样理解：一个电功率为100W的灯泡连续使用10h，消耗的电功为1kW·h（即消耗1度电）。

1.3.2　电功率

电流需要通过一些用电设备才能做功。为了衡量这些设备做功能力的大小，引入一个电功率的概念。电流单位时间做的功称为电功率。电功率用P表示，单位是瓦（W），此外还有千瓦（kW）和毫瓦（mW），它们之间的换算关系是

$$1kW = 10^3W = 10^6mW$$

电功率的计算公式是

$$P = UI$$

根据欧姆定律可知$U = IR$，$I = U/R$，所以电功率还可以用公式$P = I^2R$和$P = U^2/R$来求。

下面以图1-15所示电路来说明电功率的计算方法。

在图1-15所示电路中，白炽灯两端的电压为220V（它与电源的电动势相等），流过白炽灯的电流为0.5A，求白炽灯的功率、电阻和白炽灯在10s所做的功。

白炽灯的功率：$P = UI = 220V×0.5A = 110V×A = 110W$

白炽灯的电阻：$R = U/I = 220V/0.5A = 440V/A = 440Ω$

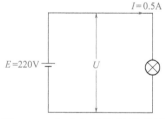

图1-15　电功率的计算说明图

白炽灯在10s做的功：$W = UIt = 220V×0.5A×10s = 1100J$

1.3.3　焦耳定律

电流流过导体时导体会发热，这种现象称为电流的热效应。电热锅、电饭煲和电热水器等都是利用电流的热效应来工作的。

英国物理学家焦耳通过实验发现：电流流过导体，导体发出的热量与导体流过的电流、导体的电阻和通电的时间有关。焦耳定律具体内容是：电流流过导体产生的热量，与电流的平方及导体的电阻成正比，与通电时间也成正比。由于这个定律除了由焦耳发现外，俄国科学家楞次也通过实验独立发现，故该定律又称焦耳-楞次定律。

焦耳定律可用下面的公式表示：

$$Q = I^2Rt$$

式中，Q 表示热量，单位是焦耳（J）；R 表示电阻，单位是欧姆（Ω）；t 表示时间，单位是秒（s）。

举例：某台电动机额定电压是220V，线圈的电阻为0.4Ω，当电动机接220V的电压时，流过的电流是3A，求电动机的功率和线圈每秒发出的热量。

电动机的功率是 $P = UI = 220\text{V} \times 3\text{A} = 660\text{W}$

电动机线圈每秒发出的热量 $Q = I^2Rt = (3\text{A})^2 \times 0.4\Omega \times 1\text{s} = 3.6\text{J}$

1.4 电阻的串联、并联和混联

电阻是电路中应用最多的一种元器件，电阻在电路中的连接形式主要有串联、并联和混联三种。

1.4.1 电阻的串联

两个或两个以上的电阻头尾相连串接在电路中，称为电阻的串联，如图1-16所示。

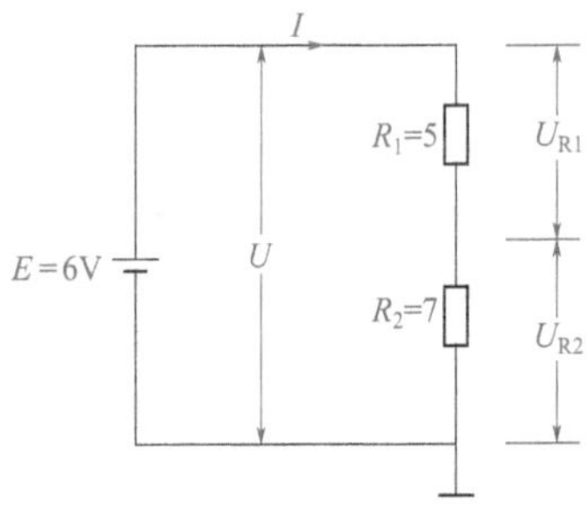

电阻串联有以下特点：

① 流过各串联电阻的电流相等，都为 I。

② 电阻串联后的总电阻 R 增大，总电阻等于各串联电阻之和，即

图 1-16 电阻的串联

$$R = R_1 + R_2$$

③ 总电压 U 等于各串联电阻上电压之和，即

$$U = U_{R1} + U_{R2}$$

④ 串联电阻越大，两端电压越高，因为 $R_1 < R_2$，所以 $U_{R1} < U_{R2}$。

在图1-16所示电路中，两个串联电阻上的总电压 U 等于电源电动势，即 $U = E = 6\text{V}$；电阻串联后总电阻 $R = R_1 + R_2 = 12\Omega$；流过各电阻的电流 $I = \dfrac{U}{R_1 + R_2} = \dfrac{6}{12}\text{A} = 0.5\text{A}$；电阻 R_1 上的电压 $U_{R1} = IR_1 = (0.5 \times 5)\text{V} = 2.5\text{V}$，电阻 R_2 上的电压 $U_{R2} = IR_2 = (0.5 \times 7)\text{V} = 3.5\text{V}$。

1.4.2 电阻的并联

两个或两个以上的电阻头头相接、尾尾相连并接在电路中，称为电阻的并联，如图1-17所示。

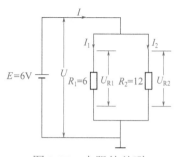

图 1-17 电阻的并联

电阻并联有以下特点：

① 并联的电阻两端的电压相等，即

$$U_{R1} = U_{R2}$$

② 总电流等于流过各个并联电阻的电流之和，即

$$I = I_1 + I_2$$

③ 电阻并联总电阻减小，总电阻的倒数等于各并联电阻的倒数之和，即

$$\frac{1}{R} = \frac{1}{R_1} + \frac{1}{R_2}$$

该式可变形为

$$R = \frac{R_1 R_2}{R_1 + R_2}$$

④ 在并联电路中，电阻越小，流过的电流越大，因为 $R_1 < R_2$，所以流过 R_1 的电流 I_1 大于流过 R_2 的电流 I_2。

在图 1-17 所示电路中，并联的电阻 R_1、R_2 两端的电压相等，$U_{R2} = U_{R2} = U = 6V$；流过 R_1 的电流 $I_1 = \dfrac{U_{R1}}{R_1} = \dfrac{6}{6}A = 1A$，流过 R_2 的电流 $I_2 = \dfrac{U_{R2}}{R_2} = \dfrac{6}{12}A = 0.5A$，总电流 $I = I_1 + I_2 = (1 + 0.5)A =$ 1.5A；R_1、R_2 并联总电阻为

$$R = \frac{R_1 R_2}{R_1 + R_2} = \frac{6 \times 12}{6 + 12}\,\Omega = 4\Omega$$

1.4.3 电阻的混联

一个电路中的电阻既有串联又有并联时，称为电阻的混联，如图 1-18 所示。

对于电阻混联电路，总电阻可以这样求：先求并联电阻的总电阻，再求串联电阻与并联电阻的总电阻之和。在图 1-18 所示电路中，并联电阻 R_3、R_4 的总电阻为

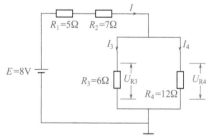

$$R_0 = \frac{R_3 R_4}{R_3 + R_4} = \frac{6 \times 12}{6 + 12}\,\Omega = 4\Omega$$

电路的总电阻为

$$R = R_1 + R_2 + R_0 = (5 + 7 + 4)\,\Omega = 16\Omega$$

读者如果有兴趣，可求图 1-18 所示电路中总电流 I，R_1 两端电压 U_{R1}，R_2 两端电压 U_{R2}，R_3 两端电压 U_{R3} 和流过 R_3、R_4 的电流 I_3、I_4 的大小。

图 1-18 电阻的混联

1.5 直流电与交流电

1.5.1 直流电

直流电是指方向始终固定不变的电压或电流。能产生直流电的电源称为直流电源，常见

的干电池、蓄电池和直流发电机等都是直流电源，直流电源常用图1-19（a）所示的图形符号表示。直流电的电流方向总是由电源正极流出，再通过电路流到负极。在图1-19（b）所示的直流电路中，电流从直流电源正极流出，经电阻 R 和灯泡流到负极结束。

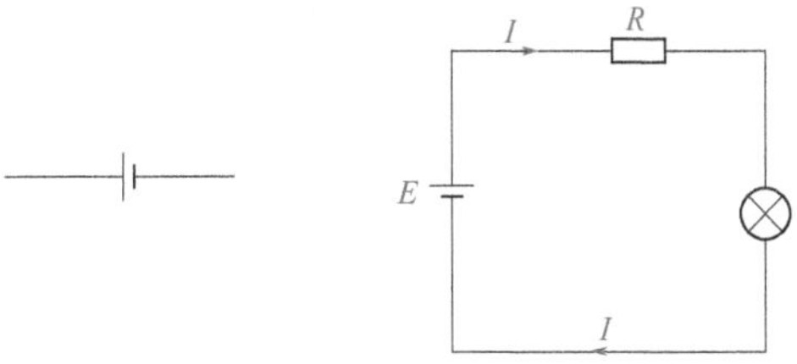

直流电又分为稳定直流电和脉动直流电。

(a) 直流电源图形符号 　　(b) 直流电路

图1-19　直流电源图形符号与直流电路

（1）稳定直流电

稳定直流电是指方向固定不变并且大小也不变的直流电。稳定直流电可用图1-20（a）所示波形表示，稳定直流电的电流 I 的大小始终保持恒定（始终为6mA），在图中用直线表示；直流电的电流方向保持不变，始终是从电源正极流向负极，图中的直线始终在 t 轴上方，表示电流的方向始终不变。

（2）脉动直流电

脉动直流电是指方向固定不变，但大小随时间变化的直流电。脉动直流电可用图1-20（b）所示的波形表示，从图中可以看出，脉动直流电的电流 I 的大小随时间作波动变化（如在 t_1 时刻电流为6mA，在 t_2 时刻电流变为4mA），电流大小波动变化在图中用曲线表示；脉动直流电的方向始终不变（电流始终从电源正极流向负极），图中的曲线始终在 t 轴上方，表示电流的方向始终不变。

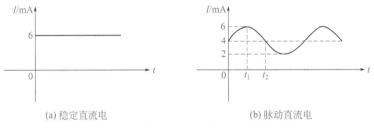

(a) 稳定直流电　　　　　　　　　(b) 脉动直流电

图1-20　直流电

1.5.2　单相交流电

交流电是指方向和大小都随时间作周期性变化的电压或电流。交流电类型很多，其中最常见的是正弦交流电，因此这里就以正弦交流电为例来介绍交流电。

（1）正弦交流电

正弦交流电的符号、电路和波形如图1-21所示。

下面以图1-21（b）所示的交流电路来说明图1-21（c）所示正弦交流电波形。

① 在 $0 \sim t_1$ 期间：交流电源 e 的电压极性是上正下负。电流 I 的方向是：交流电源上正→电阻 R →交流电源下负，并且电流 I 逐渐增大，电流逐渐增大在图1-21（c）中用波形逐渐上升表示，t_1 时刻电流达到最大值。

② 在 $t_1 \sim t_2$ 期间：交流电源 e 的电压极性仍是上正下负。电流 I 的方向仍是：交流电源上正→电阻 R →交流电源下负，但电流 I 逐渐减小，电流逐渐减小在图1-21（c）中用波形逐

渐下降表示，t_2 时刻电流为0。

③ 在 $t_2 \sim t_3$ 期间：交流电源 e 的电压极性变为上负下正，电流 I 的方向也发生改变，图1-21（c）中的交流电波形由 t 轴上方转到下方表示电流方向发生改变。电流 I 的方向是：交流电源下正→电阻 R→交流电源上负，电流反方向逐渐增大，t_3 时刻反方向的电流达到最大值。

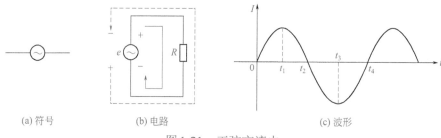

(a) 符号　　　　　(b) 电路　　　　　(c) 波形

图1-21　正弦交流电

④ 在 $t_3 \sim t_4$ 期间：交流电源 e 的电压极性仍为上负下正，电流仍是反方向。电流的方向是：交流电源下正→电阻 R→交流电源上负，电流反方向逐渐减小，t_4 时刻电流减小到0。

t_4 时刻以后，交流电源的电流大小和方向变化与 $0 \sim t_4$ 期间变化相同。实际上，交流电源不但电流大小和方向按正弦波变化，其电压大小和方向变化也像电流一样按正弦波变化。

（2）周期和频率

周期和频率是交流电最常用的两个概念，下面以图1-22所示的正弦交流电波形图来说明。

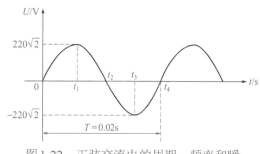

图1-22　正弦交流电的周期、频率和瞬
时值说明图

① 周期　从图1-22可以看出，交流电变化过程是不断重复的，交流电重复变化一次所需的时间称为周期，周期用 T 表示，单位是秒（s）。图1-22所示交流电的周期为 $T = 0.02s$，说明该交流电每隔0.02s就会重复变化一次。

② 频率　交流电在每秒钟内重复变化的次数称为频率，频率用 f 表示，它是周期的倒数，即

$$f = \frac{1}{T}$$

频率的单位是赫兹（Hz）。图1-22所示交流电的周期 $T = 0.02s$，那么它的频率 $f = 1/T = 1/0.02 = 50Hz$，该交流电的频率 $f = 50Hz$，说明在1s内交流电能重复 $0 \sim t_4$ 这个过程50次。交流电变化越快，变化一次所需要时间越短，周期就越短，频率就越高。

（3）瞬时值和有效值

① 瞬时值　交流电的大小和方向是不断变化的，交流电在某一时刻的值称为交流电在该时刻的瞬时值。以图1-22所示的交流电压为例，它在 t_1 时刻的瞬时值为 $220\sqrt{2}$ V（约为311V），该值为最大瞬时值，在 t_2 时刻瞬时值为0V，该值为最小瞬时值。

② 有效值　交流电的大小和方向是不断变化的，这给电路计算和测量带来不便，为此引入有效值的概念。下面以图1-23所示电路来说明有效值的含义。

图1-23所示两个电路中的电热丝完全一样，现分别给电热丝通交流电和直流电，如果两

电路通电时间相同，并且电热丝发出热量也相同，对电热丝来说，这里的交流电和直流电是等效的，那么就将图1-23（b）中直流电的电压值或电流值称为图1-23（a）中交流电的有效电压值或有效电流值。

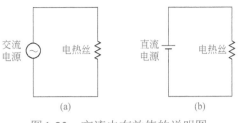

图1-23 交流电有效值的说明图

交流市电电压为220V指的就是有效值，其含义是虽然交流电压时刻变化，但它的效果与220V直流电是一样的。没特别说明，交流电的大小通常是指有效值，测量仪表的测量值一般也是指有效值。正弦交流电的有效值与瞬时最大值的关系是

$$最大瞬时值 = \sqrt{2} \times 有效值$$

例如交流市电的有效电压值为220V，它的最大瞬时电压值 $= 220\sqrt{2} \approx 311$（V）。

1.5.3 三相交流电

（1）三相交流电的产生

目前应用的电能绝大多数是由三相发电机产生的，三相发电机与单相发电机的区别在于：三相发电机可以同时产生并输出三组电源，而单相发电机只能输出一组电源，因此三相发电机效率较单相发电机更高。三相交流发电机的结构示意图如图1-24所示。

从图中可以看出，三相发电机主要是由互成120°且固定不动的U、V、W三组线圈和一块旋转磁铁组成的。当磁铁旋转时，磁铁产生的磁场切割这三组线圈，这样就会在U、V、W三组线圈中分别产生交流电动势，各线圈两端就分别输出交流电压 U_U、U_V、U_W，这三组线圈输出的三组交流电压就称作三相交流电压。一些常见的三相交流发电机每相交流电压大小为220V。不管磁铁旋转到哪个位置，穿过三组线圈的磁感线都会不同，所以三组线圈产生的交流电压也就不同。

（2）三相交流电的供电方式

三相交流发电机能产生三相交流电压，将这三相交流电压供给用户可采用三种方式：直接连接供电、星形连接供电和三角形连接供电。

① 直接连接供电方式　直接连接供电方式如图1-25所示。

直接连接供电方式是将发电机三组线圈输出的每相交流电压分别用两根导线向用户供电，这种方式共需用到六根供电导线，如果在长距离供电时采用这种供电方式会使成本很高。

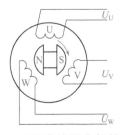

图1-24 三相交流发电机的结构示意图

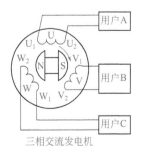

图1-25 直接连接供电方式

②星形连接供电方式　星形连接供电方式如图1-26所示。

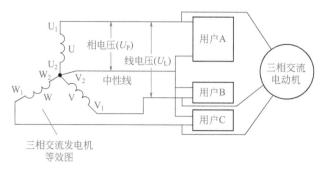

图1-26　星形连接供电方式

星形连接是将发电机的三组线圈末端都连接在一起，并接出一根线，称为中性线N，三组线圈的首端各引出一根线，称为相线，这三根相线分别称作U相线、V相线和W相线。三根相线分别连接到单独的用户，而中性线则在用户端一分为三，同时连接三个用户，这样发电机三组线圈上的电压就分别提供给各自的用户。在这种供电方式中，发电机三组线圈连接成星形，并且采用四根线来传送三相电压，故称作三相四线制星形连接供电方式。

任意一根相线与中性线之间的电压都称为相电压U_P，该电压实际上是任意一组线圈两端的电压。任意两根相线之间的电压称为线电压U_L。从图1-30中可以看出，线电压实际上是两组线圈上的相电压叠加得到的，但线电压U_L的值并不是相电压U_P的2倍，因为任意两组线圈上的相电压的相位都不相同，不能进行简单的乘2来求得。根据理论推导可知，在星形连接时，线电压是相电压的$\sqrt{3}$倍，即

$$U_L = \sqrt{3}\, U_P$$

如果相电压$U_P = 220V$，根据上式可计算出线电压约为380V。在图1-26中，三相交流电动机的三根线分别与发电机的三根相线连接，若发电机的相电压为220V，那么电动机三根线中的任意两根之间的电压就为380V。

③三角形连接供电方式　三角形连接供电方式如图1-27所示。

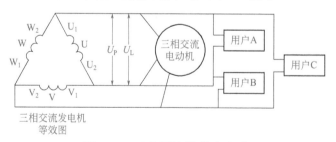

图1-27　三角形连接供电方式

三角形连接是将发电机的三组线圈首末端依次连接在一起，连接方式呈三角形，在三个连接点各接出一根线，分别称作U相线、V相线和W相线。将三根相线按图1-27所示的方式与用户连接，三组线圈上的电压就分别提供给各自的用户。在这种供电方式中，发电机三组线圈连接成三角形，并且采用三根线来传送三相电压，故称作三相三线制三角形连接供电方式。

三角形连接方式中，相电压U_P（每组线圈上的电压）和线电压U_L（两根相线之间的电压）

是相等的，即

$$U_L = U_P$$

在图1-27中，如果相电压为220V，那么电动机三根线中的任意两根之间的电压也为220V。

1.6 安全用电与急救

1.6.1 电流对人体的伤害

（1）人体对不同电流呈现的症状

当人体不小心接触带电体时，就会有电流流过人体，这就是触电。人体在触电时表现出来的症状与流过人体的电流有关，表1-2所示是人体通过大小不同的交、直流电流时所表现出来的症状。

表1-2 人体通过大小不同的交、直流电流时的症状

电流/mA	人体表现出来的症状	
	交流（50~60Hz）	直流
0.6~1.5	开始有感觉——手轻微颤抖	没有感觉
2~3	手指强烈颤抖	没有感觉
5~7	手部痉挛	感觉痒和热
8~10	手已难以摆脱带电体，但还能摆脱；手指尖部到手腕剧痛	热感觉增加
20~25	手迅速麻痹，不能摆脱带电体；剧痛，呼吸困难	热感觉大大加强，手部肌肉收缩
50~80	呼吸麻痹，心室开始颤动	强烈的热感受，手部肌肉收缩，痉挛，呼吸困难
90~100	呼吸麻痹，延续3s或更长时间，心脏麻痹，心室颤动	呼吸麻痹

从表中可以看出，流过人体的电流越大，人体表现出来的症状越强烈，电流对人体的伤害越大；另外，对于相同大小的交流和直流来说，交流对人体伤害更大一些。

一般规定，10mA以下的工频（50Hz或60Hz）交流电流或50mA以下的直流电流对人体是安全的，故将该范围内的电流称为安全电流。

（2）与触电伤害程度有关的因素

有电流通过人体是触电对人体伤害的最根本原因，流过人体的电流越大，人体受到的伤害越严重。触电对人体伤害程度的具体相关因素如下：

① 人体电阻的大小。人体是一种有一定阻值的导电体，其电阻大小不是固定的，当人体皮肤干燥时阻值较大（10 ~ 100kΩ）；当皮肤出汗或破损时阻值较小（800 ~ 1000Ω）；另外，当接触带电体的面积大、接触紧密时，人体电阻也会减小。在接触大小相同的电压时，人体

电阻越小，流过人体的电流就越大，触电对人体的伤害就越严重。

② 触电电压的大小。当人体触电时，接触的电压越高，流过人体的电流就越大，对人体伤害就更严重。一般规定，在正常的环境下安全电压为36V，在潮湿场所的安全电压为24V和12V。

③ 触电的时间。如果触电后长时间未能脱离带电体，电流长时间流过人体会造成严重的伤害。

此外，即使相同大小的电流，流过人体的部位不同，对人体造成的伤害也不同。电流流过心脏和大脑时，对人体危害最大，所以双手之间、头足之间和手脚之间的触电更为危险。

1.6.2　人体触电的几种方式

人体触电的方式主要有单相触电、两相触电和跨步触电。

（1）单相触电

单相触电是指人体只接触一根相线时发生的触电。单相触电又分为电源中性点接地触电和电源中性点不接地触电。

① 电源中性点接地触电　电源中性点接地触电方式如图1-28所示。电源中性点接地触电是在电力变压器低压侧中性点接地的情况下发生的。

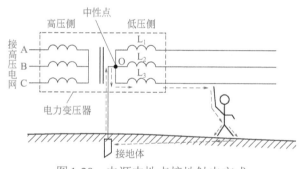

图1-28　电源中性点接地触电方式

电力变压器的低压侧有三个绕组，它们的一端接在一起并且与大地相连，这个连接点称为中性点。每个绕组上有220V电压，每个绕组在中性点另一端接出一根相线，每根相线与地面之间有220V的电压。当站在地面上的人体接触某一根相线时，就有电流流过人体，电流的途径是：变压器低压侧L_3相绕组的一端→相线→人体→大地→接地体→变压器中性点→L_3绕组的另一端，如图1-29中虚线所示。

该触电方式对人体的伤害程度与人体与地面的接触电阻有关。若赤脚站在地面上，人与地面的接触电阻小，流过人体的电流大，触电伤害大；若穿着胶底鞋，则伤害轻。

② 电源中性点不接地触电　电源中性点不接地触电方式如图1-29所示。电源中性点不接地触电是在电力变压器低压侧中性点不接地的情况下发生的。

电力变压器低压侧的三个绕组中性点未接地，任意两根相线之间有380V的电压（该电压是由两个绕组上的电压串联叠加而得到的）。当站在地面上的人体接触某一根相线时，就有电流流过人体，电流的途径是：L_3相线→人体→大地，再分作两路，一路经电气设备与地之间的绝缘电阻R_2流到L_2相线，另一路经R_3流到L_1相线。

该触电方式对人体的伤害程度除了与人体和地面的接触电阻有关外，还与电气设备电源线和地之间的绝缘电阻有关。若电气设备绝缘性能良好，一般不会发生短路；若电气设备严重漏电或某相线与地短路，则加在人体上的电压将达到380V，从而导致严重的触电事故。

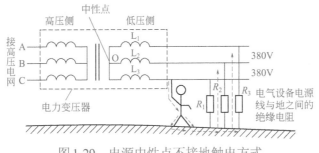

图1-29 电源中性点不接地触电方式

（2）两相触电

两相触电是指人体同时接触两根相线时发生的触电。两相触电如图1-30所示。

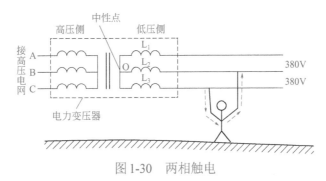

图1-30 两相触电

当人体同时接触两根相线时，由于两根相线之间有380V的电压，有电流流过人体，电流途径是：一根相线→人体→另一根相线。由于加到人体的电压有380V，故流过人体的电流很大，在这种情况下，即使触电者穿着绝缘鞋或站在绝缘台上，也起不了保护作用，因此两相触电对人体是很危险的。

（3）跨步触电

当电线或电气设备与地发生漏电或短路时，有电流向大地泄漏扩散，在电流泄漏点周围会产生电压降，当人体在该区域行走时会发生触电，这种触电称为跨步触电。跨步触电如图1-31所示。

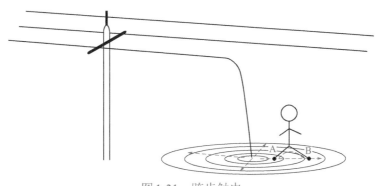

图1-31 跨步触电

图中的一根相线掉到地面上，导线上的电压直接加到地面，以导线落地点为中心，导线上的电流向大地四周扩散，同时随着远离导线落地点，地面的电压也逐渐下降，距离落地点越远，电压越低。当人在导线落地点周围行走时，由于两只脚的着地点与导线落地点的距离不同，这两点电压也不同，图中A点与B点的电压不同，它们存在着电压差，比如A点电压为110V，B点电压为60V，那么两只脚之间的电压差为50V，该电压使电流流过两只脚，从而导致人体触电。

一般来说，在低压电路中，在距离电流泄漏点1m范围内，电压约有60%的降低；在2～10m范围内，约有24%的降低；在11～20m范围内，约有8%的降低；在20m以外电压就很低，通常不会发生跨步触电。

根据跨步触电原理可知，只有两只脚的距离小才能让两只脚之间的电压小，才能减轻跨步触电的危害，所以当不小心进入跨步触电区域时，不要急于迈大步跑出来，而是迈小步或单足跳出。

1.6.3　接地与接零

电气设备在使用过程中，可能会出现绝缘层损坏、老化或导线短路等现象，这样会使电气设备的外壳带电，如果人不小心接触外壳，就会发生触电事故。解决这个问题的方法就是将电气设备的外壳接地或接零。

（1）接地

接地是指将电气设备的金属外壳或金属支架直接与大地连接。接地如图1-32所示。

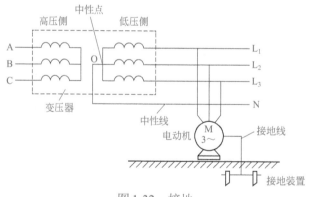

图 1-32　接地

在图1-32中，为了防止电动机外壳带电而引起触电事故，对电动机进行接地，即用一根接地线将电动机的外壳与埋入地下的接地装置连接起来。当电动机内部绕组与外壳漏电或短路时，外壳会带电，将电动机外壳进行接地后，外壳上的电会沿接地线、接地装置向大地泄放掉，在这种情况下，即使人体接触电动机外壳，也会由于人体电阻远大于接地线与接地装置的接地电阻（接地电阻通常小于4Ω），外壳上电流绝大多数从接地装置泄入大地，而沿人体进入大地的电流很小，不会对人体造成伤害。

（2）接零

接零是指将电气设备的金属外壳或金属支架等与零线连接起来。接零如图1-33所示。

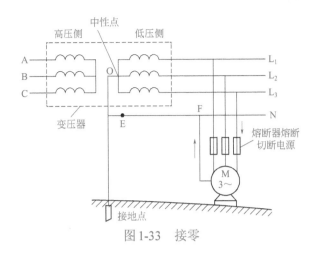

图1-33　接零

在图1-33中，变压器低压侧的中性点引出线称为零线，零线一方面与接地装置连接，另一方面和三根相线一起向用户供电。由于这种供电方式采用一根零线和三根相线，因此称为三相四线制供电。为了防止电动机外壳带电，除了可以将外壳直接与大地连接外，也可以将外壳与零线连接，当电动机某绕组与外壳短路或漏电时，外壳与绕组间的绝缘电阻下降，会有电流从变压器某相绕组→相线→漏电或短路的电动机绕组→外壳→零线→中性点，最后到相线的另一端。该电流使电动机串接的熔断器熔断，从而保护电动机内部绕组，防止故障范围扩大。在这种情况下，即使熔断器未能及时熔断，也会由于电动机外壳通过零线接地，外壳上的电压很低，因此人体接触外壳不会产生触电伤害。

对电气设备进行接零，在电气设备出现短路或漏电时，会让电气设备呈现单相短路，可以让保护装置迅速动作而切断电源。另外，通过将零线接地，可以拉低电气设备外壳的电压，从而避免人体接触外壳时造成触电伤害。

（3）重复接地

重复接地是指在零线上多处进行接地。重复接地如图1-34所示，从图中可以看出，零线除了将中性点接地外，还在H点进行了接地。

在零线上重复接地有以下的优点：

① 有利于减小零线与地之间的电阻。零线与地之间的电阻主要由零线自身的电阻决定，零线越长，电阻越大，这样距离接地点越远的位置，零线上的电压越高。如图1-33中的F点距离接地点较远，F点与接地点之间的电阻就较大，若电动机的绕组与外壳短路或漏电，则虽然外壳通过零线与地连接，但因为外壳与接地点之间的电阻大，所以电动机外壳上仍有较高的电压，人体接触外壳就有触电的危险。如果采用如图1-34所示的重复接地，在零线两处接地，可以减小零线与地之间的电阻，在电气设备漏电时，可以使电气设备外壳和零线的电压很低，不至于发生触电事故。

② 当零线开路时，可以降低零线电压和避免烧坏单相电气设备。在图1-35所示的电气线路中，如果零线在E点开路，H点又未接地，此时若电动机A的某绕组与外壳短路，这里假设与L_3相线连接的绕组与外壳短路，那么L_3相线上的电压通过电动机A上的绕组、外壳加到零线上，零线上的电压大小就与L_3相线上的电压一样。由于每根相线与地之间的电压为220V，因而零线上也有220V的电压，而零线又与电动机B外壳相连，所以电动机A和电动机B的外壳都有220V的电压，人体接触电动机外壳时就会发生触电。另外，并接在相线L_2

与零线之间的灯泡两端有380V的电压（灯泡相当于接在相线L₂、L₃之间），由于正常工作时灯泡两端电压为220V，而现在由于L₃相线与零线短路，灯泡两端电压变成380V，灯泡就会烧坏。如果采用重复接地，在零线H点位置也接地，则即使E点开路，依靠H点的接地也可以将零线电压拉低，从而避免上述情况的发生。

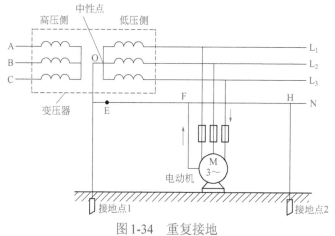

图1-34　重复接地

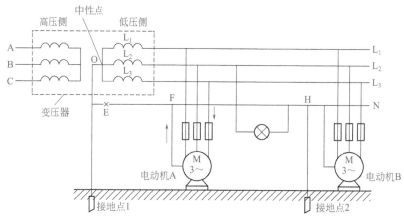

图1-35　重复接地可以降低零线电压和避免烧坏单相电气设备

1.6.4　触电的急救方法

当发现人体触电后，第一步是让触电者迅速脱离电源，第二步是对触电者进行现场救护。

（1）让触电者迅速脱离电源

让触电者迅速脱离电源可采用以下方法：

① 切断电源。如断开电源开关、拔下电源插头或瓷插保险等，对于单极电源开关，断开一根导线不能确保一定切断了电源，故尽量切断双极开关（如闸刀开关、双极空气开关）。

② 用带有绝缘柄的利器切断电源线。如果触电现场无法直接切断电源，可用带有绝缘手柄的钢丝钳或带干燥木柄的斧头、铁锹等利器将电源线切断，切断时应防止带电导线断落触及周围的人体，不要同时切断两根线，以免两根线通过利器直接短路。

③ 用绝缘物使导线与触电者脱离。常见的绝缘物有干燥的木棒、竹竿、塑料硬管和绝缘绳等，用绝缘物挑开或拉开触电者接触的导线。

④ 拉拽触电者衣服，使之与导线脱离。拉拽时，可戴上手套或在手上包缠干燥的衣服、围巾、帽子等绝缘物拖拽触电者，使之脱离电源。若触电者的衣裤是干燥的，又没有紧缠在身上，可直接用一只手抓住触电者不贴身的衣裤，将触电者拉脱电源。拖拽时切勿触及触电者的皮肤。还可以站在干燥的木板、木桌椅或橡胶垫等绝缘物品上，用一只手把触电者拉脱电源。

（2）现场救护

触电者脱离电源后，应先就地进行救护，同时通知医院并做好将触电者送往医院的准备工作。

在现场救护时，根据触电者受伤害的轻重程度，可采取以下救护措施：

① 对于未失去知觉的触电者　如果触电者所受的伤害不太严重，神志尚清醒，只是心悸、头晕、出冷汗、恶心、呕吐、四肢发麻、全身乏力，甚至一度昏迷，但未失去知觉，则应让触电者在通风暖和的地方静卧休息，并派人严密观察，同时请医生前来或送往医院诊治。

② 对于已失去知觉的触电者　如果触电者已失去知觉，但呼吸和心跳尚正常，则应将其舒适地平卧着，解开衣服以利呼吸，四周不要围人，保持空气流通，冷天应注意保暖，同时立即请医生前来或送往医院诊察。若发现触电者呼吸困难或心跳失常，应立即施行人工呼吸或胸外心脏按压。

③ 对于"假死"的触电者　触电者"假死"可能有三种临床症状：一是心跳停止，但尚能呼吸；二是呼吸停止，但心跳尚存（脉搏很弱）；三是呼吸和心跳均已停止。

当判定触电者呼吸和心跳停止时，应立即按心肺复苏法就地抢救，并立即请医生前来。心肺复苏法就是支持生命的三项基本措施：通畅气道；口对口（鼻）人工呼吸；胸外心脏按压（人工循环）。

第2章
电气基本操作技能

2.1 常用测试工具及使用

2.1.1 氖管式测电笔

测电笔又称试电笔、验电笔和低压验电器等，用来检验导线、电器和电气设备的金属外壳是否带电。氖管式测电笔是一种最常用的测电笔，测试时根据内部的氖管是否发光来确定被测物是否带电。

（1）外形、结构与工作原理

① 外形与结构　测电笔主要有笔式和螺丝刀式两种形式，其外形与结构如图2-1所示。

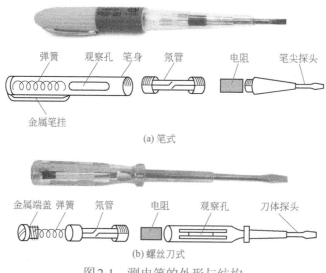

弹簧　观察孔　笔身　氖管　电阻　笔尖探头

金属笔挂

(a) 笔式

金属端盖 弹簧　氖管　电阻　观察孔　刀体探头

(b) 螺丝刀式

图2-1　测电笔的外形与结构

② 工作原理　在检验被测物是否带电时，将测电笔探头接触被测物，手接触测电笔的金属笔挂（或金属端盖），如果被测物的电压达到一定值（交流或直流60V以上），被测物的电

压通过测电笔的探头、电阻到达氖管，氖管发出红光，通过氖管的微弱电流再经弹簧、金属笔挂（或金属端盖）、人体到达大地。

在握持测电笔验电时，手一定要接触测电笔尾端的金属笔挂（或金属端盖），如图2-2所示，以让测电笔通过人体到大地形成电流回路，否则测电笔氖管不亮。普通测电笔可以检验 60 ～ 500V 范围内的电压，在该范围内，电压越高，测电笔氖管越亮，低于60V，氖管不亮。为了安全起见，不要用普通测电笔检测高于500V的电压。

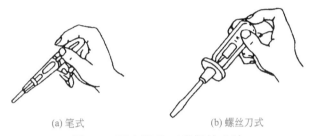

(a) 笔式　　　　　　　　(b) 螺丝刀式

图2-2　测电笔的正确握持方法

（2）用途

在使用测电笔前，应先检查一下测电笔是否正常，即用测电笔测量带电线路，如果氖管能正常发光，表明测电笔正常。

测电笔的主要用途如下：

① 判断电压的有无。在测试被测物时，如果测电笔氖管亮，表示被测物有电压存在，且电压不低于60V。用测电笔测试电动机、变压器、电动工具、洗衣机和电冰箱等电气设备的金属外壳，如果氖管发光，说明该设备的外壳已带电（电源相线与外壳短路）。

② 判断电压的高低。在测试时，被测电压越高，氖管发出的光线越亮，有经验的人可以根据光线强弱判断出大致的电压范围。

③ 判断相线（火线）和零线（地线）。测电笔测相线时氖管会亮，而测零线时氖管不亮。

2.1.2　数显式测电笔

数显式测电笔又称感应式测电笔，它不但可以测试物体是否带电，还能显示出大致的电压范围，另外有些数显式测电笔可以检验出绝缘导线断线位置。

（1）外形

数显式测电笔的外形与各部分名称如图2-3所示，图2-3（b）所示的测电笔上标有"12-240V AC.DC"，表示该测电笔可以测量12 ～ 240V 范围内的交流或直流电压。测电笔上的两个按键均为金属材料，测量时手应按住按键不放，以形成电流回路，通常直接测量按键距离显示屏较远，而感应测量按键距离显示屏更近。

（2）使用

① 直接测量法　直接测量法是指将测电笔的探头直接接触被测物来判断是否带电的测量方法。

在使用直接测量法时，将测电笔的金属探头接触被测物，同时手按住直接测量按键（DIRECT）不放，如果被测物带电，测电笔上的指示灯会变亮，同时显示屏显示所测电压的大致值，一些测电笔可显示12V、36V、55V、110V和220V五段电压值，显示屏最后的显示数值为所测电压值（未至高端显示值的70%时，显示低端值），比如测电笔的最后显示值为110V，实际电压可能在77～154V之间。

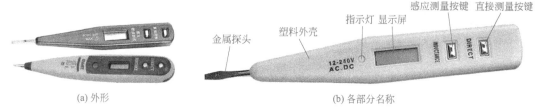

(a) 外形　　　　　　　(b) 各部分名称

图2-3　数显式测电笔

② 感应测量法　感应测量法是指将测电笔的探头接近但不接触被测物，利用电压感应来判断被测物是否带电的测量方法。在使用感应测量法时，将测电笔的金属探头靠近但不接触被测物，同时手按住感应测量按键（INDUCTANCE），如果被测物带电，测电笔上的指示灯会变亮，同时显示屏有高压符号显示。

感应测量法非常适合判断绝缘导线内部断线位置。在测试时，手按住测电笔的感应测量按键，将测电笔的探头接触导线绝缘层，如果指示灯亮，表示当前位置的内部芯线带电，如图2-4（a）所示，然后保持探头接触导线的绝缘层，并往远离供电端的方向移动，当指示灯突然熄灭、高压符号消失时，表明当前位置存在断线，如图2-4（b）所示。

感应测量法可以找出绝缘导线的断线位置，也可以对绝缘导线进行相、零线判断，还可以检查微波炉辐射及泄漏情况。

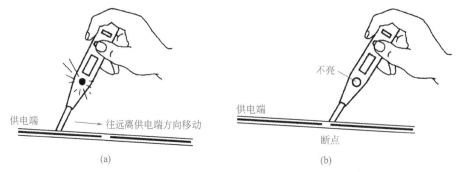

(a)　　　　　　　　　　(b)

图2-4　利用感应测量法找出绝缘导线的断线位置

2.1.3　校验灯

（1）制作

校验灯是用灯泡连接两根导线制作而成的，校验灯的制作如图2-5所示，校验灯使用额定电压为220V、功率在15～200W的灯泡，导线用单芯线，并将芯线的头部弯折成钩状，既可以碰触线路，也可以钩住线路。

（2）使用举例

① 举例一　校验灯的使用如图2-6所示。在使用校验灯时，断开相线上的熔断器，将校

验灯串在熔断器位置，并将支路的S_1、S_2、S_3开关都断开，可能会出现以下情况：

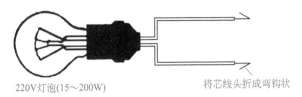

220V灯泡(15～200W)　　　　　　将芯线头折成弯钩状

图2-5　校验灯

a.校验灯不亮，说明校验灯之后的线路无短路故障。

b.校验灯很亮（亮度与直接接上220V电压一样），说明校验灯之后的线路出现相线与零线短路，校验灯两端有220V电压。

c.将某支路的开关闭合（如闭合S_1），如果校验灯会亮，但亮度较暗，说明该支路正常，校验灯亮度暗是因为校验灯与该支路的灯泡串联起来接在220V之间，校验灯两端的电压低于220V。

d.将某支路的开关闭合（如闭合S_1），如果校验灯很亮，说明该支路出现短路（灯泡L_1短路），校验灯两端有220V电压。

当校验灯与其他电路串联时，其他电路功率越大，该电路的等效电阻会越小，校验灯两端的电压越高，灯泡会亮一些。

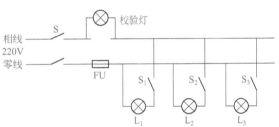

图2-6　校验灯使用举例一

② 举例二　校验灯还可以按图2-7所示方法使用，如果开关S_3置于接通位置时灯泡L_3不亮，可能是开关S_3或灯泡L_3开路，为了判断到底是哪一个损坏，可将S_2置于接通位置，然后将校验灯并接在S_3两端，如果校验灯和灯泡L_3都亮，则说明开关S_3已开路，如果校验灯不亮，则为灯泡L_3开路损坏。

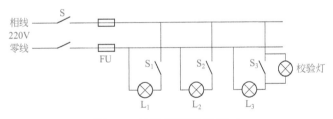

图2-7　校验灯使用举例二

2.2　导线的选择

导线的种类很多，通常可分为两大类：裸导线和绝缘导线。裸导线是不带绝缘层的导线，一般用作电能的传输，由于无绝缘层，故需要架设在位置高的地方，出于安全考虑，室内配电线路主要采用绝缘导线，很少采用裸导线。

2.2.1　绝缘导线的种类

绝缘导线是在金属导线（如铜、铝）外面加上绝缘层构成的。绝缘导线主要有漆包线、普通绝缘导线和护套绝缘导线。

（1）漆包线

漆包线由导线和绝缘漆两部分组成，裸线经退火软化后，再经过多次涂漆烘焙就制成漆包线。由于很多绝缘漆颜色与铜相似，因此很容易将漆包线当成裸铜线。漆包线如图2-8所示。

图2-8　漆包线

电动机、变压器、继电器、接触器和电工仪表等设备中的线圈通常是由漆包线绕制而成的。漆包线的线径和横截面积是由铜导线来决定的，线径越粗，横截面积越大，允许流过电流越大。

（2）普通绝缘导线

普通绝缘导线由金属芯线和绝缘层组成。根据绝缘层不同，可分为塑料绝缘导线和橡胶绝缘导线；根据芯线材料不同，可分为铜芯绝缘导线和铝芯绝缘导线；根据芯线的数量不同，可分为单股和多股绝缘导线；根据导线的形式不同，可分为绝缘双绞线和绝缘平行线。常见种类的绝缘导线如图2-9所示。

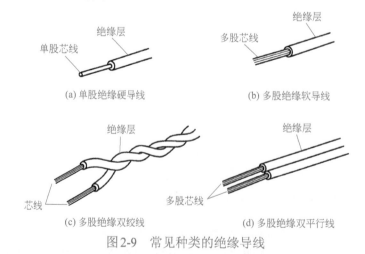

图2-9　常见种类的绝缘导线

（3）护套绝缘导线

护套绝缘导线是在普通绝缘导线的基础上再外套一个绝缘护套构成的。护套绝缘线如

图2-10所示。

图2-10　护套绝缘线

2.2.2　电力电缆的命名

电力电缆的型号组成与顺序如下：

类别-导体-绝缘-内护层-结构特征-外护层或派生-使用特征

其中1～5项和第7项用拼音字母表示，高分子材料用英文名的第1位字母表示，每项可以是1～2个字母；第6项是1～3个数字。

① 类别：ZR（阻燃）、NH（耐火）、BC（低烟低卤）、E（低烟无卤）、K（控制电缆类）、DDZ（低烟低卤）、WDZ（低烟无卤）、K（控制电缆类）、DJ（电子计算机）、N（农用直埋）、JK（架空电缆类）、B（布电线）、TH（湿热地区用）、FY（防白蚁、企业标准）等。

② 导体：T（铜导体）、L（铝导体）、G（钢芯）、R（铜软线）。

③ 绝缘：V（聚氯乙烯）、YJ（交联聚乙烯）、Y（聚乙烯）、X（天然丁苯胶混合物绝缘）、G（硅橡胶混合物绝缘）、YY（乙烯-乙酸乙酯橡胶混合物绝缘）。

④ 护套：V（聚氯乙烯护套）、Y（聚乙烯护套）、F（氯丁胶混合物护套）。

⑤ 屏蔽：P（铜网屏蔽）、P1（铜丝缠绕屏蔽）、P2（铜带屏蔽）、P3（铝塑复合带屏蔽）。

⑥ 铠装和外护套数字标记：0（无）、1（联锁铠装纤维外被）、2（双层钢带聚氯乙烯外套）、3（细圆钢丝聚乙烯外套）、4（粗圆钢丝）、5（皱纹、轧纹钢带）、6（双铝或铝合金带）、7（铜丝编织）。

⑦ 各种特殊使用场合或附加特殊使用要求的标记：在"-"后以拼音字母标记。

在电线电缆命名时，有些部分可省略，比如铜是电线电缆主要使用的导体材料，故铜芯代号T可省写，但裸电线及裸导体制品除外。

一些常用绝缘导线及用途见表2-1。

表2-1　一些常用绝缘导线及用途

名称	型号		长期最高工作温度/℃	用途
	铜芯	铝芯		
橡胶绝缘电线	BX	BLX	65	固定敷设于室内（明敷、暗敷或穿管），也可用于室外或作设备内部安装用线
氯丁橡胶绝缘电线	BXF	BLXF	65	同BX型，耐气候性好，适用于室外
橡胶绝缘软电线	BXR		65	同BX型，仅用于安装时要求柔软的场合
橡胶绝缘和护套电线	BXHF	BLXHF	65	同BX型，用于较潮湿的场合或作室外进户线，可代替老产品铅包电线
聚氯乙烯绝缘电线	BV	BLV	65	同BX型，但耐湿性和耐气候性较好
聚氯乙烯绝缘软电线	BVR		65	同BV型，仅用于安装时要求柔软的场合
聚氯乙烯绝缘和护套电线	BVV	BLVV	65	同BV型，用于潮湿和机械防护要求较高的场合，可直埋土壤中
耐热聚氯乙烯绝缘电线	BV-105	BLV-105	105	同BV型，用于45℃及以上高温环境中

续表

名称	型号		长期最高工作温度/℃	用途
	铜芯	铝芯		
耐热聚氯乙烯绝缘软电线	BVR-105		105	同BVR型，用于45℃及以上高温环境中
聚氯乙烯绝缘软线	RV RVB RVS		65	用作各种移动电器的电源连接导线，也可用作内部安装线，安装时环境温度不低于-15℃

2.2.3　绝缘导线的选择

在选用绝缘导线时，主要考虑导线的安全电流、机械强度和额定电压。

（1）安全电流

导线流过电流时会发热，电流越大，发出热量越多，热量通过绝缘层散发出去，如果散发的热量等于导线发出的热量，导线的温度不再上升，若流过导线的电流过大而产生大量的热量，这些热量又不能被绝缘层都散发，导线的温度就会上升，绝缘层就容易老化，甚至损坏引出触电或火灾事故。

安全电流是指导线温度达到绝缘层最高允许值（规定为65℃）不再上升时的导线通过电流。当流过绝缘导线的电流超过安全电流时，绝缘层温度也会超过最高允许值而易损坏。安全电流大小除了与导线横截面积有关（如截面积越大，导线电阻越小，产生的热量越少，安全电流越大），还与绝缘层有很大的关系，绝缘层散热性能越好，导线安全电流越大，因此芯线截面积相同的普通单绝缘层导线较护套绝缘导线安全电流大，单股绝缘导线较多股绝缘导线安全电流大。

在选择绝缘导线时，导线的安全电流应大于所接负载的总电流，一般为1.5～2倍。

（2）机械强度

安装绝缘导线时，除了要考虑导线的安全电流外，在某些情况下还要考虑其机械强度。机械强度是指导线承受拉力、扭力和重力等的能力。例如遇到图2-11所示的线路安装时就需要考虑导线的机械强度。

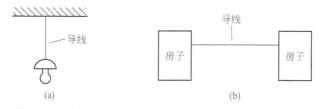

图2-11　线路安装时需要考虑导线的机械强度的情况

在图2-11（a）中，选择的绝缘导线要能承受灯具的重力，在图2-11（b）中，选择的绝缘导线除了要能承受自身重力形成的拉力外，由于安装在室外，因此还要考虑到一些外界因素形成的力（如风力等）。

（3）额定电压

导线的绝缘层一般都有一定的耐压范围，超出这个范围绝缘性能下降。选择导线时要根据线路的电压来选择相应额定电压的绝缘导线。常用的绝缘导线的额定电压有250V、500V和1000V等，如线路实际电压为220V，可选择额定电压为250V的绝缘导线。

2.3　导线的剥削、连接和绝缘恢复

2.3.1　导线绝缘层的剥削

在连接绝缘导线前，需要先去掉导线连接处的绝缘层而露出金属芯线，再进行连接，剥离的绝缘层的长度约50～100mm，通常线径小的导线剥离短些，线径大的剥离长些。绝缘导线种类较多，绝缘层的剥离方法也有所不同。

（1）硬导线绝缘层的剥离

对于截面积在0.4mm² 以下的硬绝缘导线，可以使用钢丝钳（俗称老虎钳）剥离绝缘层，具体如图2-12所示，其过程如下：

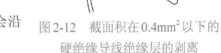

① 左手捏住导线，右手拿钢丝钳，将钳口钳住剥离处的导线，切不可用力过大，以免切伤内部芯线。

② 左手和右手分别朝相反方向用力，绝缘层就会沿钢丝钳运动方向脱离。

图2-12　截面积在0.4mm² 以下的硬绝缘导线绝缘层的剥离

如果剥离绝缘层时不小心伤及内部芯线，较严重时需要剪掉切伤部分导线，重新按上述方向剥离绝缘层。

对于截面积在0.4mm² 以上的硬绝缘导线，可以使用电工刀来剥离绝缘层，具体如图2-13所示，其过程如下：

① 左手捏住导线，右手拿电工刀，将刀口以45°切入绝缘层，不可用力过大，以免切伤内部芯线，如图2-13（a）所示。

② 刀口切入绝缘层后，让刀口和芯线保持25°，推动电工刀，将部分绝缘层削去，如图2-13（b）所示。

③将剩余的绝缘层反向扳过来，如图2-13（c）所示，然后用电工刀将剩余的绝缘层齐根削去。

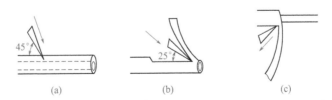

(a)　　　　　　　　(b)　　　　　　　　(c)

图2-13　截面积在0.4mm² 以上的硬绝缘导线绝缘层的剥离

（2）软导线绝缘层的剥离

剥离软导线的绝缘层可使用钢丝钳或剥线钳，但不可使用电工刀，因为软导线芯线由多股细线组成，用电工刀剥离很易切断部分芯线。用钢丝钳剥离软导线绝缘层的方法与剥离硬导线绝缘层的操作方法一样，这里只介绍如何用剥线钳剥离绝缘层，如图2-14所示，具体操作过程如下：

① 将导线放入剥线钳合适的钳口。

② 握住剥线钳手柄作圆周运动，让钳口在导线的绝缘层上切成一个圆周，注意不要切伤内部芯线。

③ 往外推动剥线钳，绝缘层就会随钳口移动方向脱离。

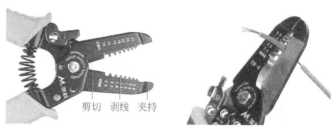

剪切　剥线　夹持

图2-14　用剥线钳剥离绝缘层

（3）护套线绝缘层的剥离

护套线除了内部有绝缘层外，在外面还有护套，在剥离护套线绝缘层时，先要剥离护套，再剥离内部的绝缘层。剥离护套常用电工刀，剥离内部的绝缘层根据情况可使用钢丝钳、剥线钳或电工刀。护套线绝缘层的剥离如图2-15所示，具体过程如下：

① 将护套线平放在木板上，然后用电工刀尖从中间划开护套，如图2-15（a）所示。

② 将护套线折弯，再用电工刀齐根削去，如图2-15（b）所示。

③ 根据护套线内部芯线的类型，用钢丝钳、剥线钳或电工刀剥离内部绝缘层。若芯线是较粗的硬导线，可使用电工刀；若是细硬导线，可使用钢丝钳；若是软导线，则使用剥线钳。

(a)　　　　　　　　　(b)

图2-15　护套线绝缘层的剥离

2.3.2　导线与导线的连接

当导线长度不够或接分支线路时，需要导线与导线连接起来。导线连接部位是线路的薄弱环节，正确进行导线连接可以增强线路的安全性、可靠性，使用电设备能稳定可靠地运行。在连接导线前，要求先去除芯线上污物和氧化层。

（1）铜芯导线之间的连接

① 单股铜芯导线的直线连接　单股铜芯导线的直线连接如图2-16所示，具体过程如下：

a. 将去除绝缘层和氧化层的两根单股导线作X形相交，如图2-16（a）所示。

b.将两根导线向两边紧密斜着缠绕2～3圈，如图2-16（b）所示。

c.将两根导线扳直，再各向两边绕6圈，多余的线头用钢丝钳剪掉，连接好的导线如图2-16（c）所示。

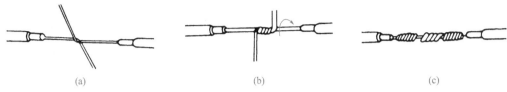

图2-16　单股铜芯导线的直线连接

② 单股铜芯导线的T字形分支连接　单股铜芯导线的T字形分支连接如图2-17所示，具体过程如下：

a.将除去绝缘层和氧化层的支路芯线与主干芯线十字相交，然后将支路芯线在主干芯线上绕一圈并跨过支路芯线（即打结），再在主干线上缠绕8圈，如图2-17（a）所示，多余的支路芯线剪掉。

b.对于截面积小的导线，也可以不打结，直接将支路芯线在主干芯线缠绕几圈，如图2-17（b）所示。

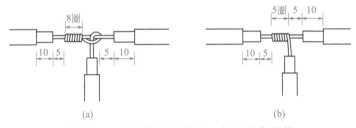

图2-17　单股铜芯导线的T字形分支连接

③ 7股铜芯导线的直线连接　7股铜芯导线的直线连接如图2-18所示，具体过程如下：

a.将去除绝缘层和氧化层的两根导线7股芯线散开，并将绝缘层旁约2/5的芯线段绞紧，如图2-18（a）所示。

b.将两根导线分散开的芯线隔根对叉，如图2-18（b）所示，然后压平两端对叉的线头，并将中间部分钳紧，如图2-18（c）所示。

c.将一端的7股芯线按2、2、3分成三组，再把第一组的2根芯线扳直（即与主芯线垂直），如图2-18（d）所示，然后按顺时针方向在主芯线上紧绕2圈，再将余下的扳到主芯线上，如图2-18（e）所示。

d.将第二组的2根芯线扳直，然后按顺时针方向在第一组芯线及主芯线上紧绕2圈，如图2-18（f）所示。

e.将第三组的3根芯线扳直，然后按顺时针方向在第一、二组芯线及主芯线上紧绕2圈，如图2-18（g）所示，三组芯线绕好后把多余的部分剪掉，已绕好一端的导线如图2-18（h）所示。

f.按同样的方法缠绕另一端的芯线。

④ 7股铜芯导线的T字形分支连接　7股铜芯导线的T字形分支连接如图2-19所示，具体过程如下：

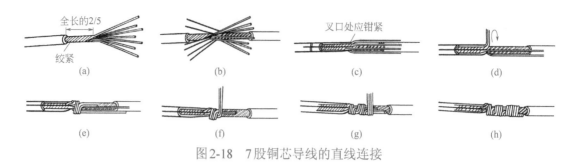

图2-18　7股铜芯导线的直线连接

a.将去除绝缘层和氧化层的分支线7股芯线散开，并将绝缘层旁约1/8的芯线段绞紧，如图2-19（a）所示。

b.将分支线7股芯线按3、4分成两组，并叉入主干线，如图2-19（b）所示。

c.将3股的一组芯线在主芯线上按顺时针方向紧绕3圈，再将余下的剪掉，如图2-19（c）所示。

d.将4股的一组芯线在主芯线上按顺时针方向紧绕4圈，再将余下的剪掉，如图2-19（d）所示。

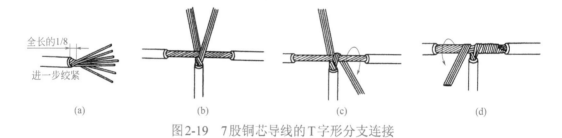

图2-19　7股铜芯导线的T字形分支连接

⑤ 不同直径铜导线的连接　不同直径的铜导线连接如图2-20所示，具体过程是：将细导线的芯线在粗导线的芯线上绕5～6圈，然后将粗芯线弯折压在缠绕细芯线上，再把细芯线在弯折的粗芯线上绕3～4圈，多余的细芯线剪去。

⑥ 多股软导线与单股硬导线的连接　多股软导线与单股硬导线的连接如图2-21所示，具体过程是：先将多股软导线拧紧成一股芯线，然后将拧紧的芯线在硬导线上缠绕7～8圈，再将硬导线折弯压紧缠绕的软芯线。

图2-20　不同直径的铜导线连接　　　　图2-21　多股软导线与单股硬导线的连接

⑦ 多芯导线的连接　多芯导线的连接如图2-22所示，从图中可以看出，多芯导线之间的连接关键在于各芯线连接点应相互错开，这样可以防止芯线连接点之间短路。

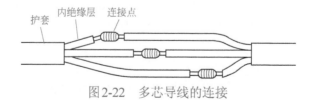

图2-22　多芯导线的连接

（2）铝芯导线之间的连接

铝芯导线由于采用铝材料作芯线，而铝材料易氧化而在表面形成氧化铝，氧化铝的电阻率又比较高，如果线路安装要求比较高，铝芯导线之间一般不采用铜芯导线之间的连接方法，而常用铝压接管（如图2-23所示）进行连接。

图2-23　铝压接管

用压接管连接铝芯导线方法如图2-24所示，具体操作过程如下：

① 将待连接的两根铝芯线穿入压接管，并穿出一定的长度，如图2-24（a）所示，芯线截面积越大，穿出越长。

② 用压接钳对压接管进行压接，如图2-24（b）所示，铝芯线的截面积越大，要求压坑越多。

图2-24　用压接管连接铝芯导线

如果需要将三根或四根铝芯线压接在一起，可按图2-25所示方法进行。

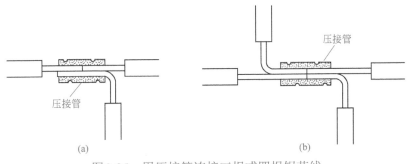

图2-25　用压接管连接三根或四根铝芯线

（3）铝芯导线与铜芯导线的连接

当铝和铜接触时容易发生电化学腐蚀，所以铝芯导线和铜芯导线不能直接连接，连接时需要用到铜铝压接管，这种套管是由铜和铝制作而成的，如图2-26所示。

铝芯导线与铜芯导线的连接方法如图2-27所示，具体操作过程如下：

① 将铝芯线从压接管的铝端穿入，芯线不要超过压接管的铜材料端；铜芯线从压接管的铜端穿入，芯线不要超过压接管的铝材料端。

② 用压接钳压挤压接管，将铜芯线与压接管的铜材料端压紧，铝芯线与压接管的铝材料端压紧。

图2-26　铜铝压接管

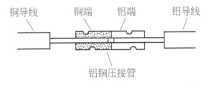

图2-27　铝芯导线与铜芯导线的连接

2.3.3　导线与接线柱之间的连接

（1）导线与针孔式接线柱的连接

导线与针孔式接线柱的连接方法如图2-28所示，具体操作过程是：旋松接线柱上的螺钉，再将芯线插入针孔式接线柱内，然后旋紧螺钉，如果芯线较细，可把它折成两股再插入接线柱。

（2）导线与螺钉平压式接线柱的连接

导线与螺钉平压式接线柱的连接如图2-29所示，具体操作过程是：将导线的芯线弯成圆环状，保证芯线处于平分圆环位置，然后将圆环套在螺钉上，再往螺母上旋紧螺钉，芯线就被紧压在螺钉和螺母之间。

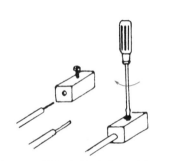

图2-28　导线与针孔式接线柱的连接

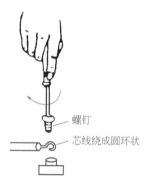

图2-29　导线与螺钉平压式接线柱的连接

2.3.4　导线绝缘层的恢复

导线芯线连接好后，为了安全起见，需要在芯线上缠绕绝缘材料，即恢复导线的绝缘层。缠绕的绝缘材料主要有黄蜡带、黑胶带和涤纶薄膜胶带。

在导线上缠绕绝缘带的方法如图2-30所示，具体过程如下：

① 从导线的左端绝缘层约两倍胶带宽处开始缠绕黄蜡带，如图2-30（a）所示，缠绕时，胶带保持与导线成55°的角度，并且缠绕时胶带要压住上圈胶带的1/2，如图2-30（b）所示，缠绕到导线右端绝缘层约两倍胶带宽处停止。

② 在导线右端将黑胶带与黄蜡带粘贴连接好，如图2-30（c）所示，然后从右往左斜向缠绕黑胶带，缠绕方法与黄蜡带相同，如图2-30（d）所示，缠绕至导线左端黄蜡带的起始端结束。

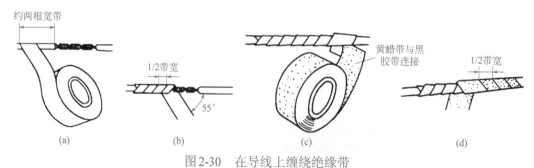

图2-30　在导线上缠绕绝缘带

Chapter

第3章
电气测量仪表的使用

3.1 指针万用表

指针万用表是一种广泛使用的电子测量仪表，它由一只灵敏度很高的直流电流表（微安表）作表头，再加上挡位开关和相关电路组成。指针万用表可以测量电压、电流、电阻，还可以测量电子元器件的好坏。指针万用表种类很多，使用方法大同小异，本节以MF-47型万用表为例进行介绍。

3.1.1 面板介绍

MF-47型万用表的面板如图3-1所示。从面板上可以看出，指针万用表面板主要由刻度盘、挡位开关、旋钮和插孔构成。

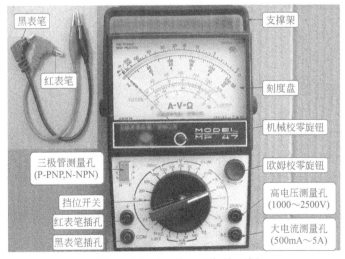

图3-1 MF-47型万用表的面板

（1）刻度盘

刻度盘用来指示被测量值的大小，它由1根表针和6条刻度线组成。刻度盘如图3-2所示。

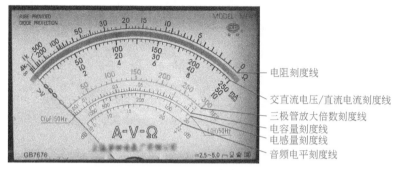

图3-2　刻度盘

第1条标有"Ω"字样的为电阻刻度线。在测量电阻阻值时查看该刻度线。这条刻度线最右端刻度表示的阻值最小，为0，最左端刻度表示阻值最大，为∞（无穷大）。在未测量时表针指在左端无穷处。

第2条标有"V"（左方）和"mA"（右方）字样的为交直流电压/直流电流刻度线。在测量交、直流电压和直流电流时都查看这条刻度线。该刻度线最左端刻度表示最小值，最右端刻度表示最大值，在该刻度线下方标有三组数，它们的最大值分别是250、50和10，当选择不同挡位时，要将刻度线的最大刻度看作该挡位最大量程数值（其他刻度也要相应变化）。如挡位开关置于"50V"挡测量时，表针若指在第2刻度线最大刻度处，表示此时测量的电压值为50V（而不是10V或250V）。

第3条标有"hFE"字样的为三极管放大倍数刻度线。在测量三极管放大倍数时查看这条刻度线。

第4条标有"C（μF）"字样的为电容量刻度线。在测量电容容量时查看这条刻度线。

第5条标有"L（H）"字样的为电感量刻度线。在测量电感的电感量时查看该刻度线。

第6条标有"dB"字样的为音频电平刻度线。在测量音频信号电平时查看这条刻度线。

（2）挡位开关

挡位开关的功能是选择不同的测量挡位。挡位开关如图3-3所示。

（3）旋钮

万用表面板上有2个旋钮：机械校零旋钮和欧姆校零旋钮，如图3-1所示。

机械校零旋钮的功能是在测量前将表针调到电压/电流刻度线的"0"刻度处。欧姆校零旋钮的功能是在使用电阻挡测量时，将表针调到电阻刻度线的"0"刻度处。两个旋钮的详细调节方法在后面将会介绍。

（4）插孔

万用表面板上有4个独立插孔和一个6孔组合插孔，如图3-1所示。

标有"+"字样的为红表笔插孔；标有"COM（或-）"字样的为黑表笔插孔；标有"5A"字样的为大电流插孔，当测量500mA～5A范围内的电流时，红表笔应插入该插孔；标有"2500V"字样的为高电压插孔，当测量1000～2500V范围内的电压时，红表笔应插入此插

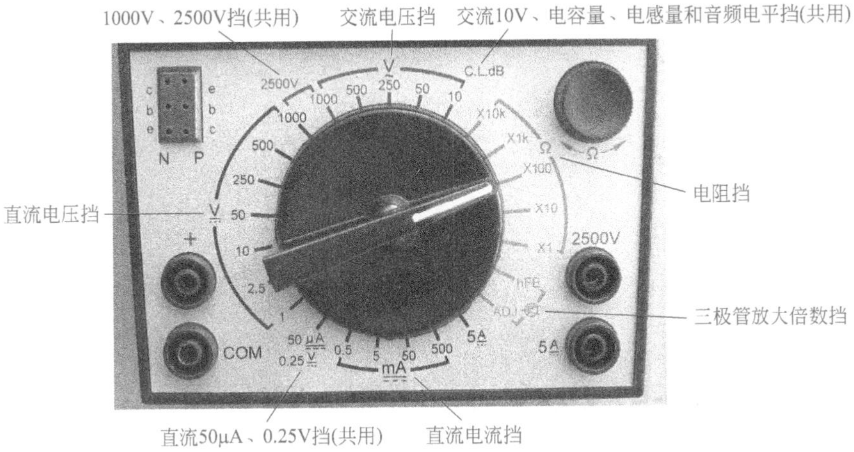

1000V、2500V挡(共用) 交流电压挡 交流10V、电容量、电感量和音频电平挡(共用)

直流电压挡

电阻挡

三极管放大倍数挡

直流50μA、0.25V挡(共用) 直流电流挡

图3-3 挡位开关

孔。6孔组合插孔为三极管测量插孔，标有"N"字样的3个孔为NPN三极管的测量插孔，标有"P"字样的3个孔为PNP三极管的测量插孔。

3.1.2 使用前的准备工作

指针万用表在使用前，需要安装电池、机械校零和安插表笔。

（1）安装电池

在使用万用表前，需要给万用表安装电池，若不安装电池，电阻挡和三极管放大倍数挡将无法使用，但电压、电流挡仍可使用。MF-47型万用表需要9V和1.5V两个电池，如图3-4所示，其中9V电池供给$R \times 10k\Omega$使用，1.5V电池供给$R \times 10k\Omega$挡以外的电阻挡和三极管放大倍数测量挡使用。安装电池时，一定要注意电池的极性不能装错。

图3-4 万用表的电池安装

（2）机械校零

在出厂时，大多数厂家已对万用表进行了机械校零，由于某些原因造成表针未调零时，可自己进行机械调零。机械调零过程如图3-5所示。

（3）安插表笔

万用表有红、黑两根表笔，在测量时，红表笔要插入标有"+"字样的插孔，黑表笔要插入标有"−"字样的插孔。

3.1.3 测量直流电压

MF-47型万用表的直流电压挡具体又分为0.25V、1V、2.5V、10V、50V、250V、500V、1000V和2500V挡。

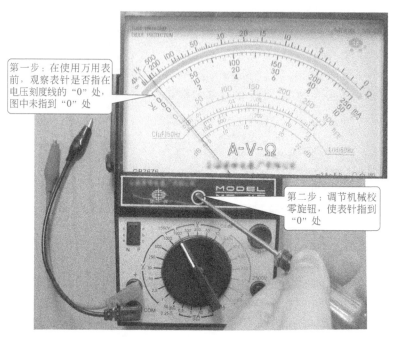

图3-5　机械校零

第一步：在使用万用表前，观察表针是否指在电压刻度线的"0"处，图中未指到"0"处

第二步：调节机械校零旋钮，使表针指到"0"处

下面通过测量一节干电池的电压值来说明直流电压的测量操作，测量如图3-6所示，具体过程如下所述。

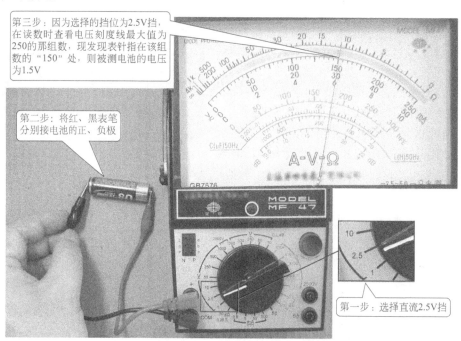

第三步：因为选择的挡位为2.5V挡，在读数时查看电压刻度线最大值为250的那组数，现发现表针指在该组数的"150"处，则被测电池的电压为1.5V

第二步：将红、黑表笔分别接电池的正、负极

第一步：选择直流2.5V挡

图3-6　直流电压的测量（测量电池的电压）

第一步：选择挡位。测量前先大致估计被测电压可能有的最大值，再根据挡位应高于且最接近被测电压的原则选择挡位，若无法估计，可先选最高挡测量，再根据大致测量值重新选取合适低挡测量。一节干电池的电压一般在1.5V左右，根据挡位应高于且最接近被测电

压的原则，选择2.5V挡最为合适。

第二步：红、黑表笔接被测电压。红表笔接被测电压的高电位处（即电池的正极），黑表笔接被测电压的低电位处（即电池的负极）。

第三步：读数。在刻度盘上找到旁边标有"V"字样的刻度线（即第2条刻度线），该刻度线有最大值分别是250、50、10的三组数对应，因为测量时选择的挡位为2.5V，所以选择最大值为250的那一组数进行读数，但需将250看成2.5，该组其他数值作相应的变化。现观察表针指在"150"处，则被测电池的直流电压大小为1.5V。

补充说明：

① 测量1000～2500V范围内的电压时，挡位开关应置于1000V挡位，红表笔要插在2500V专用插孔中，黑表笔仍插在"COM"插孔中，读数时选择最大值为250的那一组数。

② 直流电压0.25V挡与直流电流50μA挡是共用的，在测直流电压时选择该挡可以测量0～0.25V范围内的电压，读数时选择最大值为250的那一组数；在测直流电流时选择该挡可以测量0～50μA范围内的电流，读数时选择最大值为50的那一组数。

3.1.4 测量交流电压

MF-47型万用表的交流电压挡具体又分为10V、50V、250V、500V、1 000V和2 500V挡。

下面通过测量市电电压的大小来说明交流电压的测量操作，测量如图3-7所示，具体过程如下所述。

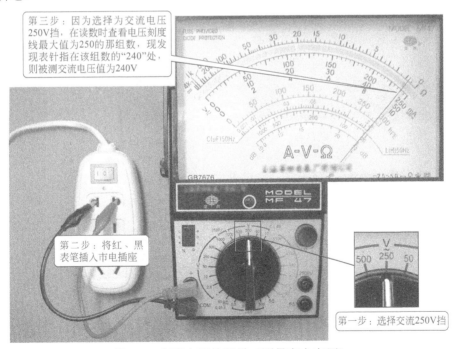

图3-7 交流电压的测量（测量市电电压）

第一步：选择挡位。市电电压一般在220V左右，根据挡位应高于且最接近被测电压的原则，选择250V挡最为合适。

第二步：红、黑表笔接被测电压。由于交流电压无正、负极性之分，故红、黑表笔可随意分别插在市电插座的两个插孔中。

第三步：读数。交流电压与直流电压共用刻度线，读数方法也相同。因为测量时选择的挡位为250V，所以选择最大值为250的那一组数进行读数。现观察表针指在刻度线的"240"处，则被测市电电压的大小为240V。

3.1.5 测量直流电流

MF-47型万用表的直流电流挡具体又分为50μA、0.5mA、5mA、50mA、500mA和5A挡。

下面以测量流过灯泡的电流大小为例来说明直流电流的测量操作，直流电流的测量操作如图3-8（a）所示，图（b）为图（a）的等效电路测量图，具体过程如下所述。

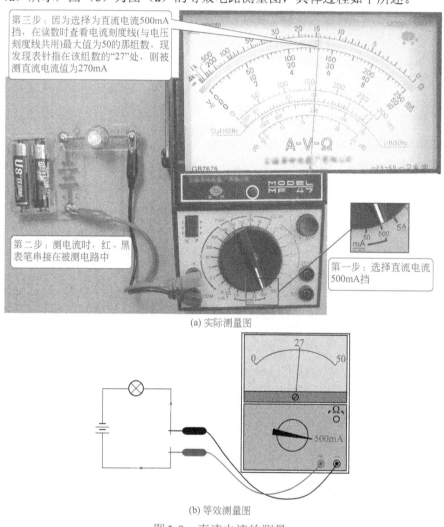

(a) 实际测量图

(b) 等效测量图

图3-8　直流电流的测量

第一步：选择挡位。灯泡工作电流较大，这里选择直流500mA挡。

第二步：断开电路，将万用表红、黑表笔串接在电路的断开处，红表笔接断开处的高电位端，黑表笔接断开处的另一端。

第三步：读数。直流电流与直流电压共用刻度线，读数方法也相同。因为测量时选择的挡位为500mA挡，所以选择最大值为50的那一组数进行读数。现观察表针指在刻度线"27"的位置，那么流过灯泡的电流为270mA。

如果流过灯泡的电流大于500mA，可将红表笔插入5A插孔，挡位仍置于500mA挡。

注意：测量电路的电流时，一定要断开电路，并将万用表串接在电路断开处，这样电路中的电流才能流过万用表，万用表才能指示被测电流的大小。

3.1.6 测量电阻

测量电阻的阻值时需要选择电阻挡。MF-47型万用表的电阻挡具体又分为×1Ω、×10Ω、×10Ω、×1kΩ和×10kΩ挡。

下面通过测量一个电阻的阻值来说明电阻挡的使用，测量如图3-9所示，具体过程说明如下所述。

第一步：选择挡位。测量前先估计被测电阻的阻值大小，选择合适的挡位。挡位选择的原则是：在测量时尽可能让表针指在电阻刻度线的中央位置，因为表针指在刻度线中央时的测量值最准确，若不能估计电阻的阻值，可先选高挡位测量，如果发现阻值偏小时，再换成合适的低挡位重新测量。现估计被测电阻阻值为几百至几千欧，选择挡位×100Ω较为合适。

第二、三、四步：欧姆校零。挡位选好后要进行欧姆校零，欧姆校零过程如图3-9（a）、（b）所示，先将红、黑表笔短路，观察表针是否指到电阻刻度线的"0"处，若表针未指在"0"处，可调节欧姆校零旋钮，直到将表针调到"0"处为止，如果无法将表针调到"0"处，一般为万用表内部电池用旧所致，需要更换新电池。

第五步：红、黑表笔接被测电阻。电阻没有正、负之分，红、黑表笔可随意接在被测电阻两端。

第五步：读数。读数时查看表针在电阻刻度线所指的数值，然后将该数值与挡位数相乘，得到的结果即为该电阻的阻值。在图3-9（c）中，表针指在电阻刻度线的"15"处，选择挡位为×100Ω，则被测电阻的阻值为15×100Ω＝1500Ω＝1.5kΩ。

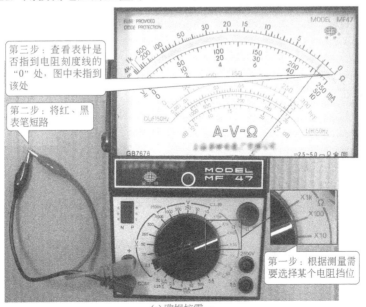

(a)欧姆校零一

图3-9

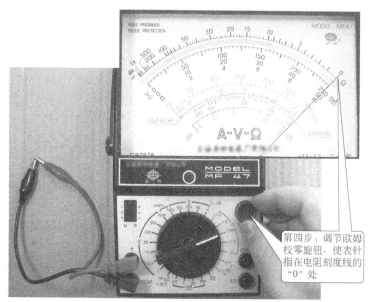

(b) 欧姆校零二

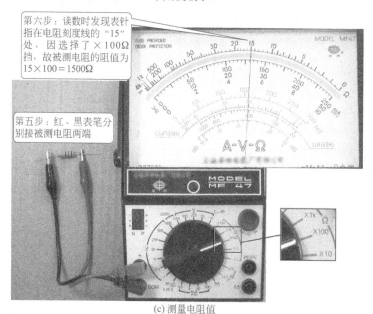

(c) 测量电阻值

图3-9　电阻的测量

3.1.7　万用表使用注意事项

万用表使用时要按正确的方法进行操作，否则会使测量值不准确，重则会烧坏万用表，甚至会触电危害人身安全。

万用表使用时要注意以下事项。

① 测量时不要选错挡位，特别是不能用电流或电阻挡来测电压，这样极易烧坏万用表。万用表不用时，可将挡位置于交流电压最高挡（如1000V挡）。

② 测量直流电压或直流电流时，要将红表笔接电源或电路的高电位，黑表笔接低电位，若表笔接错会使表针反偏，这时应马上互换红、黑表笔位置。

③ 若不能估计被测电压、电流或电阻的大小，应先用最高挡，如果高挡位测量值偏小，可根据测量值大小选择相应的低挡位重新测量。

④ 测量时，手不要接触表笔金属部位，以免触电或影响测量精确度。

⑤ 测量电阻阻值和三极管放大倍数时要进行欧姆校零，如果旋钮无法将表针调到电阻刻度线的"0"处，一般为万用表内部电池用旧，可更换新电池。

3.2 数字万用表

数字万用表与指针万用表相比，具有测量准确度高、测量速度快、输入阻抗大、过载能力强和功能多等优点，所以它与指针万用表一样，在电工电子技术测量方面得到广泛的应用。数字万用表的种类很多，但使用方法基本相同，下面以广泛使用且价格便宜的 DT-830 型数字万用表为例来说明数字万用表的使用。

3.2.1 面板介绍

数字万用表的面板上主要有显示屏、挡位开关和各种插孔。DT-830 型数字万用表面板如图 3-10 所示。

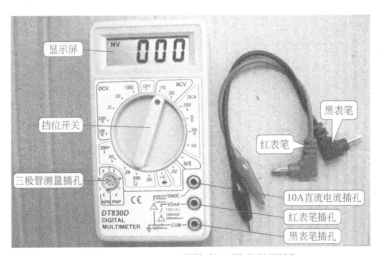

图 3-10 DT-830 型数字万用表的面板

（1）显示屏

显示屏用来显示被测量的数值，它可以显示 4 位数字，但最高位只能显示到 1，其他位可显示 0～9。

（2）挡位开关

挡位开关的功能是选择不同的测量挡位，它包括直流电压挡、交流电压挡、直流电流挡、电阻挡、二极管测量挡和三极管放大倍数测量挡。

（3）插孔

数字万用表的面板上有3个独立插孔和1个6孔组合插孔。标有"COM"字样的为黑表笔插孔，标有"VΩmA"的为红表笔插孔，标有"10ADC"的为直流大电流插孔，在测量200mA～10A范围内的直流电流时，红表笔要插入该插孔。6孔组合插孔为三极管测量插孔。

3.2.2 测量直流电压

DT-830型数字万用表的直流电压挡具体又分为200mV挡、2000mV挡、20V挡、200V挡、1000V挡。

下面通过测量一节电池的电压值来说明直流电压的测量，测量如图3-11所示，具体过程如下所述。

第一步：选择挡位。一节电池的电压在1.5V左右，根据挡位应高于且最接近被测电压原则，选择2000mV（2V）挡较为合适。

第二步：红、黑表笔接被测电压。红表笔接被测电压的高电位处（即电池的正极），黑表笔接被测电压的低电位处（即电池的负极）。

第三步：在显示屏上读数。现观察显示屏显示的数值为"1541"，则被测电池的直流电压为1.541V。若显示屏显示的数字不断变化，可选择其中较稳定的数字作为测量值。

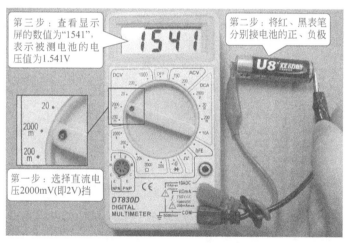

图3-11　直流电压的测量

3.2.3 测量交流电压

DT-830型数字万用表的交流电压挡具体又分为200V挡和750V挡。

下面通过测量市电的电压值来说明交流电压的测量，测量如图3-12所示，具体过程如下所述。

第一步：选择挡位。市电电压通常在220V左右，根据挡位应高于且最接近被测电压原则，选择750V挡最为合适。

第二步：红、黑表笔接被测电压。由于交流电压无正、负极之分，故红、黑表笔可随意分别插入市电插座的两个插孔内。

第三步：在显示屏上读数。现观察显示屏显示的数值为"237"，则市电的电压值为237V。

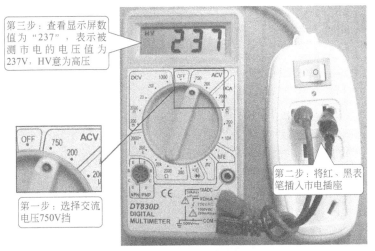

第三步：查看显示屏数值为"237"，表示被测市电的电压值为237V，HV意为高压

第二步：将红、黑表笔插入市电插座

第一步：选择交流电压750V挡

图3-12　交流电压的测量

3.2.4　测量直流电流

DT-830型数字万用表的直流电流挡具体又分为2000μA挡、20mA挡、200mA挡、10A挡。

下面以测量流过灯泡的电流大小为例来说明直流电流的测量，测量操作如图3-13所示，具体过程如下所述。

第一步：选择挡位。灯泡工作电流较大，这里选择直流10A挡。

第二步：将红、黑表笔串接在被测电路中。先将红表笔插入10A电流专用插孔，断开被测电路，再将红、黑表笔串接在电路的断开处，红表笔接断开处的高电位端，黑表笔接断开处的另一端。

第三步：在显示屏上读数。现观察显示屏显示的数值为"0.28"，则流过灯泡的电流为0.28A。

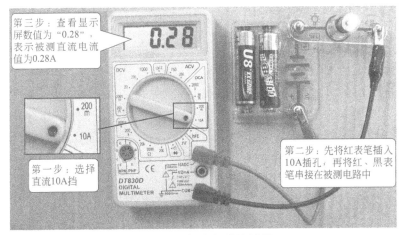

第三步：查看显示屏数值为"0.28"，表示被测直流电流值为0.28A

第二步：先将红表笔插入10A插孔，再将红、黑表笔串接在被测电路中

第一步：选择直流10A挡

图3-13　直流电流的测量

3.2.5 测量电阻

万用表测电阻时采用电阻挡，DT-830型万用表的电阻挡具体又分为200Ω挡、2000Ω挡、20kΩ挡、200kΩ挡和2000kΩ挡。

（1）测量一个电阻的阻值

下面通过测量一个电阻的阻值来说明电阻挡的使用，测量如图3-14所示，具体过程如下所述。

第一步：选择挡位。估计被测电阻的阻值不会大于20kΩ，根据挡位应高于且最接近被测电阻的阻值原则，选择20kΩ挡最为合适。若无法估计电阻的大致阻值，可先用最高挡测量，若发现偏小，再根据显示的阻值更换合适低挡位重新测量。

第二步：红、黑表笔接被测电阻两个引脚。

第三步：在显示屏上读数。现观察显示屏显示的数值为"1.47"，则被测电阻的阻值为1.47kΩ。

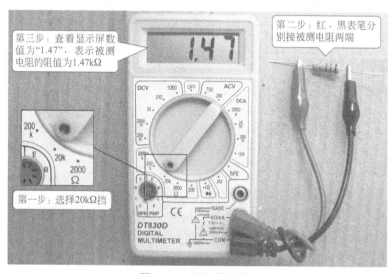

图3-14　电阻的测量

（2）测量导线的电阻

导线的电阻大小与导体材料、截面积和长度有关，对于采用相同导体材料（如铜）的导线，芯线越粗其电阻越小，芯线越长其电阻越大。导线的电阻较小，数字万用表一般使用200Ω挡测量，测量操作如图3-15所示，如果被测导线的电阻无穷大，则导线开路。

注意：数字万用表在使用低电阻挡（200Ω挡）测量时，将两根表笔短接，通常会发现显示屏显示的阻值不为零，一般在零点几欧至几欧之间，该阻值主要是表笔及误差阻值，性能好的数字万用表该值很小。由于数字万用表无法进行欧姆校零，如果对测量准确度要求很高，可在测量前记下表笔短接时的阻值，再将测量值减去该值即为被测元件或线路的实际阻值。

3.2.6 测量线路通断

线路通断可以用万用表的电阻挡测量，但每次测量时都要查看显示屏的电阻值来判断，

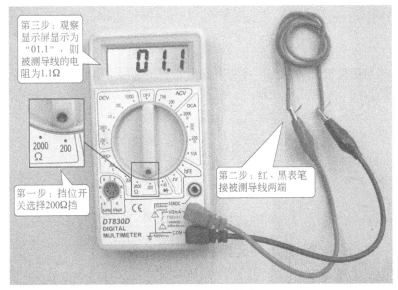

图3-15　测量导线的电阻

这样有些麻烦。为此有的数字万用表专门设置了"通断测量"挡，在测量时，当被测线路的电阻小于一定值（一般为50Ω左右），万用表会发出蜂鸣声，提示被测线路处于导通状态。图3-16是用数字万用表的"通断测量"挡检测导线的通断。

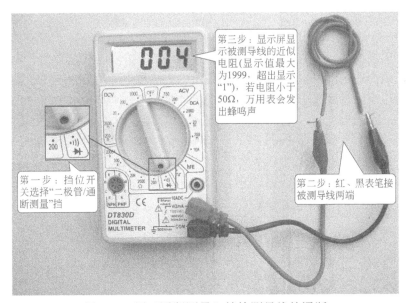

图3-16　用"通断测量"挡检测导线的通断

3.3　电能表

电能表又称电度表，它是一种用来计算用电量（电能）的测量仪表。电能表可分为单相电能表和三相电能表，分别用在单相和三相交流电路中。

3.3.1　电能表的结构与原理

根据工作方式不同，电能表可分为感应式和电子式两种。电子式电能表是利用电子电路驱动计数机构来对电能进行计数的，而感应式电能表是利用电磁感应产生力矩来驱动计数机构对电能进行计数的。感应式电能表由于成本低、结构简单而被广泛应用。

单相电能表（感应式）的外形及内部结构如图 3-17 所示。

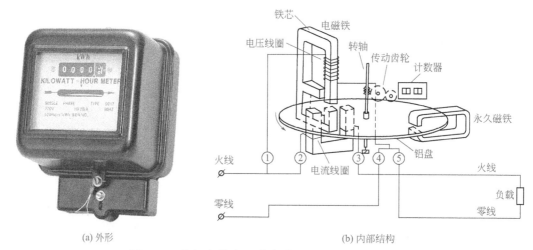

(a) 外形　　　　　　　　　　　　　(b) 内部结构

图 3-17　单相电能表（感应式）的外形及内部结构

从图 3-17（b）中可以看出，单相电能表内部垂直方向有一个铁芯，铁芯中间夹有一个铝盘，铁芯上绕着线径小、匝数多的电压线圈，在铝盘的下方水平放置着一个铁芯，铁芯上绕有线径粗、匝数少的电流线圈。当电能表按图示的方法与电源及负载连接好后，电压线圈和电流线圈均有电流通过而都产生磁场，它们的磁场分别通过垂直和水平方向的铁芯作用于铝盘，铝盘受力转动，铝盘中央的转轴也随之转动，它通过传动齿轮驱动计数器计数。如果电源电压高、流向负载的电流大，两个线圈产生的磁场强，铝盘转速快，通过转轴、齿轮驱动计数器的计数速度快，计数出来的电量更多。永久磁铁的作用是让铝盘运转保持平衡。

三相三线式电能表内部结构如图 3-18 所示。从图中可以看出，三相三线式电能表有两组与单相电能表一样的元件，这两组元件共用一根转轴、减速齿轮和计数器，在工作时，两组元件的铝盘共同带动转轴运转，通过齿轮驱动计数器进行计数。

三相四线式电能表的结构与三相三线式电能表类似，但它内部有三组元件共同来驱动计数机构。

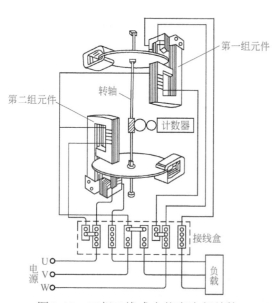

图 3-18　三相三线式电能表内部结构

3.3.2 电能表的普通接线方式

电能表在使用时，要与线路正确连接才能正常工作，如果连接错误，轻则会出现电量计数错误，重则会烧坏电能表。在接线时，除了要注意一般的规律外，还要认真查看电能表接线说明图，按照说明图来接线。

（1）单相电能表的接线

单相电能表的接线如图3-19所示。

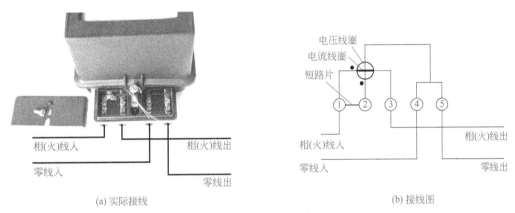

图3-19 单相电能表的接线

图3-19（b）中圆圈上的粗水平线表示电流线圈，其线径粗、匝数小、阻值小（接近0Ω），在接线时，要串接在电源相线和负载之间；圆圈上的细垂直线表示电压线圈，其线径细、匝数多、阻值大（用万用表欧姆挡测量时几百到几千欧），在接线时，要接在电源相线和零线之间。另外，电能表电压线圈、电流线圈的电源端（该端一般标有圆点）应共同接电源进线。

（2）三相电能表的接线方式

三相电能表可分为三相三线式电能表和三相四线式电能表，它们的接线方式如图3-20所示。

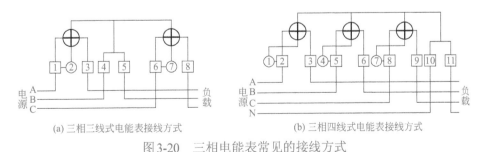

图3-20 三相电能表常见的接线方式

3.3.3 电子式电能表

电子式电能表内部采用电子电路构成测量电路来对电能进行测量，与机械式电能表比较，电子式电能表具有精度高、可靠性好、功耗低、过载能力强、体积小和重量轻等优点。有的电子式电能表采用一些先进的电子测量电路，故可以实现很多智能化的电能测量功能。常见的电子式电能表有普通的电子式电能表、电子式预付费电能表和电子式多费率电能表等。

（1）普通的电子式电能表

普通的电子式电能表采用了电子测量电路来对电能进行测量。根据显示方式来分，它可以分为滚轮显示电能表和液晶显示电能表。图3-21列出了电子式电能表和滚轮显示电子电能表的内部结构。

图3-21　两种类型的普通电子电能表

滚轮显示电子式电能表内部没有铝盘，不能带动滚轮计数器，在其内部采用了一个小型步进电机，在测量时，电能表每通过一定的电量，测量电路会产生一个脉冲，该脉冲去驱动电机旋转一定的角度，带动滚轮计数器转动来进行计数。图3-21左方的电子式电能表的电表常数为3200imp/（kW•h）［脉冲/（千瓦•时）］，表示电能表的测量电路需要产生3200个脉冲才能让滚轮计数器计量一度电，即当电能表通过的电量为1/3200度时，测量电路才会产生一个脉冲去滚轮计数器。

液晶显示电子式电能表则是由测量电路输出显示信号，直接驱动液晶显示器显示电量数值。

电子式电能表的接线与机械式电能表基本相同，这里不再叙述，为确保接线准确无误，可查看电能表附带的说明书。

（2）电子式电能表与机械式电能表的区别

电子式电能表与机械式电能表如图3-22所示。两种电能表可以从以下几个方面进行区别：

① 查看面板上有无铝盘。电子式电能表没有铝盘，而机械式电能表面板上可以看到铝盘。

② 查看面板型号。电子式电能表型号的第3位含有S字母，而机械式电能表没有，如DDS633为电子式电能表。

③ 查看电表常数单位。电子式电能表的电表常数单位为imp/（kW•h）［脉冲/（千瓦•时）］，机械式电能表的电表常数单位为r/（kW•h）［转/（千瓦•时）］。

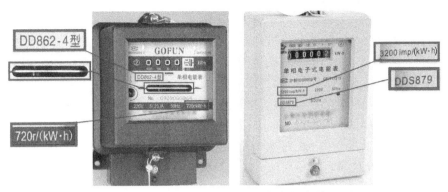

图3-22 机械式电能表和电子式电能表的区别

3.3.4 电能表型号与铭牌含义

（1）型号含义

电能表的型号一般由五部分组成，各部分意义如下。

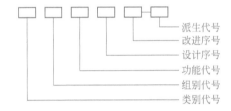

① 类别代号：D—电能表。

② 组别代号：A—安培小时计；B—标准；D—单相电能表；F—伏特小时计；J—直流；S—三相三线；T—三相四线；X—无功。

③ 功能代号：F—分时计费；S—电子式；Y—预付费式；D—多功能；M—脉冲式；Z—最大需量。

④ 设计序号：一般用数字表示。

⑤ 改进序号：一般用汉语拼音字母表示。

⑥ 派生代号：T—湿热、干热两用；TH—湿热专用；TA—干热专用；G—高原用；H—船用；F—化工防腐。

电能表的形式和功能很多，各厂家在型号命名上也不尽完全相同，大多数电能表只用两个字母表示其功能和用途。一些特殊功能或电子式的电能表多用三个字母表示其功能和用途。

举例如下：

① DD28表示单相电能表。D—电能表，D—单相，28—设计序号。

② DS862表示三相三线有功电能表。D—电能表，S—三相三线，86—设计序号，2—改进序号。

③ DX8表示无功电能表。D—电能表，X—无功，8—设计序号。

④ DTD18表示三相四线有功多功能电能表。D—电能表，T—三相四线，D—多功能，18—设计序号。

（2）铭牌含义

电能表铭牌通常含有以下内容：

① 计量单位名称或符号。有功电表为"kW·h（千瓦·时）"，无功电表为"kvar·h（千乏·时）"。

② 电量计数器窗口。整数位和小数位用不同颜色区分，窗口各字轮均有倍乘系数，如×1000、×100、×10、×1、×0.1。

③ 标定电流和额定最大电流。标定电流（又称基本电流）是用于确定电能表有关特性的电流值，该值越小，电能表越容易启动；额定最大电流是指仪表能满足规定计量准确度的最大电流值。当电能表通过的电流在标定电流和额定最大电流之间时，电能计量准确，当电流小于标定电流值或大于额定最大电流值时，电能计量准确度会下降。一般情况下，不允许流过电能表的电流长时间大于额定最大电流。

④ 工作电压。电能表所接电源的电压。单相电能表以电压线路接线端的电压表示，如220V；三相三线电能表以相数乘以线电压表示，如3×380V；三相四线电能表以相数乘以相电压/线电压表示，如3×220/380V。

⑤ 工作频率。电能表所接电源的工作频率。

⑥ 电表常数。它是指电能表记录的电能和相应的转数或脉冲数之间关系的常数。机械式电能表以r/（kW·h）［转/（千瓦·时）］为单位，表示计量1kW·h（1度电）电量时的铝盘的转数，电子式电能表以imp/（kW·h）（脉冲/千瓦时）为单位。

⑦ 型号。

⑧ 制造厂名。

图3-23是一个单相机械电能表，其铭牌含义如标注所示。

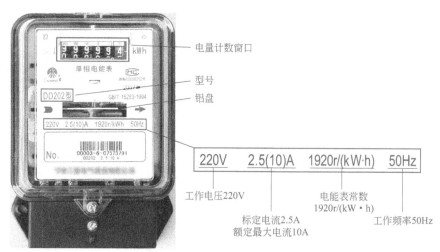

图3-23　电能表铭牌含义说明

3.4　钳形表

钳形表又称钳形电流表，它是一种测量电气线路电流大小的仪表。与电流表和万用表相比，钳形表的优点是在测电流时不需要断开电路。钳形表可分为指针式钳形表和数字式钳形表两类，指针式钳形表是利用内部电流表的指针摆动来指示被测电流的大小；数字式钳形表是利用数字测量电路将被测电流处理后，再通过显示器以数字的形式将电流大小显示出来。

3.4.1　钳形表的结构与测量原理

钳形表有指针式和数字式之分，这里以指针式为例来说明钳形表的结构与工作原理。指针式钳形表的外形与结构如图3-24所示。从图中可以看出，指针式钳形表主要由铁芯、线圈、电流表、量程旋钮和扳手等组成。

在使用钳形表时，按下扳手，铁芯开口张开，从开口处将导线放入铁芯中央，再松开扳手，铁芯开口闭合。当有电流流过导线时，导线周围会产生磁场，磁场的磁力线沿铁芯穿过线圈，线圈立即产生电流，该电流经内部一些元器件后流进电流表，电流表表针摆动，指示电流的大小。流过导线的电流越大，导线产生的磁场越大，穿过线圈的磁力线越多，线圈产生的电流就越大，流进电流表的电流就越大，表针摆动幅度越大，则指示的电流值越大。

3.4.2　指针式钳形表的使用

（1）实物外形

早期的钳形表仅能测电流，而现在常用的钳形表大多数已将钳形表和万用表结合起来，不但可以测电流，还能测电压和电阻，图3-25中所示的钳形表都具有这些功能。

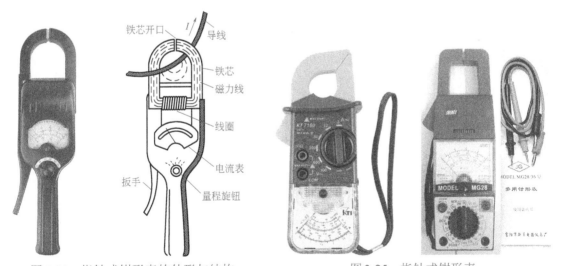

铁芯开口　导线

铁芯

磁力线

线圈

电流表

扳手　量程旋钮

图3-24　指针式钳形表的外形与结构　　　　图3-25　指针式钳形表

（2）使用方法

① 准备工作　在使用钳形表测量前，要做好以下准备工作：

a.安装电池。早期的钳形表仅能测电流，不需安装电池，而现在的钳形表不但能测电流、电压，还能测电阻，因此要求表内安装电池。安装电池时，打开电池盖，将大小和电压值符合要求的电池装入钳形表的电池盒，安装时要注意电池的极性与电池盒标注相同。

b.机械校零。将钳形表平放在桌面上，观察表针是否指在电流刻度线的"0"刻度处，若没有，可用螺丝刀调节刻度盘下方的机械校零旋钮，将表针调到"0"刻度处。

c.安装表笔。如果仅用钳形表测电流，可不安装表笔；如果要测量电压和电阻，则需要给钳形表安装表笔。安装表笔时，红表笔插入标"+"的插孔，黑表笔插入标"-"或标"COM"的插孔。

② 用钳形表测电流　使用钳形表测电流，一般按以下操作进行：

a.估计被测电流大小的范围，选取合适的电流挡位。选择的电流挡应大于被测电流，若无法估计电流范围，可先选择大电流挡测量，测得偏小时再选择小电流挡。

b.钳入被测导线。在测量时，按下钳形表上的扳手，张开铁芯，钳入一根导线，如图3-26（a）所示，表针摆动，指示导线流过的电流大小。

测量时要注意，不能将两根导线同时钳入，图3-26（b）所示的测量方法是错误的。这是因为两根导线流过的电流大小相等，但方向相反，两根导线产生的磁场方向是相反的，相互抵消，钳形表测出的电流值为0，如果不为0，则说明两根导线流过的电流不相等，负载存在漏电（一根导线的部分电流经绝缘性能差的物体直接到地，没有全部流到另一根线上），此时钳形表测出值为漏电电流值。

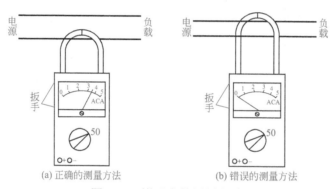

(a) 正确的测量方法　　　　(b) 错误的测量方法

图3-26　钳形表的测量方法

c.读数。在读数时，观察并记下表针指在"ACA（交流电流）"刻度线的数值，再配合挡位数进行综合读数。例如图3-26（a）所示的测量中，表针指在ACA刻度线的3.5处，此时挡位为电流50A挡，读数时要将ACA刻度线最大值5看成50，3.5则为35，即被测导线流过的电流值为35A。

如果被测导线的电流较小，可以将导线在钳形表的铁芯上绕几圈再测量。如图3-27所示，将导线在铁芯绕了2圈，这样测出的电流值是导线实际电流的2倍，图中表针指在3.5处，挡位开关置于"5A"挡，导线的实际电流应为3.5/2=1.75（A）。

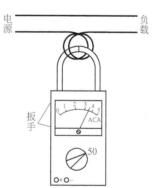

图3-27　钳形表测量小电流的方法

现在的大多数钳形表可以在不断开电路的情况下测量电流，还能像万用表一样测电压和电阻。钳形表在测电压和电阻时，需要安装表笔，用表笔接触电路或元器件来进行测量，具体测量方法与万用表一样，这里不再叙述。

（3）使用注意事项

在使用钳形表时，为了安全和测量准确，需要注意以下事项：

① 在测量时要估计被测电流大小，选择合适的挡位，不要用低挡位测大电流。若无法估计电流大小，可先选高挡位，如果指针偏转偏小，应选合适的低挡位重新测量。

② 在测量导线电流时，每次只能钳入一根导线，若钳入导线后发现有振动和碰撞声，应重新打开钳口，并开合几次，直至噪声消失为止。

③ 在测大电流后再测小电流时，也需要开合钳口数次，以消除铁芯上的剩磁，以免产生测量误差。

④ 在测量时不要切换量程，以免切换时表内线圈瞬间开路，线圈感应出很高的电压而损坏表内的元器件。

⑤ 在测量一根导线的电流时，应尽量让其他的导线远离钳形表，以免受这些导线产生的磁场影响，而使测量误差增大。

⑥ 在测量裸露线时，需要用绝缘物将其他的导线隔开，以免测量时钳形表开合钳口引起短路。

3.4.3 数字式钳形表的使用

（1）实物外形及面板介绍

图3-28是一种常用的数字式钳形表，它除了有钳形表的无需断开电路就能测量交流电流的功能外，还具有部分数字万用表的功能，在使用数字万用表的功能时，需要用到测量表笔。

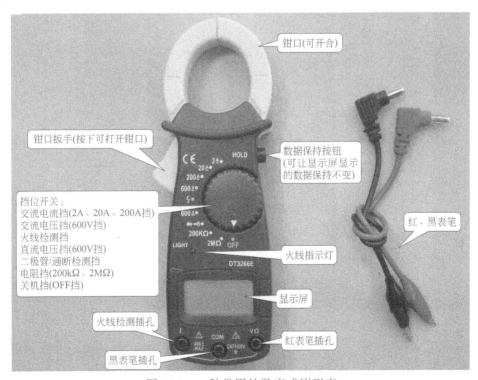

图3-28 一种常用的数字式钳形表

（2）使用方法

① 测量交流电流　为了便于用钳形表测量用电设备的交流电流，可按图3-29所示制作一个电源插座，利用该插座测量电烙铁的工作电流的操作如图3-30所示。

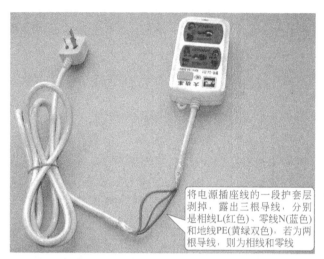

将电源插座线的一段护套层剥掉，露出三根导线，分别是相线L(红色)、零线N(蓝色)和地线PE(黄绿双色)，若为两根导线，则为相线和零线

图3-29　制作一个便于用钳形表测量用电设备的交流电流的电源插座

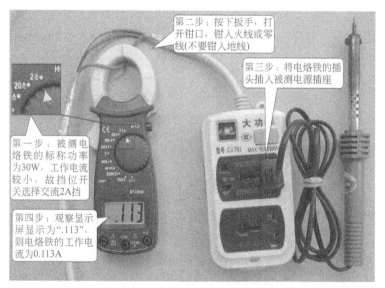

第二步：按下扳手，打开钳口，钳入火线或零线(不要钳入地线)

第三步：将电烙铁的插头插入被测电源插座

第一步：被测电烙铁的标称功率为30W，工作电流较小，故挡位开关选择交流2A挡

第四步：观察显示屏显示为".113"，则电烙铁的工作电流为0.113A

图3-30　用钳形表测量电烙铁的工作电流

② 测量交流电压　用钳形表测量交流电压需要用到测量表笔，测量操作如图3-31所示。

③ 判别火线（相线）　有的钳形表具有火线检测挡，利用该挡可以判别出火线。用钳形表的火线检测挡判别火线的测量操作如图3-32所示。

如果数字钳形表没有火线检测挡，也可以用交流电压挡来判别火线。在检测时，钳形表选择交流电压20V以上的挡位，一只手捏着黑表笔的绝缘部位，另一只手将红表笔先后插入电源插座的两个插孔，同时观察显示屏显示的感应电压大小，以显示感应电压值大的一次为准，红表笔插入的为火线插孔。

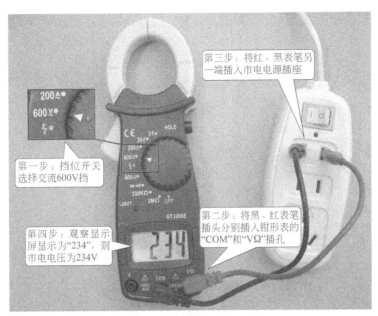

第一步：挡位开关选择交流600V挡

第三步：将红、黑表笔另一端插入市电电源插座

第二步：将黑、红表笔插头分别插入钳形表的"COM"和"VΩ"插孔

第四步：观察显示屏显示为"234"，则市电电压为234V

图3-31　用钳形表测量交流电压

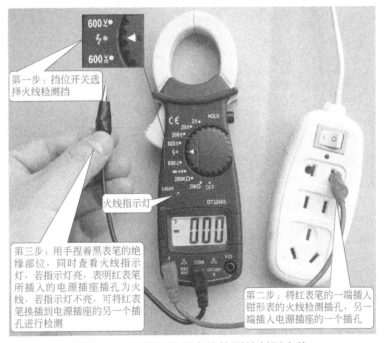

第一步：挡位开关选择火线检测挡

火线指示灯

第三步：用手捏着黑表笔的绝缘部位，同时查看火线指示灯，若指示灯亮，表明红表笔所插入的电源插座插孔为火线，若指示灯不亮，可将红表笔换插到电源插座的另一个插孔进行检测

第二步：将红表笔的一端插入钳形表的火线检测插孔，另一端插入电源插座的一个插孔

图3-32　用钳形表的火线检测挡判别火线

3.5　摇表（兆欧表）

　　兆欧表是一种测量绝缘电阻的仪表，由于这种仪表的阻值单位通常为兆欧（MΩ），所以常称作兆欧表。兆欧表主要用来测量电气设备和电气线路的绝缘电阻。兆欧表可以测量绝缘

导线的绝缘电阻，判断电气设备是否漏电等。有些万用表也可以测量兆欧级的电阻，但万用表本身提供的电压低，无法测量高压下电气设备的绝缘电阻，如有些设备在低压下绝缘电阻很大，但电压升高，绝缘电阻很小，漏电很严重，容易造成触电事故。

根据工作和显示方式不同，兆欧表通常可分作三类：摇表、指针式兆欧表和数字式兆欧表。这里以摇表为例来介绍兆欧表的使用。

3.5.1　摇表的外形、结构与工作原理

（1）实物外形

图 3-33 是一种常用的摇表。

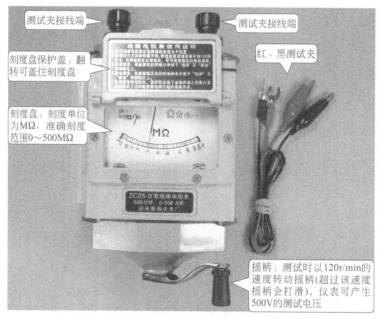

图 3-33　摇表的外形

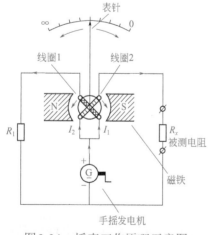

图 3-34　摇表工作原理示意图

（2）工作原理

摇表主要由磁电式比率计、手摇发电机和测量电路组成，其工作原理示意图如图 3-34 所示。

在使用摇表测量时，将被测电阻按图示的方法接好，然后摇动手摇发电机，发电机产生几百至几千伏的高压，并从"+"端输出电流，电流分作 I_1、I_2 两路，I_1 经线圈1、R_1 回到发电机的"−"端，I_2 经线圈2、被测电阻 R_x 回到发电机的"−"端。

线圈1、线圈2、表针和磁铁组成磁电式比率计。当线圈1流过电流时，会产生磁场，线圈产生的磁场与磁铁的磁场相互作用，线圈1逆时针旋转，带动表针往左摆动指向 ∞ 处；当线圈2流过电流时，表针会往右摆动

指向0。当线圈1、2都有电流流过时（两线圈参数相同），若 $I_1 = I_2$，即 $R_1 = R_x$ 时，表针指在中间；若 $I_1 > I_2$，即 $R_1 < R_x$ 时，表针偏左，指示 R_x 的阻值大；若 $I_1 < I_2$，即 $R_1 > R_x$ 时，表针偏右，指示 R_x 的阻值小。

在摇动发电机时，因摇动时很难保证发电机匀速转动，所以发电机输出的电压和流出的电流是不稳定的，但因为流过两线圈的电流同时变化，如发电机输出电流小时，流过两线圈的电流都会变小，它们受力的比例仍保持不变，故不会影响测量结果。另外，由于发电机会发出几百至几千伏的高压，它经线圈加到被测物两端，这样测量能真实反映被测物在高压下的绝缘电阻大小。

3.5.2 摇表的使用

（1）使用前的准备工作

摇表在使用前，要做好以下准备工作：

① 接测量线。摇表有三个接线端：L端（LINE：线路测试端）、E端（EARTH：接地端）和G端（GUARD：防护屏蔽端）。如图3-35所示，在使用前将两根测试线分别接在摇表的这两个接线端上。一般情况下，只需给L端和E端接测试线，G端一般情况下不用。

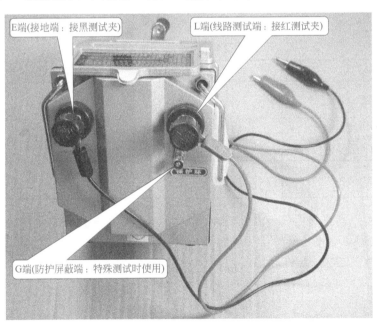

图3-35 摇表的接线端

② 进行开路实验。让L端、E端之间开路，然后转动摇表的摇柄，使转速达到额定转速（120r/min左右），这时表针应指在"∞"处，如图3-36（a）所示。若不能指到该位置，则说明摇表有故障。

③ 进行短路实验。将L端、E端测量线短接，再转动摇表的摇柄，使转速达到额定转速，这时表针应指在"0"处，如图3-36（b）所示。

若开路和短路实验都正常，就可以开始用摇表进行测量了。

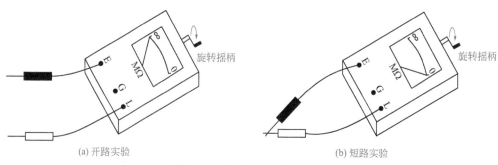

图 3-36　摇表测量前的实验

（2）使用方法

使用摇表测量电气设备绝缘电阻，一般按以下步骤进行：

① 根据被测物额定电压大小来选择相应额定电压的摇表。摇表在测量时，内部发电机会产生电压，但并不是所有的摇表产生的电压都相同，如 ZC25-3 型摇表产生 500V 电压，而 ZC25-4 型摇表能产生 1000V 电压。选择摇表时，要注意其额定电压要较待测电气设备的额定电压高，例如额定电压为 380V 及以下的被测物，可选用额定电压为 500V 的摇表来测量。有关摇表的额定电压大小，可查看摇表上的标注或说明书。一些不同额定电压下的被测物及选用的摇表见表 3-1。

表 3-1　不同额定电压下的被测物及选用的摇表

被　测　物	被测物的额定电压/V	所选兆欧表的额定电压/V
线圈	<500	500
	≥500	1000
电力变压器和电动机绕组	≥500	1000～2500
发电机绕组	≤380	1000
电气设备	<500	500～1000
	≥500	2500

② 测量并读数。在测量时，切断被测物的电源，将 L 端与被测物的导体部分连接，E 端与被测物的外壳或其他与之绝缘的导体连接，然后转动摇表的摇柄，让转速保持在 120r/min 左右（允许有 20% 的转速误差），待表针稳定后进行读数。

3.5.3　摇表的检测举例

下面举几个例子来说明摇表的使用。

① 测量电网线间的绝缘电阻。测量示意图如图 3-37 所示。测量时，先切断 220V 市电，并断开所有的用电设备的开关，再将摇表的 L 端和 E 端测量线分别插入插座的两个插孔，然后摇动摇柄查看表针所指数值。图中表针指在 400 处，说明电源插座两插孔之间的绝缘电阻为 400MΩ。

如果测得电源插座两插孔之间的绝缘电阻很小，如零点几兆欧，则有可能是插座两个插孔之间绝缘性能不好，也可能是两根电网线间绝缘变差，还有可能是用电设备的开关或插座绝缘不好。

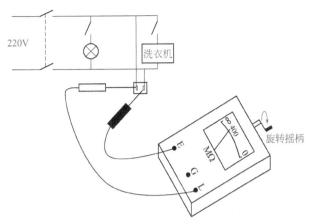

图3-37 用摇表测量电网线间的绝缘电阻

② 测量用电设备外壳与线路间的绝缘电阻。这里以测洗衣机外壳与线路间的绝缘电阻为例来说明（冰箱、空调等设备的测量方法与之相同）。测量洗衣机外壳与线路间的绝缘电阻示意图如图3-38所示。

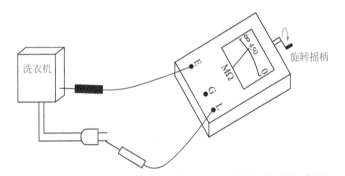

图3-38 用摇表测量用电设备外壳与线路间的绝缘电阻

测量时，拔出洗衣机的电源插头，将摇表的L端测量线接电源插头，E端测量线接洗衣机外壳，这样测量的是洗衣机的电气线路与外壳之间的绝缘电阻。正常情况下这个阻值应很大，如果测得该阻值小，说明内部电气线路与外壳之间存在着较大的漏电电流，人接触外壳时会造成触电，因此要重点检查电气线路与外壳漏电的原因。

③ 测量电缆的绝缘电阻。用摇表测量电缆的绝缘电阻示意图如图3-39所示。

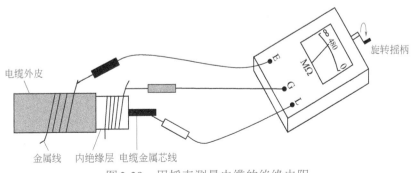

图3-39 用摇表测量电缆的绝缘电阻

图中的电缆有三部分：电缆金属芯线、内绝缘层和电缆外皮。测这种多层电缆时一般要用到摇表的G端。在测量时，分别各用一根金属线在电缆外皮和内绝缘层上绕几圈（这样测量时可使摇表的测量线与外皮、内绝缘层接触更充分），再将E端测量线接电缆外皮缠绕的金属线，将G端测量线接内绝缘层缠绕的金属线，L端则接电缆金属芯线。这样连接好后，摇动摇柄即可测量电缆的绝缘电阻。将内绝缘层与G端相连，目的是让内绝缘层上的漏电电流直接流入G端，而不会流入E端，避免了漏电电流影响测量值。

3.5.4 摇表的使用注意事项

在使用摇表测量时，要注意以下事项：

① 正确选用适当额定电压的摇表。选用额定电压过高的摇表测量易击穿被测物，选用额定电压低的摇表测量则不能反映被测物的真实绝缘电阻。

② 测量电气设备时，一定要切断设备的电源。切断电源后要等待一定的时间再测量，目的是让电气设备放完残存的电。

③ 测量时，摇表的测量线不能绕在一起。这样做的目的是避免测量线之间的绝缘电阻影响被测物。

④ 测量时，顺时针由慢到快摇动手柄，直至转速达120r/min，一般在1min后读数（读数时仍要摇动摇柄）。

⑤ 在摇动摇柄时，手不可接触测量线裸露部位和被测物，以免触电。

⑥ 被测物表面应擦拭干净，不得有污物，以免造成测量数据不准确。

Chapter 04

第4章
低压电器

低压电器通常是指在交流电压1200V或直流电压1500V以下工作的电器。常见的低压电器有开关、熔断器、接触器、漏电保护开关和继电器等。进行电气线路安装时，电源和负载（如电动机）之间用低压电器通过导线连接起来，可以实现负载的接通、切断、保护等控制功能。

4.1 开关

开关是电气线路中使用最广泛的一种低压电器，其作用是接通和切断电气线路。常见的开关有照明开关、按钮开关、闸刀开关、铁壳开关和组合开关等。

4.1.1 照明开关

照明开关用来接通和切断照明线路，允许流过的电流不能太大。常见的照明开关如图4-1所示。

图4-1　常见的照明开关

4.1.2 按钮开关

按钮开关用来在短时间内接通或切断小电流电路，主要用在电气控制电路中。按钮开关允许流过的电流较小，一般不能超过5A。

（1）种类、结构与外形

按钮开关用符号"SB"表示，它可分为三种类型：常闭按钮开关、常开按钮开关和复合按钮开关。这三种开关的内部结构示意图和电路图形符号如图4-2所示。

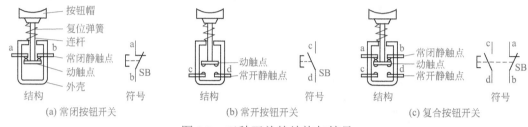

(a) 常闭按钮开关　　　　　　　(b) 常开按钮开关　　　　　　　(c) 复合按钮开关

图4-2　三种开关的结构与符号

图4-2（a）所示为常闭按钮开关。在未按下按钮时，依靠复位弹簧的作用力使内部的金属动触点将常闭静触点a、b接通；当按下按钮时，动触点与常闭静触点脱离，a、b断开；当松开按钮后，触点自动复位（闭合状态）。

图4-2（b）所示为常开按钮开关。在未按下按钮时，金属动触点与常开静触点a、b断开；当按下按钮时，动触点与常闭静触点接通；当松开按钮后，触点自动复位（断开状态）。

图4-2（c）所示为复合按钮开关。在未按下按钮时，金属动触点与常闭静触点a、b接通，而与常开静触点断开；当按下按钮时，动触点与常闭静触点断开，而与常开静触点接通；当松开按钮后，触点自动复位（常开断开，常闭闭合）。

有些按钮开关内部有多对常开、常闭触点，它可以在接通多个电路的同时切断多个电路。常开触点也称为A触点，常闭触点又称B触点。

常见的按钮开关实物外形如图4-3所示。

图4-3　常见的按钮开关

（2）型号与参数

为了表示按钮开关的结构和类型等内容，一般会在按钮开关上标上型号。按钮开关的型号含义说明如下：

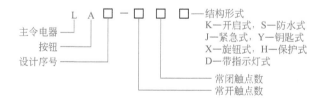

LA□—□□□—结构形式
主令电器　　　　　　　　　　K—开启式，S—防水式
按钮　　　　　　　　　　　　J—紧急式，Y—钥匙式
设计序号　　　　　　　　　　X—旋钮式，H—保护式
　　　　　　　　　　　　　　D—带指示灯式
　　　　　　　　　　常闭触点数
　　　　　　　　　　常开触点数

4.1.3　闸刀开关

闸刀开关又称为开启式负荷开关、瓷底胶盖闸刀开关，简称刀开关。它可分为单相闸刀

开关和三相闸刀开关，它的外形、结构与符号如图4-4所示。闸刀开关除了能接通、断开电源外，其内部一般会安装熔断器，因此还能起过流保护作用。

闸刀开关需要垂直安装，进线装在上方，出线装在下方，进出线不能接反，以免触电。由于闸刀开关没有灭电弧装置（闸刀接通或断开时产生的电火花称为电弧），因此不能用作大容量负载的通断控制。闸刀开关一般用在照明电路中，也可以用作非频繁启动/停止的小容量电动机控制。

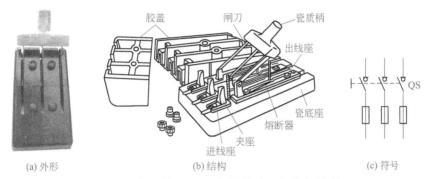

(a) 外形　　　　(b) 结构　　　　(c) 符号

图4-4　常见的闸刀开关的外形、结构与符号

闸刀开关的型号含义说明如下：

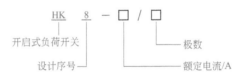

HK　8　—　□　/　□

开启式负荷开关

设计序号

极数

额定电流/A

4.1.4　铁壳开关

铁壳开关又称为封闭式负荷开关，它的外形、结构与符号如图4-5所示。

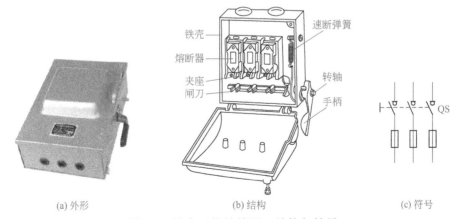

(a) 外形　　　　(b) 结构　　　　(c) 符号

图4-5　铁壳开关的外形、结构与符号

铁壳开关是在闸刀开关的基础上进行改进而设计出来的，它的主要优点如下：

① 在铁壳开关内部有一个速断弹簧，在操作手柄打开或关闭开关外盖时，依靠速断弹簧的作用力，可以使开关内部的闸刀迅速断开或合上，这样能有效地减少电弧。

② 铁壳开关内部具有联锁机构，当开关外盖打开时，手柄无法合闸，当手柄合闸后，外盖无法打开，这就使得操作更加安全。

铁壳开关常用在农村和工矿的电力照明、电力排灌等配电设备中，与闸刀开关一样，铁壳开关也不能用作频繁的通断控制。

铁壳开关的型号含义说明如下：

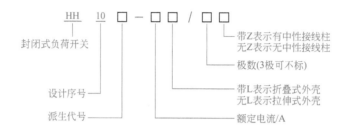

4.1.5 组合开关

组合开关又称为转换开关，它是一种由多层触点组成的开关。

（1）外形、结构与符号

组合开关外形、结构和符号如图4-6所示。图中的组合开关由三层动、静触点组成，当旋转手柄时，可以同时调节三组动触点与三组静触点之间的通断。为了有效地灭弧，在转轴上装有弹簧，在操作手柄时，依靠弹簧的作用可以迅速接通或断开触点。

组合开关不宜进行频繁的转换操作，常用于控制4kW以下的小容量电动机。

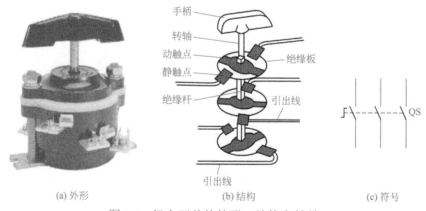

(a) 外形　　　　　　(b) 结构　　　　　　(c) 符号

图4-6　组合开关的外形、结构和符号

（2）型号与参数

组合开关的型号含义说明如下：

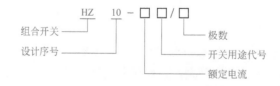

4.1.6　倒顺开关

倒顺开关又称可逆转开关，属于较特殊的组合开关，专门用来控制小容量三相异步电动机的正转和反转。倒顺开关的外形与符号如图4-7所示。

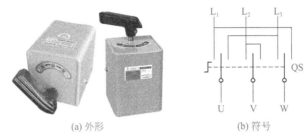

(a) 外形　　　　　　　　　(b) 符号

图4-7　倒顺开关

倒顺开关有"倒""停""顺"3个位置。当开关处于"停"位置时，动触点与静触点均处于断开状态，如图4-7（b）所示；当开关由"停"旋转至"顺"位置时，动触点U、V、W分别与静触点L_1、L_2、L_3接触；当开关由"停"旋转至"倒"位置时，动触点U、V、W分别与静触点L_3、L_2、L_1接触。

4.1.7　万能转换开关

万能转换开关由多层触点中间叠装绝缘层构成，它主要用来转换控制线路，也可用作小容量电动机的启动、换向和变速等。

（1）外形、结构与符号

万能转换开关的外形、符号和触点分合表如图4-8所示。

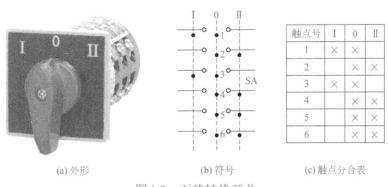

触点号	I	0	II
1	×	×	
2		×	×
3	×	×	
4		×	×
5		×	×
6	×	×	

(a) 外形　　　　　　　(b) 符号　　　　　　(c) 触点分合表

图4-8　万能转换开关

图4-8中的万能转换开关有6路触点，它们的通断受手柄的控制。手柄有Ⅰ、0、Ⅱ3个挡位，手柄处于不同挡位时，6路触点通断情况不同，从图4-8（b）所示的万能转换开关符号可以看出不同挡位触点的通断情况。在万能转换开关符号中，"—○　○—"表示一路触点，竖虚线表示手柄位置，触点下方虚线上的"·"表示手柄处于虚线所示的挡位时该路触点接通。例如手柄处于"0"挡位时，6路触点在该挡位虚线上都标有"·"，表示在"0"挡位时6路触点都是接通的；手柄处于"Ⅰ"挡时，第1、3路触点相通；手柄处于"Ⅱ"挡时，第

2、4、5、6路触点是相通的。万能转换开关触点在不同挡位的通断情况也可以用图4-8（c）所示的触点分合表说明，"×"表示相通。

（2）型号含义

万能转换开关的型号含义说明如下：

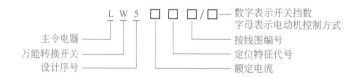

（主令电器）
（万能转换开关）
（设计序号）

L W 5 □ □ □ / □

数字表示开关挡数
字母表示电动机控制方式
按线图编号
定位特征代号
额定电流

4.1.8　行程开关

行程开关是一种利用机械运动部件的碰压使触点接通或断开的开关。

（1）外形、结构与符号

行程开关的外形与符号如图4-9所示。

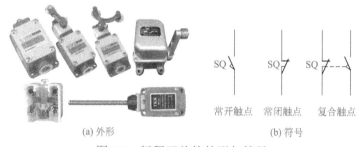

SQ　常开触点　　SQ　常闭触点　　SQ　复合触点

(a) 外形　　　　　　　　　　(b) 符号

图4-9　行程开关的外形与符号

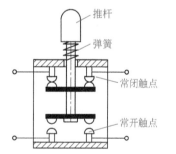

推杆
弹簧
常闭触点
常开触点

图4-10　直动式行程开关的结构示意图

行程开关的种类很多，根据结构可分为直动式（或称按钮式）、旋转式、微动式和组合式等。图4-10是直动式行程开关的结构示意图。从图中可以看出，行程开关的结构与按钮开关的基本相同，但将按钮改成推杆。在使用时将行程开关安装在机械部件运动路径上，当机械部件运动到行程开关位置时，会撞击推杆而让常闭触点断开、常开触点接通。

（2）型号含义

行程开关的型号含义说明如下：

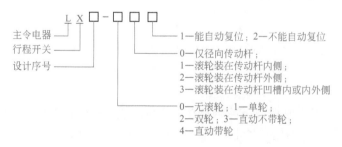

L X □ - □ □ □

（主令电器）
（行程开关）
（设计序号）

1—能自动复位；2—不能自动复位
0—仅径向传动杆
1—滚轮装在传动杆内侧；
2—滚轮装在传动杆外侧；
3—滚轮装在传动杆凹槽内或内外侧
0—无滚轮；1—单轮；
2—双轮；3—直动不带轮；
4—直动带轮

4.1.9 接近开关

接近开关又称无触点位置开关，当运动的物体靠近接近开关时，接近开关能感知物体的存在而输出信号。接近开关既可以用在运动机械设备中进行行程控制和限位保护，又可以用作高速计数、测速、检测物体大小等。

(a) 外形　　　　　　(b) 符号

图4-11　接近开关

（1）外形与符号

接近开关的外形和符号如图4-11所示。

（2）种类与工作原理

接近开关种类很多，常见的有高频振荡型、电容型、光电型、霍尔型、电磁感应型和超声波型等，其中高频振荡型接近开关最为常见。高频振荡型接近开关的组成如图4-12所示。

图4-12　高频振荡型接近开关的组成

当金属检测体接近感应头时，作为振荡器一部分的感应头损耗增大，迫使振荡器停止工作，随后开关电路因振荡器停振而产生一个控制信号送给输出电路，让输出电路输出控制电压，若该电压送给继电器，继电器就会产生吸合动作来接通或断开电路。

（3）型号含义

接近开关的型号含义说明如下：

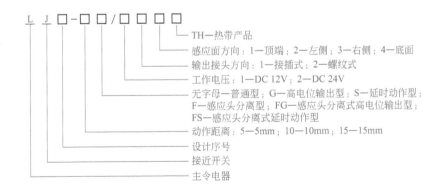

4.1.10 开关的检测

开关种类很多，但检测方法大同小异，一般采用万用表的电阻挡检测触点的通断情况。下面以图4-13所示的复合型按钮开关为例来说明开关的检测，该按钮开关有一个常开触点和一个常闭触点，共有4个接线端子。

复合型按钮开关的检测可分为以下两个步骤：

① 在未按下按钮时进行检测。复合型按钮开关有一个常闭触点和一个常开触点。在检测时，先测量常闭触点的两个接线端子之间的电阻，如图4-14（a）所示，正常电阻近0Ω，然后测量常开触点的两个接线端子之间的电阻，若常开触点正常，数字万用表会显示超出量程符号"1"或"OL"，用指针万用表测量时电阻为无穷大。

图4-13　复合型按钮开关的接线端子

② 在按下按钮时进行检测。在检测时，将按钮按下不放，分别测量常闭触点和常开触点两个接线端子之间的电阻。如果按钮开关正常，则常闭触点的电阻应为无穷大，如图4-14（b）所示，而常开触点的电阻应接近0Ω；若与之不符，则表明按钮开关损坏。

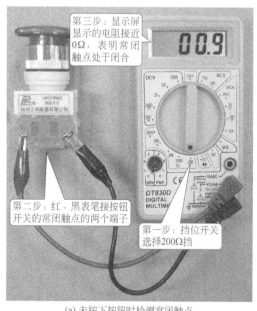

(a) 未按下按钮时检测常闭触点

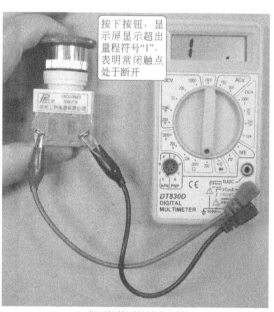

(b) 按下按钮时检测常闭触点

图4-14　按钮开关的检测

在测量常闭或常开触点时，如果出现阻值不稳定，则通常是由于相应的触点接触不良。因为开关的内部结构比较简单，如果检测时发现开关不正常，可将开关拆开进行检查，找出具体的故障原因，并进行排除，无法排除的就需要更换新的开关。

4.2　熔断器

熔断器是对电路、用电设备短路和过载进行保护的电器。熔断器一般串接在电路中，当电路正常工作时，熔断器就相当于一根导线；当电路出现短路或过载时，流过熔断器的电流很大，熔断器就会开路，从而保护电路和用电设备。

熔断器的种类很多，常见的有RC插入式熔断器、RL螺旋式熔断器、RM无填料封闭式熔断器、RS快速熔断器、RT有填料管式熔断器和RZ自复式熔断器等。熔断器的型号含义说明如下：

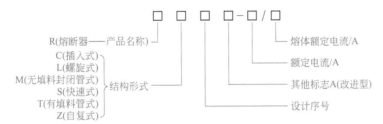

4.2.1　六种类型的熔断器介绍

（1）RC插入式熔断器

RC插入式熔断器主要用于电压在380V及以下、电流在5～200A之间的电路中，如照明电路和小容量的电动机电路中。图4-15所示是一种常见的RC插入式熔断器。这种熔断器用在额定电流在30A以下的电路中时，熔丝一般采用铅锡丝；当用在电流为30～100A的电路中时，熔丝一般采用铜丝；当用在电流达100A以上的电路中时，一般用变截面的铜片作熔丝。

（2）RL螺旋式熔断器

图4-16所示是一种常见的RL螺旋式熔断器，这种熔断器在使用时，要在内部安装一个螺旋状的熔管，在安装熔管时，先将熔断器的瓷帽旋下，再将熔管放入内部，然后旋好瓷帽。熔管上、下方为金属盖，熔管内部装有石英砂和熔丝，有的熔管上方的金属盖中央有一个红色的熔断指示器，当熔丝熔断时，指示器颜色会发生变化，以指示内部熔丝已断。指示器的颜色变化可以通过熔断器瓷帽上的玻璃窗口观察到。

RL螺旋式熔断器具有体积小、分断能力较强、工作安全可靠、安装方便等优点，通常用在工厂200A以下的配电箱、控制箱和机床电动机的控制电路中。

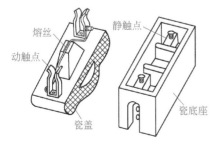

图4-15　一种常见的RC插入式熔断器

图4-16　一种常见的RL螺旋式熔断器

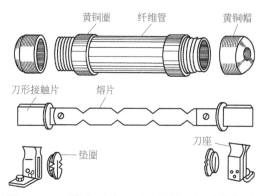

图 4-17　一种典型的 RM 无填料封闭式熔断器

（3）RM 无填料封闭式熔断器

图 4-17 所示是一种典型的 RM 无填料封闭式熔断器，它可以拆卸。这种熔断器的熔体是一种变截面的锌片，它被安装在纤维管中，锌片两端的刀形接触片穿过黄铜帽，再通过垫圈安插在刀座中。这种熔断器通过大电流时，锌片上窄的部分首先熔断，使中间大段的锌片脱断，形成很大的间隔，从而有利于灭弧。

RM 无填料封闭式熔断器具有保护性好、分断能力强、熔体更换方便和安全可靠等优点，主要用在交流 380V 以下、直流 440V 以下，电流 600A 以下的电力电路中。

（4）RS 有填料快速熔断器

RS 有填料快速熔断器主要用于硅整流器件、晶闸管器件等半导体器件及其配套设备的短路和过载保护，它的熔体一般采用银制成，具有熔断迅速、能灭弧等优点。图 4-18 所示是两种常见的 RS 有填料快速熔断器。

（5）RT 有填料封闭管式熔断器

RT 有填料封闭管式熔断器又称为石英熔断器，它常用作变压器和电动机等电气设备的过载和短路保护。图 4-19（a）所示是几种常见的 RT 有填料封闭管式熔断器，这种熔断器可以用螺钉、卡座等与电路连接起来；图 4-19（b）所示是将一种熔断器插在卡座内的情形。

RT 有填料封闭管式熔断器具有保护性好、分断能力强、灭弧性能好和使用安全等优点，主要用在短路电流大的电力电网和配电设备中。

图 4-18　两种常见的 RS 有填料快速熔断器

图 4-19　几种常见的 RT 有填料封闭管式熔断器

4.2.2　熔断器的检测

熔断器常见故障是开路和接触不良。熔断器的种类很多，但检测方法基本相同。下面以检测图 4-20 所示的熔断器为例来说明熔断器的检测方法。

检测时，万用表的挡位开关选择 200Ω 挡，然后将红、黑表笔分别接熔断器的两端，测量熔断器的电阻。若熔断器正常，则电阻接近 0Ω；若显示屏显示超出量程符号"1"或"OL"（指针万用表显示电阻无穷大），则表明熔断器开路；若阻值不稳定（时大时小），则表明熔断器内部接触不良。

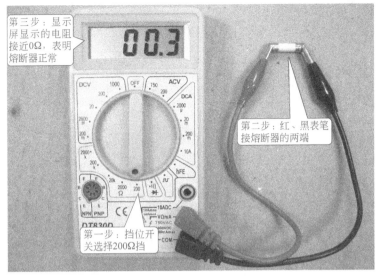

第三步：显示屏显示的电阻接近0Ω，表明熔断器正常

第二步：红、黑表笔接熔断器的两端

第一步：挡位开关选择200Ω挡

图4-20 熔断器的检测方法

4.3 断路器

断路器又称为自动空气开关，它既能对电路进行不频繁的通断控制，又能在电路出现过载、短路和欠电压（电压过低）时自动掉闸（即自动切断电路），因此它既是一个开关电器，又是一个保护电器。

4.3.1 外形与符号

断路器种类较多，图4-21（a）是一些常用的塑料外壳式断路器，断路器的电路符号如图4-21（b）所示，从左至右依次为单极（1P）、两极（2P）和三极（3P）断路器。在断路器上标有额定电压、额定电流和工作频率等内容。

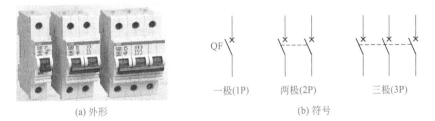

(a) 外形　　　　　　　　(b) 符号

QF　　一极(1P)　　两极(2P)　　三极(3P)

图4-21 断路器的外形与符号

4.3.2 结构与工作原理

断路器的典型结构如图4-22所示。该断路器是一个三相断路器，内部主要由主触点、反力弹簧、搭钩、杠杆、电磁脱扣器、热脱扣器和欠电压脱扣器等组成。该断路器可以实现过电流、过热和欠电压保护功能。

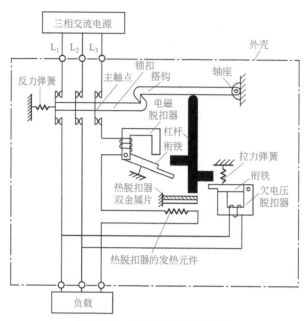

图 4-22　断路器的典型结构

（1）过电流保护

三相交流电源经断路器的三个主触点和三条线路为负载提供三相交流电，其中一条线路中串接了电磁脱扣器线圈和发热元件。当负载有严重短路时，流过线路的电流很大，流过电磁脱扣器线圈的电流也很大，线圈产生很强的磁场并通过铁芯吸引衔铁，衔铁动作，带动杠杆上移，两个搭钩脱离，依靠反力弹簧的作用，三个主触点的动、静触点断开，从而切断电源以保护短路的负载。

（2）过热保护

如果负载没有短路，但若长时间超负荷运行，负载比较容易损坏。虽然在这种情况下电流也较正常时大，但还不足以使电磁脱扣器动作，断路器的热保护装置可以解决这个问题。若负载长时间超负荷运行，则流过发热元件的电流长时间偏大，发热元件温度升高，它加热附近的双金属片（热脱扣器），其中上面的金属片热膨胀小，双金属片受热后向上弯曲，推动杠杆上移，使两个搭钩脱离，三个主触点的动、静触点断开，从而切断电源。

（3）欠电压保护

如果电源电压过低，则断路器也能切断电源与负载的连接，进行保护。断路器的欠电压脱扣器线圈与两条电源线连接，当三相交流电源的电压很低时，两条电源线之间的电压也很低，流过欠电压脱扣器线圈的电流小，线圈产生的磁场弱，不足以吸引住衔铁，在拉力弹簧的拉力作用下，衔铁上移，并推动杠杆上移，两个搭钩脱离，三个主触点的动、静触点断开，从而断开电源与负载的连接。

4.3.3　型号含义与种类

（1）型号含义

断路器种类很多，其型号含义说明如下：

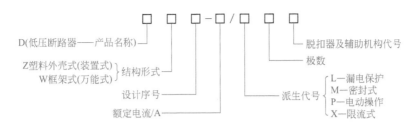

D(低压断路器——产品名称)
Z塑料外壳式(装置式)} 结构形式
W框架式(万能式)
设计序号
额定电流/A

脱扣器及辅助机构代号
极数
派生代号 { L—漏电保护
M—密封式
P—电动操作
X—限流式

（2）种类及特点

根据结构形式来分，断路器主要有塑料外壳式和框架式（万能式）。图4-23所示是几种常见的断路器。

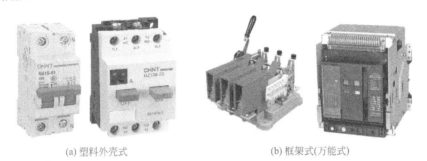

(a) 塑料外壳式　　　　　　　　(b) 框架式(万能式)

图4-23　几种常见的断路器

① 塑料外壳式断路器　塑料外壳式断路器又称为装置式断路器，它采用封闭式结构，除按钮或手柄外，其余的部件均安装在塑料外壳内。这种断路器的电流容量较小，分断能力弱，但分断速度快。它主要用在照明配电和电动机控制电路中，起保护作用。

常见的塑料外壳式断路器型号有DZ5系列和DZ10系列。其中DZ5系列为小电流断路器，额定电流范围一般为10～50A；DZ10系列为大电流断路器，额定电流等级有100A、250A、600A三种。

② 框架式断路器　框架式断路器又称为万能式熔断器，它一般都有一个钢制的框架，所有的部件都安装在这个框架内。这种断路器电流容量大，分断能力强，热稳定性好。它主要用在380V的低压配电系统中作过电流、欠电压和过热保护。常见的框架式断路器有DW10系列和DW15系列，其额定电流等级有200A、400A、600A、1000A、1500A、2500A和4000A七种。

此外，还有一种限流式断路器，当电路出现短路故障时，能在短路电流还未达到预期的电流峰值前，迅速将电路断开。这种断路器由于具有分断速度快的特点，因此常用在分断能力要求高的场合，常见的限流式断路器有DWX系列和DZX系列等。

4.3.4　面板标注参数的识读

（1）主要参数

断路器的主要参数有：

① 额定工作电压 U_e：是指在规定条件下断路器长期使用能承受的最高电压，一般指线电压。

② 额定绝缘电压 U_i：是指在规定条件下断路器绝缘材料能承受最高电压，该电压一般较额定工作电压高。

③ 额定频率：是指断路器适用的交流电源频率。

④ 额定电流 I_n：是指在规定条件下断路器长期使用而不会脱扣跳闸的最大电流。流过断路器的电流超过额定电流，断路器会脱扣跳闸，电流越大，跳闸时间越短，比如有的断路器电流为 $1.13I_n$ 时一小时内不会跳闸，当电流达到 $1.45I_n$ 时一小时内会跳闸，当电流达到 $10I_n$ 时会瞬间（小于0.1s）跳闸。

⑤ 瞬间脱扣整定电流：是指会引起断路器瞬间（小于0.1s）脱扣跳闸的动作电流。

⑥ 额定温度：是指断路器长时间使用允许的最高环境温度。

⑦ 短路分断能力：它可分为极限短路分断能力（I_{cu}）和运行短路分断能力（I_{cs}），分别是指在极限条件下和运行时断路器触点能断开（触点不会产生熔焊、粘连等）所允许通过的最大电流。

（2）面板标注参数的识读

断路器面板上一般会标注重要的参数，在选用时要会识读这些参数含义。断路器面板标注参数的识读如图4-24所示。

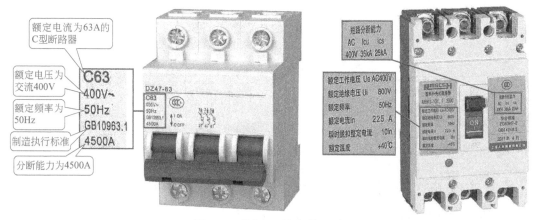

图4-24　断路器的参数识读

4.3.5　断路器的检测

断路器检测通常使用万用表的电阻挡，检测过程如图4-25所示，具体分以下两步：

① 将断路器上的开关拨至"OFF（断开）"位置，然后将红、黑表笔分别接断路器一路触点的两个接线端子，正常电阻应为无穷大（数字万用表显示超出量程符号"1"或"OL"），如图4-25（a）所示，接着再用同样的方法测量其他路触点的接线端子间的电阻，正常电阻均应为无穷大，若某路触点的电阻为0或时大时小，则表明断路器的该路触点短路或接触不良。

② 将断路器上的开关拨至"ON（闭合）"位置，然后将红、黑表笔分别接断路器一路触点的两个接线端子，正常电阻应接近0Ω，如图4-25（b）所示，接着再用同样的方法测量其他路触点的接线端子间的电阻，正常电阻均应接近0Ω，若某路触点的电阻为无穷大或时大

时小，则表明断路器的该路触点开路或接触不良。

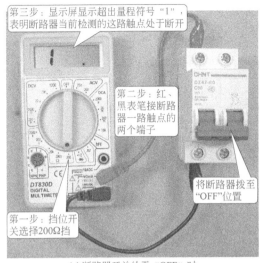

第三步：显示屏显示超出量程符号"1"，表明断路器当前检测的这路触点处于断开

第二步：红、黑表笔接断路器一路触点的两个端子

第一步：挡位开关选择200Ω挡

将断路器拨至"OFF"位置

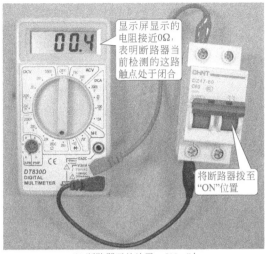

显示屏显示的电阻接近0Ω，表明断路器当前检测的这路触点处于闭合

将断路器拨至"ON"位置

(a) 断路器开关处于"OFF"时　　　　　　　(b) 断路器开关处于"ON"时

图 4-25　断路器的检测

4.4　漏电保护器

断路器具有过流、过热和欠压保护功能，但当用电设备绝缘性能下降而出现漏电时却无保护功能，这是因为漏电电流一般较短路电流小得多，不足以使断路器跳闸。漏电保护器是一种具有断路器功能和漏电保护功能的电器，在线路出现过流、过热、欠压和漏电时，均会脱扣跳闸保护。

4.4.1　外形与符号

漏电保护器又称为漏电保护开关，英文缩写为RCD，其外形和符号如图4-26所示。在图4-26（a）中，左边的为单极漏电保护器，当后级电路出现漏电时，只切断一条L线路（N线路始终是接通的），中间的为两极漏电保护器，漏电时切断两条线路，右边的为三相漏电保护器，漏电时切断三条线路。对于图4-26（a）后面两种漏电保护器，其下方有两组接线端子，如果接左边的端子（需要拆下保护盖），则只能用到断路器功能，无漏电保护功能。

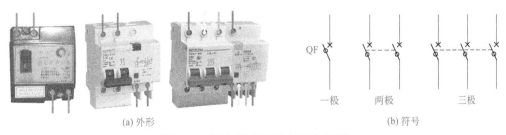

(a) 外形　　　　　　　　　　　　　　　　(b) 符号

图 4-26　漏电保护器的外形与符号

4.4.2　结构与工作原理

图4-27是漏电保护器的结构示意图。

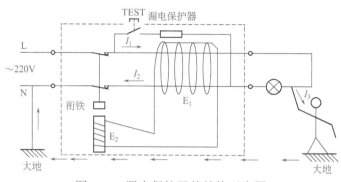

图4-27　漏电保护器的结构示意图

工作原理说明：

220V的交流电压经漏电保护器内部的触点在输出端接负载（灯泡），在漏电保护器内部两根导线上缠有线圈E_1，该线圈与铁芯上的线圈E_2连接，当人体没有接触导线时，流过两根导线的电流I_1、I_2大小相等，方向相反，它们产生大小相等、方向相反的磁场，这两个磁场相互抵消，穿过E_1线圈的磁场为0，E_1线圈不会产生电动势，衔铁不动作。一旦人体接触导线，如图4-27所示，一部分电流I_3（漏电电流）会经人体直接到地，再通过大地回到电源的另一端，这样流过漏电保护器内部两根导线的电流I_1、I_2就不相等，它们产生的磁场也就不相等，不能完全抵消，即两根导线上的E_1线圈有磁场通过，线圈会产生电流，电流流入铁芯上的E_2线圈，E_2线圈产生磁场吸引衔铁而脱扣跳闸，将触点断开，切断供电，触电的人就得到了保护。

为了在不漏电的情况下检验漏电保护器的漏电保护功能是否正常，漏电保护器一般设有"TEST（测试）"按钮，当按下该按钮时，L线上的一部分电流通过按钮、电阻流到N线上，这样流过E_1线圈内部的两根导线的电流不相等（$I_2 > I_1$），E_1线圈产生电动势，有电流过E_2线圈，衔铁动作而脱扣跳闸，将内部触点断开。如果测试按钮无法闭合或电阻开路，测试时漏电保护器不会动作，但使用时发生漏电会动作。

4.4.3　在不同供电系统中的接线

漏电保护器在不同供电系统中的接线方法如图4-28所示。

图4-28（a）是漏电保护器在TT供电系统中的接线方法。TT系统是指电源侧中性线直接接地，而电气设备的金属外壳直接接地。

图4-28（b）是漏电保护器在TN-C供电系统中的接线方法。TN-C系统是指电源侧中性线直接接地，而电气设备的金属外壳通过接中性线而接地。

图4-28（c）是漏电保护器在TN-S供电系统中的接线方法。TN-S系统是指电源侧中性线和保护线都直接接地，整个系统的中性线和保护线是分开的。

图4-28（d）是漏电保护器在TN-C-S供电系统中的接线方法。TN-C-S系统是指电源侧中

性线直接接地，整个系统中有一部分中性线和保护线是合一的，而在末端是分开的。

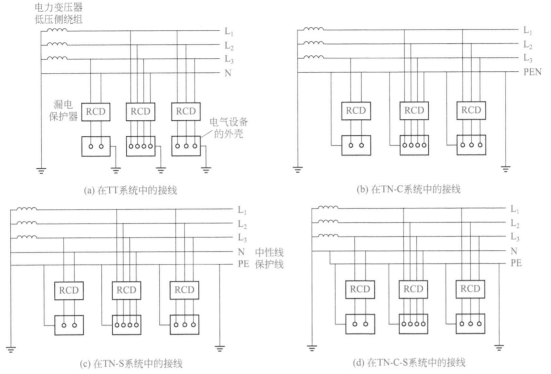

(a) 在TT系统中的接线

(b) 在TN-C系统中的接线

(c) 在TN-S系统中的接线

(d) 在TN-C-S系统中的接线

图4-28　漏电保护器在不同供电系统中的接线方法

4.4.4　面板介绍及漏电模拟测试

（1）面板介绍

漏电保护器的面板介绍如图4-29所示，左边为断路器部分，右边为漏电保护部分，漏电

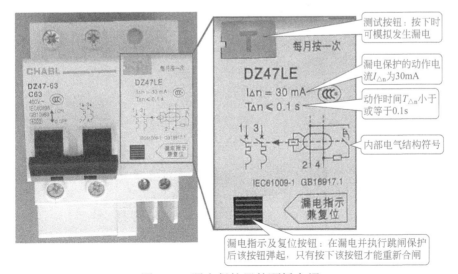

图4-29　漏电保护器的面板介绍

保护部分的主要参数有漏电保护的动作电流和动作时间，对于人体来说，30mA以下是安全电流，动作电流一般不要大于30mA。

（2）漏电模拟测试

在使用漏电保护器时，先要对其进行漏电测试。漏电保护器的漏电测试操作如图4-30所示，具体操作如下：

① 按下漏电指示及复位按钮（如果该按钮处于弹起状态），再将漏电保护器合闸（即开关拨至"ON"），复位按钮处于弹起状态时无法合闸，然后将漏电保护器的输入端接交流电源，如图4-30（a）所示。

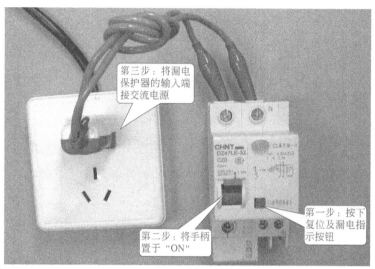

(a) 测试准备

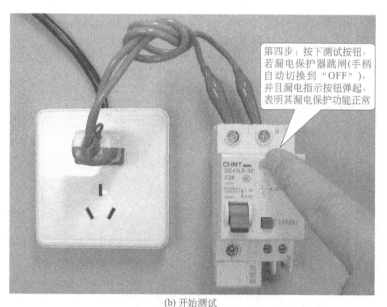

(b) 开始测试

图4-30　漏电保护器的漏电测试

② 按下测试按钮，模拟线路出现漏电，如果漏电保护器正常，则会跳闸，同时漏电指示

及复位按钮弹起，如图4-30（b）所示。

当漏电保护器的漏电测试通过后才能投入使用，如果继续使用，可能在线路出现漏电时无法执行漏电保护。

4.4.5 检测

（1）输入输出端的通断检测

漏电保护器的输入输出端的通断检测与断路器基本相同，即将开关分别置于"ON"和"OFF"位置，分别测量输入端与对应输出端之间的电阻。

在检测时，先将漏电保护器的开关置于"ON"位置，用万用表测量输入与对应输出端之间的电阻，正常应接近0Ω，如图4-31所示；再将开关置于"OFF"位置，测量输入与对应输出端之间的电阻，正常应为无穷大（数字万用表显示超出量程符号"1"或"OL"）。若检测与上述不符，则漏电保护器损坏。

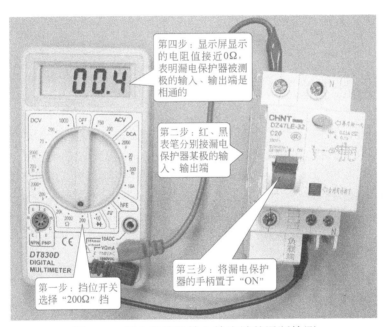

第四步：显示屏显示的电阻值接近0Ω，表明漏电保护器被测极的输入、输出端是相通的

第二步：红、黑表笔分别接漏电保护器某极的输入、输出端

第三步：将漏电保护器的手柄置于"ON"

第一步：挡位开关选择"200Ω"挡

图4-31 漏电保护器输入输出端的通断检测

（2）漏电测试线路的检测

在按压漏电保护器的测试按钮进行漏电测试时，若漏电保护器无跳闸保护动作，可能是漏电测试线路故障，也可能是其他故障（如内部机械类故障），如果仅是内部漏电测试线路出现故障导致漏电测试不跳闸，这样的漏电保护器还可继续使用，在实际线路出现漏电时仍会执行跳闸保护。

漏电保护器的漏电测试线路比较简单，如图4-27所示，它主要由一个测试按钮开关和一个电阻构成。漏电保护器的漏电测试线路检测如图4-32所示，如果按下测试按钮测得电阻为无穷大，则可能是按钮开关开路或电阻开路。

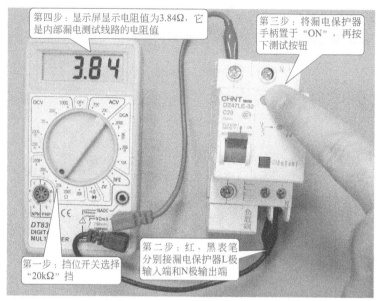

图 4-32　漏电保护器的漏电测试线路检测

4.5　交流接触器

接触器是一种利用电磁、气动或液压操作原理，来控制内部触点频繁通断的电器，它主要用作频繁接通和切断交、直流电路。接触器的种类很多，按通过的电流可分为交流接触器和直流接触器；按操作方式可分为电磁式接触器、气动式接触器和液压式接触器。这里主要介绍最为常用的电磁式交流接触器。

4.5.1　结构、符号与工作原理

交流接触器的结构及符号如图 4-33 所示，它主要由三组主触点、一组常闭辅助触点、一组常开辅助触点和控制线圈组成。当给控制线圈通电时，线圈产生磁场，磁场通过铁芯吸引

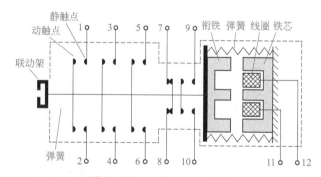

1-2、3-4、5-6端子内部为三组常开主触点；7-8端子内部为常闭辅助触点；9-10端子内部为常开辅助触点；11-12端子内部为控制线圈

(a) 结构

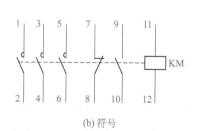

(b) 符号

图 4-33　交流接触器的结构与符号

衔铁,而衔铁则通过连杆带动所有的动触点动作,与各自的静触点接触或断开。交流接触器的主触点允许流过的电流较辅助触点大,故主触点通常接在大电流的主电路中,辅助触点接在小电流的控制电路中。

有些交流接触器带有联动架,按下联动架可以使内部触点动作,使常开触点闭合、常闭触点断开,在线圈通电时衔铁会动作,联动架也会随之运动,因此如果接触器内部的触点不够用时,可以在联动架上安装辅助触点组,接触器线圈通时联动架会带动辅助触点组内部的触点同时动作。

4.5.2 外形与接线端

图4-34是一种常用的交流接触器,它内部有三个主触点和一个常开触点,没有常闭触点,控制线圈的接线端位于接触器的顶部,从标注可知,该接触器的线圈电压为220～230V(电压频率为50Hz时)或220～240V(电压频率为60Hz时)。

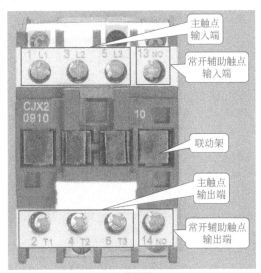
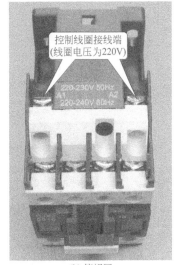

(a) 前视图　　　　　　　　　　　　　　(b) 俯视图

图4-34　一种常用的交流接触器的外形与接线端

4.5.3 辅助触点组的安装

图4-35左边的交流接触器只有一个常开辅助触点,如果希望给它再增加一个常开触点和一个常闭触点,可以在该接触器上安装一个辅助触点组(在图4-35的右边),安装时只要将辅助触点组底部的卡扣套到交流接触器的联动架上即可,安装了辅助触点的交流接触器如图4-36所示。当交流接触器的控制线圈通电时,除了自身各个触点会动作外,还通过联动架带动辅助触点组内部的触点动作。

4.5.4 铭牌参数的识读

交流接触器的参数很多,在外壳上会标注一些重要的参数,其识读如图4-37所示。

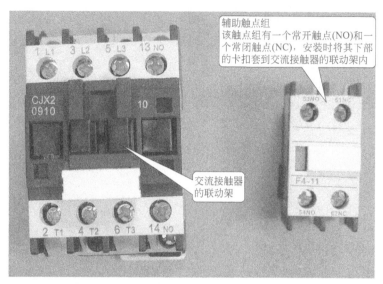

图4-35　交流接触器及配套的辅助触点组

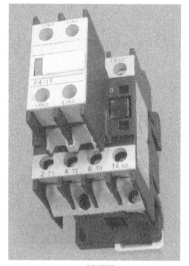

(a) 侧视图

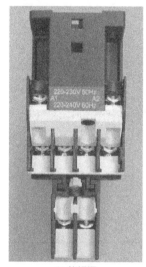

(b) 俯视图

图4-36　一种常用交流接触器的外形与接线端

　　不同的电气设备，其负载性质及通断过程的电流差别很大，选用的交流接触器要能适合相应类型负载的要求。表4-1为接触器和电动机启动器（主电路）的使用类别代号与典型用途举例。

表4-1　接触器和电动机启动器（主电路）的使用类别代号与典型用途举例

类别代号	典型用途举例
AC-1	无感或微感负载、电阻炉
AC-2	绕线式感应电动机的启动、分断
AC-3	笼型感应电动机的启动、运转中分断
AC-4	笼型感应电动机的启动、反接制动或反向运转、点动
AC-5a	放电灯的通断

续表

类别代号	典型用途举例
AC-5b	白炽灯的通断
AC-6a	变压器的通断
AC-6b	电容器组的通断
AC-7a	家用电器和类似用途的低感负载
AC-7b	家用的电动机负载
AC-8a	具有手动复位过载脱扣器的密封制冷压缩机中的电动机控制
AC-8b	具有自动复位过载脱扣器的密封制冷压缩机中的电动机控制
DC-1	无感或微感负载、电阻炉
DC-3	并激电动机的启动、反接制动或反向运转、点动、电动机在动态中分断
DC-5	串激电动机的启动、反接制动或反向运转、点动、电动机在动态中分断
DC-6	白炽灯的通断

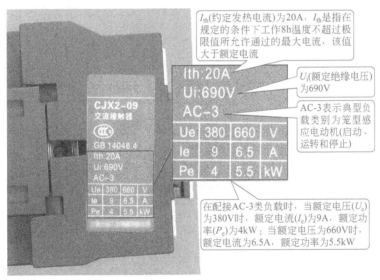

图4-37 交流接触器外壳标注参数的识读

4.5.5 型号含义

图4-38是一种常用的交流接触器，其型号各部分的含义见图标注说明。

4.5.6 接触器的检测

交流接触器的检测过程如下：

① 常态下检测常开触点和常闭触点的电阻。图4-39为在常态下检测交流接触器常开触

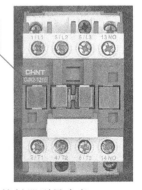

接触器型号含义：
C—接触器
J—交流
X—小型
2—设计序号
12—额定电流为12A
1—常开辅助触点数量为1个
0—常闭辅助触点数量为0个

图4-38 交流接触器型号含义

点的电阻，因为常开触点在常态下处于开路，故正常电阻应为无穷大，数字万用表检测时会显示超出量程符号"1"或"OL"，在常态下检测常闭触点的电阻时，正常测得的电阻值应接近0Ω。对于带有联动架的交流接触器，按下联动架，内部的常开触点会闭合，常闭触点会断开，可以用万用表检测这一点是否正常。

②检测控制线圈的电阻。检测控制线圈的电阻如图4-40所示，控制线圈的电阻值正常应在几百欧，一般来说，交流接触器功率越大，要求线圈对触点的吸合力越大（即要求线圈流过的电流大），线圈电阻更小。若线圈的电阻为无穷大则线圈开路，线圈的电阻为0则为线圈短路。

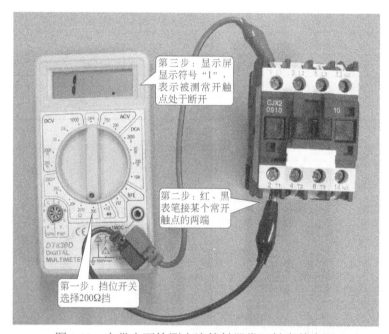

图4-39　在常态下检测交流接触器常开触点的电阻

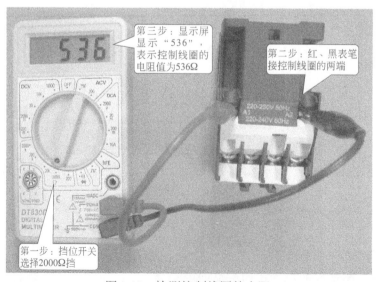

图4-40　检测控制线圈的电阻

③ 给控制线圈通电来检测常开、常闭触点的电阻。图4-41为给交流接触器的控制线圈通电来检测常开触点的电阻，在控制线圈通电时，若交流接触器正常，会发出"咔哒"声，同时常开触点闭合、常闭触点断开，故测得常开触点电阻应接近0Ω，常闭触点应为无穷大（数字万用表检测时会显示超出量程符号"1"或"OL"）。如果控制线圈通电前后被测触点电阻无变化，则可能是控制线圈损坏或传动机构卡住等。

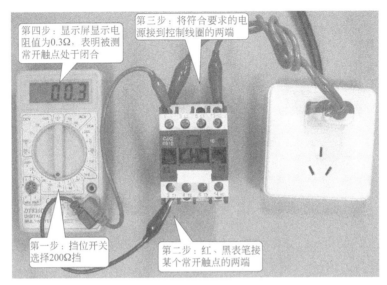

第四步：显示屏显示电阻值为0.3Ω，表明被测常开触点处于闭合

第三步：将符合要求的电源接到控制线圈的两端

第一步：挡位开关选择200Ω挡

第二步：红、黑表笔接某个常开触点的两端

图4-41 给交流接触器的控制线圈通电来检测常开触点的电阻

4.5.7 接触器的选用

在选用接触器时，要注意以下事项：

① 根据负载的类型选择不同的接触器。直流负载选用直流接触器，不同的交流负载选用相应类别的交流接触器。

② 选择的接触器额定电压应大于或等于所接电路的电压，绕组电压应与所接电路电压相同。接触器的额定电压是指主触点的额定电压。

③ 选择的接触器额定电流应大于或等于负载的额定电流。接触器的额定电流是指主触点的额定电流。对于额定电压为380V的中、小容量电动机，其额定电流可按 $I_{额}=2P_{额}$ 来估算，如额定电压为380V、额定功率为3kW的电动机，其额定电流 $I_{额} = 2 \times 3 = 6$（A）。

④ 选择接触器时，要注意主触点和辅助触点数应符合电路的需要。

4.6 热继电器

热继电器是利用电流通过发热元件时产生热量而使内部触点动作的。热继电器主要用于电气设备发热保护，如电动机过载保护。

4.6.1　结构与工作原理

热继电器的典型结构及符号如图4-42所示，从图中可以看出，热继电器由电热丝、双金属片、导板、测试杆、推杆、动触片、静触片、弹簧、螺钉、复位按钮和整定旋钮等组成。

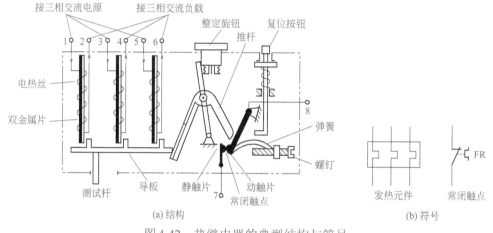

图4-42　热继电器的典型结构与符号

该热继电器有1-2、3-4、5-6、7-8四组接线端，1-2、3-4、5-6三组串接在主电路的三相交流电源和负载之间，7-8一组串接在控制电路中，1-2、3-4、5-6三组接线端内接电热丝，电热丝绕在双金属片上，当负载过载时，流过电热丝的电流大，电热丝加热双金属片，使之往右弯曲，推动导板往右移动，导板推动推杆转动而使动触片运动，动触点与静触点断开，从而向控制电路发出信号，控制电路通过电器（一般为接触器）切断主电路的交流电源，防止负载长时间过载而损坏。

在切断交流电源后，电热丝温度下降，双金属片恢复到原状，导板左移，动触点和静触点又重新接触，该过程称为自动复位，出厂时热继电器一般被调至自动复位状态。如需手动复位，可将螺钉往外旋出数圈，这样即使切断交流电源让双金属片恢复到原状，动触点和静触点也不会自动接触，需要用手动方式按下复位按钮才可使动触点和静触点接触，该过程称为手动复位。

只有流过发热元件的电流超过一定值（整定电流值）时，内部机构才会动作，使常闭触点断开（或常开触点闭合），电流越大，动作时间越短，例如流过某热继电器的电流为1.2倍整定电流时，2h内动作，为1.5倍整定电流时2min内动作。热继电器的整定电流（最大不动作电流）可以通过整定旋钮来调整，例如对于图4-42所示的热继电器，将整定旋钮往内旋时，推杆位置下移，导板需要移动较长的距离才能让推杆运动而使触点动作，而只有流过电热丝电流大，才能使双金属片弯曲程度更大，即将整定旋钮往内旋可将动作电流调大一些。

4.6.2　外形与接线端

图4-43是一种常用的热继电器，它内部有三组发热元件和一个常开触点，一个常闭触点，发热元件的一端接交流电源，另一端接负载，当流过发热元件的电流长时间超过整定电流时，发热元件弯曲最终使常开触点闭合、常闭触点断开。在热继电器上还有整定电流旋钮、复位按钮、测试杆和手动/自动复位切换螺钉，其功能说明如图标注所示。

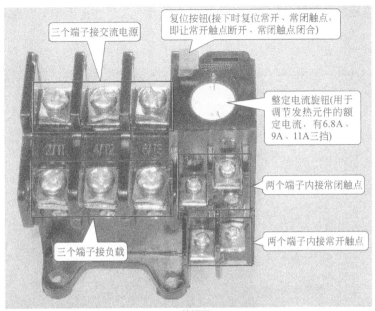

(a) 前视图

三个端子接交流电源

复位按钮(按下时复位常开、常闭触点,
即让常开触点断开、常闭触点闭合)

整定电流旋钮(用于
调节发热元件的额
定电流,有6.8A、
9A、11A三挡)

两个端子内接常闭触点

两个端子内接常开触点

三个端子接负载

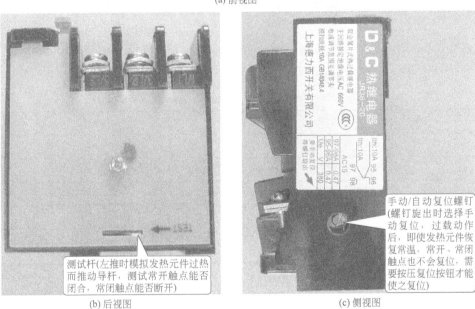

测试杆(左推时模拟发热元件过热
而推动导杆,测试常开触点能否
闭合,常闭触点能否断开)

(b) 后视图

手动/自动复位螺钉
(螺钉旋出时选择手
动复位,过载动作
后,即使发热元件恢
复常温,常开、常闭
触点也不会复位,需
要按压复位按钮才能
使之复位)

(c) 侧视图

图4-43 一种常用热继电器的接线端及外部操作部件

4.6.3 铭牌参数的识读

热继电器铭牌参数的识读如图4-44所示。

热、电磁和固态继电器的脱扣分四个等级,它是根据在7.2倍额定电流时的脱扣时间
来确定的,具体见表4-2,例如,对于10A等级的热继电器,如果施加7.2倍额定电流,在
2～10s内会产生脱扣动作。

热继电器是一种保护电器,其触点开关接在控制电路,图4-44中的热继电器使用类别为

AC-15，即控制电磁铁类负载，更多控制电路的电气开关元件的使用类型见表4-3。

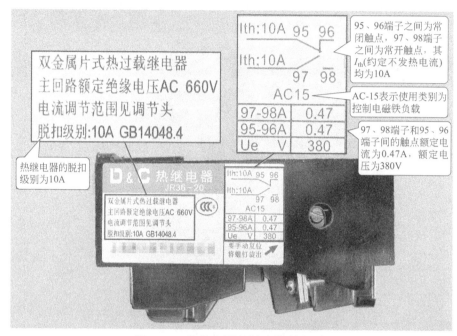

图4-44　热继电器铭牌参数的识读

表4-2　热、电磁和固态继电器的脱扣级别与时间

级别	在7.2倍额定电流下的脱扣时间
10A	$2 < T_P \leq 10$
10A	$4 < T_P \leq 10$
20A	$6 < T_P \leq 20$
30A	$9 < T_P \leq 30$

表4-3　控制电路的电气开关元件的使用类型

电流种类	使用类别	典型用途
交流	AC-12	控制电阻性负载和光电耦合隔离的固态负载
	AC-13	控制具有变压器隔离的固态负载
	AC-14	控制小型电磁铁负载（≤72V·A）
	AC-15	控制电磁铁负载（>72V·A）
直流	DC-12	控制电阻性负载和光电耦合隔离的固态负载
	DC-13	控制电磁铁负载
	DC-14	控制电路中具有经济电阻的电磁铁负载

4.6.4　型号与参数

热继电器的型号含义说明如下：

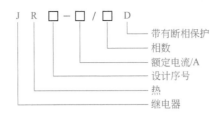

4.6.5 选用

热继电器在选用时，可遵循以下原则：

① 在大多数情况下，可选用两相热继电器（对于三相电压，热继电器可只接其中两相）。对于三相电压均衡性较差、无人看管的三相电动机，或与大容量电动机共用一组熔断器的三相电动机，应该选用三相热继电器。

② 热继电器的额定电流应大于负载（一般为电动机）的额定电流。

③ 热继电器的整定电流一般与电动机的额定电流相等。对于过载容易损坏的电动机，整定电流可调小一些，为电动机额定电流的60% ～ 80%；对于启动时间较长或带冲击性负载的电动机，所接热继电器的整定电流可稍大于电动机的额定电流，为其1.1 ～ 1.15倍。

选用举例：选择一个热继电器用来对一台电动机进行过热保护，该电动机的额定电流为30A，启动时间短，不带冲击性负载。根据热继电器选择原则可知，应选择额定电流大于30A的热继电器，并将整定电流调到30A（或略大于30A）。

4.6.6 检测

热继电器检测分为发热元件检测和触点检测，两者检测都使用万用表电阻挡。

（1）检测发热元件

发热元件由电热丝或电热片组成，其电阻很小（接近0Ω）。热继电器的发热元件检测如图4-45所示，三组发热元件的正常电阻均应接近0Ω，如果电阻无穷大（数字万用表显示超出量程符号"1"或"OL"），则为发热元件开路。

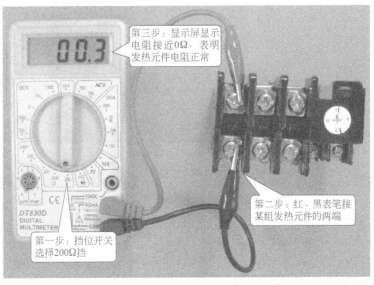

图4-45　检测热继电器的发热元件

（2）检测触点

热继电器一般有一个常闭触点和一个常开触点，触点检测包括未动作时检测和动作时检测。检测热继电器常闭触点的电阻如图4-46所示，图（a）为检测未动作时的常闭触点电阻，正常应接近0Ω，然后检测动作时的常闭触点电阻，检测时拨动测试杆，如图（b）所示，模拟发热元件过流发热弯曲使触点动作，常闭触点应变为开路，电阻为无穷大。

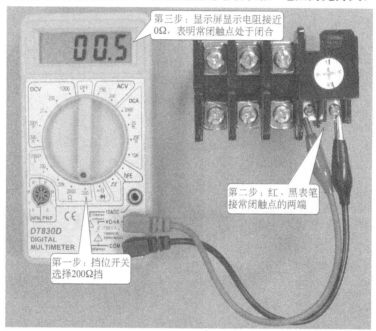

(a) 检测未动作时的常闭触点电阻

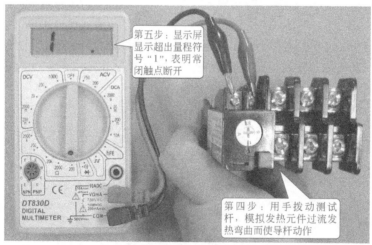

(b) 检测动作时的常闭触点电阻

图4-46 检测热继电器常闭触点的电阻

4.7 电磁继电器

电磁继电器是利用线圈通过电流产生磁场来吸合衔铁而使触点断开或接通的。电磁继电器在电路中可以用作保护和控制。

4.7.1 电磁继电器的基本结构与原理

电磁继电器的结构与符号如图4-47所示，它主要由常开触点、常闭触点、控制线圈、铁芯和衔铁等组成。在控制线圈未通电时，依靠弹簧的拉力使常闭触点接通、常开触点断开，当给控制线圈通电时，线圈产生磁场并克服弹簧的拉力而吸引衔铁，从而使常闭触点断开、常开触点接通。

电流继电器、电压继电器和中间继电器都属于电磁继电器。

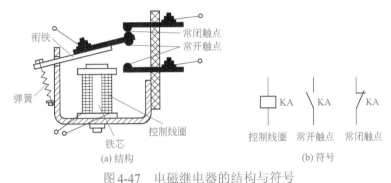

图4-47　电磁继电器的结构与符号

4.7.2　电流继电器

电流继电器在使用时，应与电路串联，以监测电路电流的变化。电流继电器线圈的匝数少、导线粗、阻抗小。电流继电器分为过电流继电器和欠电流继电器，分别在电流过大和电流过小时产生动作。

（1）符号

电流继电器符号如图4-48所示。

图4-48　电流继电器符号

（2）型号含义

电流继电器的型号很多，较常见的有JL14系列、JL15系列和JL18系列。以JL14系列为例，电流继电器的型号含义说明下：

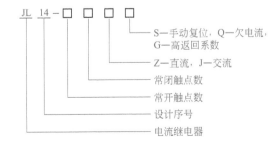

（3）选用

在选用过电流继电器时，继电器的额定电流应大于或等于被保护电动机的额定电流，继电器动作电流一般为电动机额定电流的 1.7 ～ 2 倍，对于频繁启动的电动机，继电器动作电流要稍大些，为 2.25 ～ 2.5 倍。

在选用欠电流继电器时，欠电流继电器的额定电流不能小于被保护电动机的额定电流，其动作电流应小于被保护电动机正常时可能出现的最小电流。

4.7.3　电压继电器

电压继电器在使用时，应与电路并联，以监测电路电压的变化。电压继电器线圈的匝数多、导线细、阻抗大。电压继电器也分为过电压继电器和欠电压继电器，分别在电压过高和电压过低时产生动作。

（1）符号

电压继电器符号如图 4-49 所示。

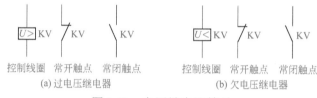

图 4-49　电压继电器符号

（2）型号含义

电压继电器的型号很多，其中 JT4 系列较为常用，它常用在交流 50Hz、380V 及以下控制电路中，用作零电压、过电压和过电流保护。JT4 系列电压继电器的型号含义说明如下：

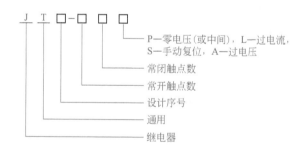

4.7.4　中间继电器

中间继电器实际上也是电压继电器，与普通电压继电器的不同之处在于，中间继电器有很多触点，并且触点允许流过的电流较大，可以断开和接通较大电流的电路。

（1）符号及实物外形

中间继电器的外形与符号如图 4-50 所示。

(a) 外形　　　　　　　　　　　　　　(b) 符号

图4-50　中间继电器的符号

（2）引脚触点图及重要参数的识读

　　采用直插式引脚的中间继电器，为了便于接线安装，需要配合相应的底座使用。中间继电器的引脚触点图及重要参数的识读如图4-51所示。

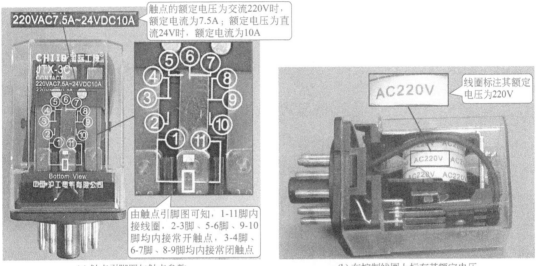

触点的额定电压为交流220V时，额定电流为7.5A；额定电压为直流24V时，额定电流为10A

由触点引脚图可知，1-11脚内接线圈，2-3脚、5-6脚、9-10脚均内接常开触点，3-4脚、6-7脚、8-9脚均内接常闭触点

线圈标注其额定电压为220V

(a) 触点引脚图与触点参数　　　　　　　　　　　(b) 在控制线圈上标有其额定电压

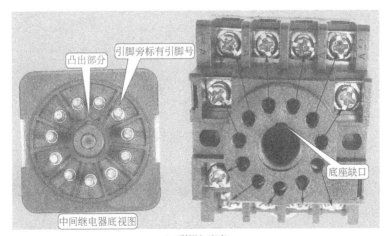

凸出部分　　　引脚旁标有引脚号

底座缺口

中间继电器底视图

(c) 引脚与底座

图4-51　中间继电器的引脚触点图及重要参数的识读

（3）型号与参数

中间继电器的型号含义说明如下：

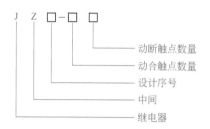

动断触点数量
动合触点数量
设计序号
中间
继电器

（4）选用

在选用中间继电器时，主要考虑触点的额定电压和电流应等于或大于所接电路的电压和电流，触点类型及数量应满足电路的要求，绕组电压应与所接电路电压相同。

（5）检测

中间继电器电气部分由线圈和触点组成，两者检测均使用万用表的电阻挡。

① 控制线圈未通电时检测触点。触点包括常开触点和常闭触点，在控制线圈未通电的情况下，常开触点处于断开，电阻为无穷大，常闭触点处于闭合，电阻接近0Ω。中间继电器控制线圈未通电时检测常开触点如图4-52所示。

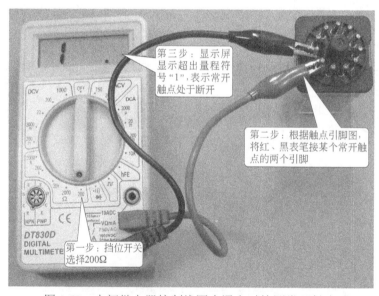

图4-52　中间继电器控制线圈未通电时检测常开触点

② 检测控制线圈。中间继电器控制线圈的检测如图4-53所示，一般触点的额定电流越大，控制线圈的电阻越小，这是因为触点的额定电流越大，触点体积越大，只有控制线圈电阻小（线径更粗）才能流过更大的电流，才能产生更强的磁场吸合触点。

③ 给控制线圈通电来检测触点。给中间继电器的控制线圈施加额定电压，再用万用表检测常开、常闭触点的电阻，正常常开触点应处于闭合，电阻接近0Ω，常闭触点处于断开，电阻为无穷大。

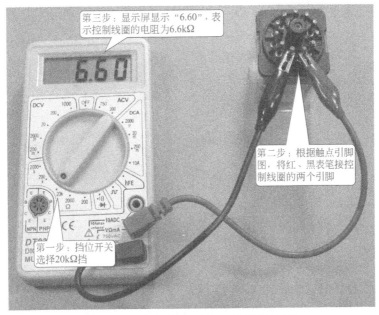

第三步：显示屏显示"6.60"，表示控制线圈的电阻为6.6kΩ

第二步：根据触点引脚图，将红、黑表笔接控制线圈的两个引脚

第一步：挡位开关选择20kΩ挡

图4-53 中间继电器控制线圈的检测

4.8 时间继电器

时间继电器是一种延时控制继电器，它在得到动作信号后并不是立即让触点动作，而是延迟一段时间才让触点动作。时间继电器主要用在各种自动控制系统和电动机的启动控制线路中。

4.8.1 外形与符号

图4-54列出一些常见的时间继电器。

图4-54 一些常见的时间继电器

时间继电器分为通电延时型和断电延时型两种，其符号如图4-55所示。对于通电延时型时间继电器，当线圈通电时，通电延时型触点经延时时间后动作（常闭触点断开、常开触点闭合），线圈断电后，该触点马上恢复常态；对于断电延时型时间继电器，当线圈通电时，

断电延时型触点马上动作（常闭触点断开、常开触点闭合），线圈断电后，该触点需要经延时时间后才会恢复到常态。

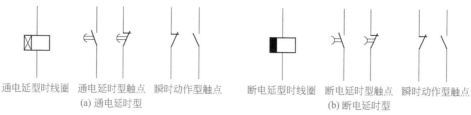

通电延型时线圈　通电延时型触点　瞬时动作型触点　　　断电延时型线圈　断电延时型触点　瞬时动作型触点

(a) 通电延时型　　　　　　　　　　　　　　　(b) 断电延时型

图4-55　时间继电器的符号

4.8.2　种类及特点

时间继电器的种类很多，主要有空气阻尼式、电磁式、电动式和电子式。这些时间继电器有各自的特点，具体说明如下：

① 空气阻尼式时间继电器又称为气囊式时间继电器，它是根据空气压缩产生的阻力来进行延时的，其结构简单，价格便宜，延时范围大（0.4～180s），但延时精确度低。

② 电磁式时间继电器延时时间短（0.3～1.6s），但它结构比较简单，通常用在断电延时场合和直流电路中。

③ 电动式时间继电器的原理与钟表类似，它是由内部电动机带动减速齿轮转动而获得延时的。这种继电器延时精度高，延时范围宽（0.4～72h），但结构比较复杂，价格很贵。

④ 电子式时间继电器又称为电子式时间继电器，它是利用延时电路来进行延时的。这种继电器精度高，体积小。

4.8.3　电子式时间继电器

电子式时间继电器具有体积小、延时时间长和延时精度高等优点，使用非常广泛。图4-56是一种常用的通电延时型电子式时间继电器。

4.8.4　选用

在选用时间继电器时，一般可遵循下面的规则：

① 根据受控电路的需要来决定选择时间继电器是通电延时型还是断电延时型。

② 根据受控电路的电压来选择时间继电器吸引绕组的电压。

③ 若对延时要求高，则可选择晶体管式时间继电器或电动式时间继电器；若对延时要求不高，则可选择空气阻尼式时间继电器。

4.8.5　检测

时间继电器的检测主要包括触点常态检测、线圈的检测和线圈通电检测。

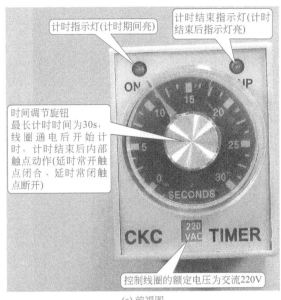

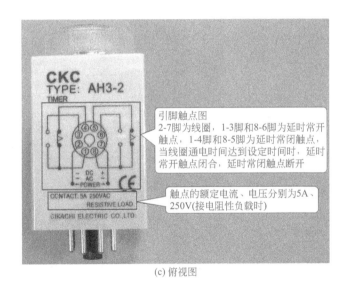

图4-56　一种常用的通电延时型电子式时间继电器

① 触点的常态检测。触点常态检测是指在控制线圈未通电的情况下检测触点的电阻，常开触点处于断开，电阻为无穷大，常闭触点处于闭合，电阻接近0Ω。时间继电器常开触点的常态检测如图4-57所示。

② 控制线圈的检测。时间继电器控制线圈的检测如图4-58所示。

③ 给控制线圈通电来检测触点。给时间继电器的控制线圈施加额定电压，然后根据时间继电器的类型检测触点状态有无变化，例如对于通电延时型时间继电器，通电经延时时间后，其延时常开触点是否闭合（电阻接近0Ω）、延时常闭触点是否断开（电阻为无穷大）。

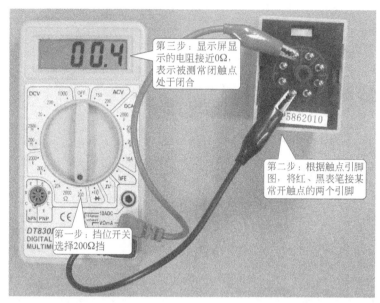

图4-57 时间继电器常开触点的常态检测

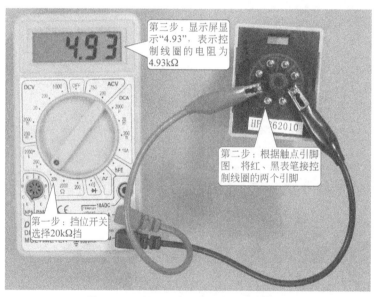

图4-58 时间继电器控制线圈的检测

4.9 速度继电器与压力继电器

4.9.1 速度继电器

速度继电器是一种当转速达到规定值时而产生动作的继电器。速度继电器在使用时通常与电动机的转轴连接在一起。

（1）外形与符号

速度继电器的外形与符号如图4-59所示。

（2）结构与工作原理

速度继电器的结构如图4-60所示。

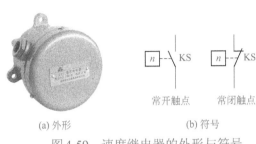

图4-59　速度继电器的外形与符号

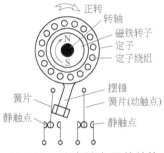

图4-60　速度继电器的结构

速度继电器主要由转子、定子、摆锤和触点组成。转子由永久磁铁制成，定子内圆表面嵌有线圈（定子绕组）。在使用时，将速度继电器转轴与电动机的转轴连接在一起，电动机运转时带动继电器的磁铁转子旋转，继电器的定子绕组上会感应出电动势，从而产生感应电流。此电流产生的磁场与磁铁的磁场相互作用，使定子转动一个角度，定子转向与转度分别由磁铁转子的转向与转速决定。当转子转速达到一定值时，定子会偏转到一定角度，与定子联动的摆锤也偏转到一定的角度，会碰压动触点使常闭触点断开、常开触点闭合。当电动机速度很慢或为零时，摆锤偏转角很小或为零，动触点自动复位，常闭触点闭合、常开触点断开。

（3）型号含义

JFZ0系列速度继电器较为常用，其型号含义说明如下：

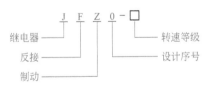

4.9.2　压力继电器

压力继电器能根据压力的大小来决定触点的接通和断开。压力继电器常用于机械设备的液压或气压控制系统中，对设备提供保护或控制。

（1）外形与符号

压力继电器的外形与符号如图4-61所示。

（2）结构与工作原理

压力继电器的结构如图4-62所示。

从图中可以看出，压力继电器主要由缓冲器、橡胶膜、顶杆、压力弹簧、调节螺母和微动开关组成。在使用时，压力继电器装在油路（或气路、水路）的分支管路中，当管路中的油压超过规定值时，压力油通过缓冲器、橡胶膜推动顶杆，顶杆克服弹簧的压力碰压微动开关，使微动开关的常闭触点断开、常开触点闭合。当油路压力减小到一定值时，依靠压力弹簧的作用，顶杆复位，微动开关的常闭触点接通、常开触点断开。调节螺母可以调节压力继电器的动作压力。

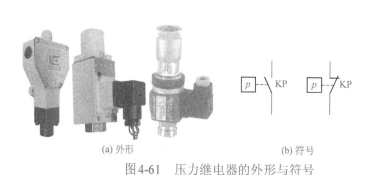

(a) 外形　　　　　　　　　　(b) 符号

图 4-61　压力继电器的外形与符号

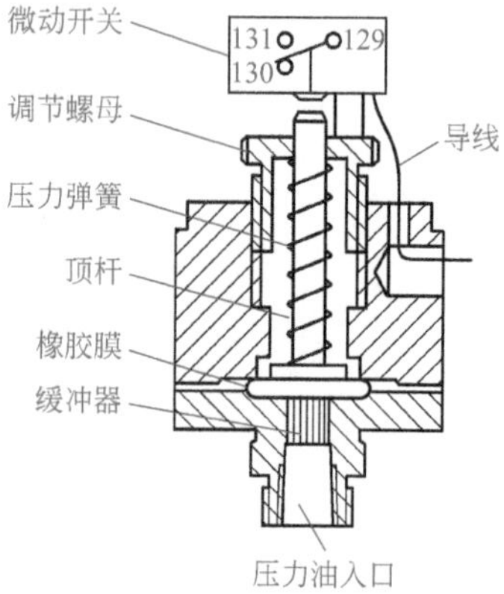

图 4-62　压力继电器的结构

Chapter 05

第5章
电子元器件

5.1 电阻器

电阻器是电子电路中最常用的元器件之一，电阻器简称电阻。电阻器种类很多，通常可以分为三类：固定电阻器、电位器和敏感电阻器。

5.1.1 固定电阻器

（1）外形与图形符号

固定电阻器是一种阻值固定不变的电阻器。常见固定电阻器的实物外形如图5-1（a）所示，固定电阻器的图形符号如图5-1（b）所示，在图5-1（b）中，上方为国家标准的电阻器符号，下方为国外常用的电阻器符号（在一些国外技术资料常见）。

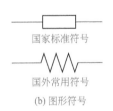

（a）实物外形   （b）图形符号

图5-1 固定电阻器

（2）功能

固定电阻器的主要功能有降压、限流、分流和分压。固定电阻器功能说明如图5-2所示。

① 降压、限流 在图5-2（a）所示电路中，电阻器 R_1 与灯泡串联，如果用导线直接代替 R_1，加到灯泡两端的电压有6V，流过灯泡的电流很大，灯泡将会很亮，串联电阻 R_1 后，由于 R_1 上有2V电压，灯泡两端的电压就被降低到4V，同时由于 R_1 对电流有阻碍作用，流过灯泡的电流也就减小。电阻器 R_1 在这里就起着降压、限流功能。

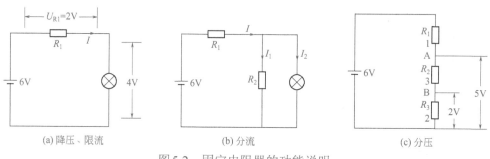

图 5-2　固定电阻器的功能说明

② 分流　在图 5-2（b）所示电路中，电阻器 R_2 与灯泡并联在一起，流过 R_1 的电流 I 除了一部分流过灯泡外，还有一路经 R_2 流回到电源，这样流过灯泡的电流减小，灯泡变暗。R_2 的这种功能称为分流。

③ 分压　在图 5-2（c）所示电路中，电阻器 R_1、R_2 和 R_3 串联在一起，从电源正极出发，每经过一个电阻器，电压会降低一次，电压降低多少取决于电阻器阻值的大小，阻值越大，电压降低越多，图中的 R_1、R_2 和 R_3 将 6V 电压分成 5V 和 2V 的电压。

（3）阻值的识读

为了表示阻值的大小，电阻器在出厂时会在表面标注阻值。标注在电阻器上的阻值称为标称阻值。电阻器的实际阻值与标称阻值往往有一定的差距，这个差距称为误差。电阻器标称阻值和误差的标注方法主要有直标法和色环法。

① 直标法　直标法是指用文字符号（数字和字母）在电阻器上直接标注出阻值和误差的方法。直标法的阻值单位有欧（Ω）、千欧（kΩ）和兆欧（MΩ）。

误差大小表示一般有两种方式：一是用罗马数字 Ⅰ、Ⅱ、Ⅲ 分别表示误差为 ±5%、±10%、±20%，如果不标注误差，则误差为 ±20%；二是用字母来表示，各字母对应的误差见表 5-1，如 J、K 分别表示误差为 ±5%、±10%。

表 5-1　字母与阻值误差对照表

字　母	对应误差	字　母	对应误差
W	±0.05%	G	±2%
B	±0.1%	J	±5%
C	±0.25%	K	±10%
D	±0.5%	M	±20%
F	±1%	N	±30%

直标法常见形式主要有以下几种。

a.用"数值＋单位＋误差"表示。图 5-3（a）中所示的四个电阻器都采用这种方式，它们分别标注 12kΩ±10%、12kΩ Ⅱ、12kΩ10%、12kΩK，虽然误差标注形式不同，但都表示电阻器的阻值为 12kΩ，误差为 ±10%。

b.用单位代表小数点表示。图 5-3（b）中所示的四个电阻器采用这种表示方式，1k2 表示 1.2kΩ，3M3 表示 3.3MΩ，3R3（或 3Ω3）表示 3.3Ω，R33（或 Ω33）表示 0.33Ω。

　　c.用"数值+单位"表示。这种标注法没标出误差，表示误差为±20%，图5-3（c）中所示的两个电阻器均采用这种方式，它们分别标注12kΩ、12k，表示的阻值都为12 kΩ，误差为±20%。

　　d.用数字直接表示。一般1kΩ以下的电阻器采用这种形式，图5-3（d）中所示的两个电阻器采用这种表示方式，12表示12Ω，120表示120Ω。

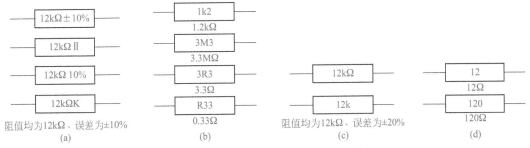

图5-3　直标法表示阻值的常见形式

　　② 色环法　色环法是指在电阻器上标注不同颜色圆环来表示阻值和误差的方法。图5-4中所示的两个电阻器就采用了色环法来标注阻值和误差，其中一个电阻器上有四条色环，称为四环电阻器，另一个电阻器上有五条色环，称为五环电阻器，五环电阻器的阻值精度较四环电阻器更高。

　　a.色环含义。要正确识读色环电阻器的阻值和误差，须先了解各种色环代表的意义。色环电阻器各色环代表的意义见表5-2。

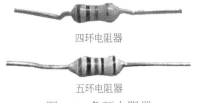

图5-4　色环电阻器

表5-2　色环电阻器各色环代表的意义

颜色	第1色环有效数	第2色环有效数	第3色环倍乘数	第4色环允许误差数
棕	1	1	10^1	±1%
红	2	2	10^2	±2%
橙	3	3	10^3	—
黄	4	4	10^4	—
绿	5	5	10^5	±0.5%
蓝	6	6	10^6	±0.25%
紫	7	7	10^7	±0.1%
灰	8	8	10^8	—
白	9	9	10^9	—
黑	0	0	$10^0=1$	—
金	—	—	10^{-1}	±5%
银	—	—	10^{-2}	±10%
无色	—	—	—	±20%

第一环 红色(代表 "2")
第二环 黑色(代表 "0")
第三环 红色(代表 "10^2")
第四环 金色(代表 "±5%")

标称阻值为$20 \times 10^2 \Omega \times (1 \pm 5\%) = 2k\Omega \times (95\% \sim 105\%)$

图5-5　四环电阻器阻值和误差的识读

b.四环电阻器的识读。四环电阻器阻值与误差的识读如图5-5所示。四环电阻器的识读具体过程如下。

第一步：判别色环排列顺序。

四环电阻器色环顺序判别规律如下。

• 四环电阻器的第四条色环为误差环，一般为金色或银色，因此如果靠近电阻器一个引脚的色环颜色为金、银色，该色环必为第四环，从该环向另一引脚方向排列的三条色环顺序依次为三、二、一。

• 对于色环标注标准的电阻器，一般第四环与第三环间隔较远。

第二步：识读色环。

按照第一、二环为有效数环，第三环为倍乘数环，第四环为误差数环，再对照表5-2各色环代表的数字识读出色环电阻器的阻值和误差。

c.五环电阻器的识读。五环电阻器阻值与误差的识读方法与四环电阻器基本相同，不同在于五环电阻器的第一、二、三环为有效数环，第四环为倍乘数环，第五环为误差数环。另外，五环电阻器的误差数环颜色除了有金、银色外，还可能是棕、红、绿、蓝和紫色。五环电阻器的识读如图5-6所示。

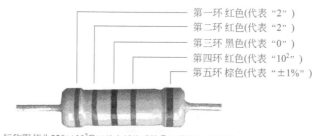

第一环 红色(代表 "2")
第二环 红色(代表 "2")
第三环 黑色(代表 "0")
第四环 红色(代表 "10^2")
第五环 棕色(代表 "±1%")

标称阻值为$220 \times 10^2 \Omega \times (1 \pm 1\%) = 22k\Omega \times (99\% \sim 101\%)$

图5-6　五环电阻器阻值和误差的识读

（4）额定功率

额定功率是指在一定的条件下电阻器长期使用允许承受的最大功率。电阻器额定功率越大，允许流过的电流越大。

固定电阻器的额定功率要按国家标准进行标注，其标称系列有1/8W、1/4W、1/2W、1W、2W、5W和10W等。小电流电路一般采用功率为1/8 ~ 1/2W的电阻器，而大电流电路常采用1W以上的电阻器。

电阻器额定功率的识别方法主要有以下几点。

① 对于标注了功率的电阻器，可根据标注的功率值来识别功率大小。图5-7（a）中所示的电阻器标注的额定功率值为10W，阻值为330Ω，误差为±5%。

② 对于没有标注功率的电阻器，可根据长度和直径来判别其功率大小。长度和直径值越大，功率越大，图5-7（b）中体积一大一小两个色环电阻器，体积大的电阻的功率更大。

③ 在电路图中，为了表示电阻器的功率大小，一般会在电阻器符号上标注一些标志。电阻器上标注的标志与对应功率值如图5-8所示，1W以下用线条表示，1W以上的直接用数字

表示功率大小（旧标准用罗马数字表示）。

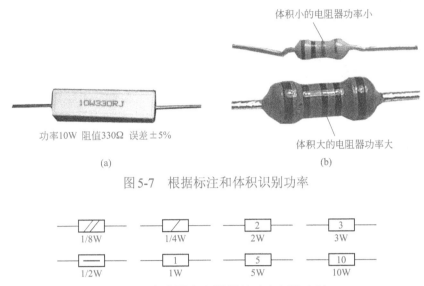

10W330RJ
功率10W 阻值330Ω 误差±5%
(a)
体积小的电阻器功率小
体积大的电阻器功率大
(b)

图5-7　根据标注和体积识别功率

1/8W
1/4W
2
2W
3
3W
1/2W
1
1W
5
5W
10
10W

图5-8　电路图中电阻器的功率标注方法

（5）常见故障及检测

固定电阻器常见故障有开路、短路和变值。检测固定电阻器使用万用表的电阻挡。

在检测时，先识读出电阻器上的标称阻值，然后选用合适的挡位并进行欧姆校零，测量时为了减小测量误差，应尽量让万用表表针指在欧姆刻度线中央，若表针在刻度线上过于偏左或偏右，应切换更大或更小的挡位重新测量。

固定电阻器的检测如图5-9所示（以测量一个标称阻值为2kΩ的色环电阻器为例），具体步骤如下所述。

第一步：将万用表的挡位开关拨至×100Ω挡。

第二步：进行欧姆校零。将红、黑表笔短路，观察表针是否指在“Ω”刻度线的“0”刻度处，若未指在该处，应调节欧姆校零旋钮，让表针准确指在“0”刻度处。

第三步：将红、黑表笔分别接电阻器的两个引脚，再观察表针指在“Ω”刻度线的位置，图中表针指在刻度“20”，那么被测电阻器的阻值为20×100Ω＝2000Ω＝2kΩ。

20
∞
0
Ω
Ω
×100Ω
+ −
黑表笔
红表笔

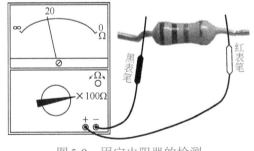

图5-9　固定电阻器的检测

若万用表测量出来的阻值与电阻器的标称阻值相同，说明该电阻器正常（若测量出来的阻值与电阻器的标称阻值有些偏差，但在误差允许范围内，电阻器也算正常）。

若测量出来的阻值为∞，说明电阻器开路。

若测量出来的阻值为0，说明电阻器短路。

若测量出来的阻值大于或小于电阻器的标称阻值，并超出误差允许范围，说明电阻器变值。

5.1.2 电位器

（1）外形与图形符号

电位器是一种阻值可以通过调节而变化的电阻器，又称可变电阻器。常见电位器的实物外形及其图形符号如图5-10所示。

(a) 实物外形   (b) 图形符号

图5-10   电位器

（2）结构与原理

电位器种类很多，但结构基本相同，电位器的结构示意图如图5-11所示。

从图5-11中可看出，电位器有A、C、B三个引出极，在A、B极之间连接着一段电阻体，该电阻体的阻值用R_{AB}表示，对于一个电位器，R_{AB}值是固定不变的，该值为电位器的标称阻值，C极连接一个导体滑动片，该滑动片与电阻体接触，A极与C极之间电阻体的阻值用R_{AC}表示，B极与C极之间电阻体的阻值用R_{BC}表示，$R_{AC} + R_{BC} = R_{AB}$。

当转轴逆时针旋转时，滑动片往B极滑动，R_{BC}减小，R_{AC}增大；当转轴顺时针旋转时，滑动片往A极滑动，R_{BC}增大，R_{AC}减小，当滑动片移到A极时，$R_{AC} = 0$，而$R_{BC} = R_{AB}$。

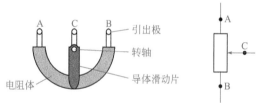

图5-11   电位器的结构示意图

（3）检测

电位器检测使用万用表的电阻挡。在检测时，先测量电位器两个固定端之间的阻值，正常测量值应与标称阻值一致，然后再测量一个固定端与滑动端之间的阻值，同时旋转转轴，正常测量值应在0至标称阻值范围内变化。

电位器检测分两步，只有每步测量均正常才能说明电位器正常。电位器的检测如图5-12所示。电位器的检测过程如下所述。

第一步：测量电位器两个固定端之间的阻值。将万用表拨至$R \times 1k\Omega$挡（该电位器标称阻值为20kΩ），红、黑表笔分别接电位器两个固定端，如图5-12（a）所示，然后在刻度盘上读出阻值大小。

若电位器正常，测得的阻值应与电位器的标称阻值相同或相近（在误差允许范围内）。

若测得的阻值为∞，说明电位器两个固定端之间开路。

若测得的阻值为0，说明电位器两个固定端之间短路。

若测得的阻值大于或小于标称阻值，说明电位器两个固定端之间的阻体变值。

第二步：测量电位器一个固定端与滑动端之间的阻值。万用表仍置于$R \times 1k\Omega$挡，红、黑表笔分别接电位器任意一个固定端和滑动端，如图5-12（b）所示，然后旋转电位器转轴，同时观察刻度盘表针。

若电位器正常，表针会发生摆动，指示的阻值应在0～20kΩ范围内连续变化。

若测得的阻值始终为∞，说明电位器固定端与滑动端之间开路。

若测得的阻值为0，说明电位器固定端与滑动端之间短路。

若测得的阻值变化不连续、有跳变，说明电位器滑动端与阻体之间接触不良。

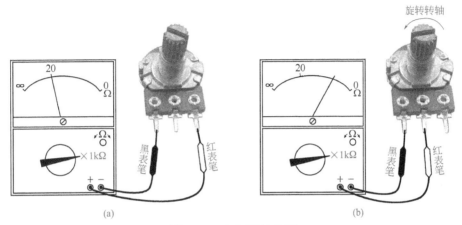

图5-12 电位器的检测

5.1.3 敏感电阻器

敏感电阻器是指阻值随某些条件改变而变化的电阻器。敏感电阻器种类很多，常见的有热敏电阻器、光敏电阻器、压敏电阻器、湿敏电阻器、气敏电阻器、力敏电阻器和磁敏电阻器等。

（1）热敏电阻器

① 外形与图形符号 热敏电阻器是一种对温度敏感的电阻器，当温度变化时其阻值也会随之变化。热敏电阻器实物外形和图形符号如图5-13所示。

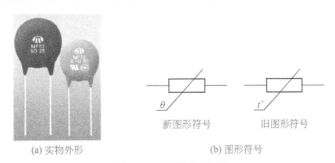

(a) 实物外形　　　　(b) 图形符号

图5-13 热敏电阻器

② 种类 热敏电阻器种类很多，但通常可分为负温度系数热敏电阻器（NTC）和正温度系数热敏电阻器（PTC）两大类。

a.负温度系数热敏电阻器。负温度系数热敏电阻器简称NTC，其阻值随温度升高而减小。NTC是由氧化锰、氧化钴、氧化镍、氧化铜和氧化铝等金属氧化物为主要原料制作而成的。根据使用温度条件不同，负温度系数热敏电阻器可分为低温（-60～300℃）、中温（300～600℃）、高温（>600℃）三种。

NTC的温度每升高1℃，阻值会减小1%～6%，阻值减小程度视不同型号而定。NTC广泛用于温度补偿和温度自动控制电路，如冰箱、空调、温室等温控系统常采用NTC作为测温元件。

b.正温度系数热敏电阻器。正温度系数热敏电阻器简称PTC，其阻值随温度升高而增大。PTC是在钛酸钡中掺入适量的稀土元素制作而成。

PTC可分为缓慢型和开关型。缓慢型PTC的温度每升高1℃，其阻值会增大0.5%～8%。开关型PTC有一个转折温度（又称居里点温度，钛酸钡材料PTC的居里点温度一般为120℃左右），当温度低于居里点温度时，阻值较小，并且温度变化时阻值基本不变（相当于一个闭合的开关），一旦温度超过居里点温度，其阻值会急剧增大（相当于开关断开）。缓慢型PTC常用在温度补偿电路中，开关型PTC由于具有开关性质，常用在开机瞬间接通而后又马上断开的电路中，如彩电的消磁电路和冰箱的压缩机启动电路就用到开关型PTC。

③ 检测　热敏电阻器检测分两步，只有两步测量均正常才能说明热敏电阻器正常，在这两步测量时还可以判断出电阻器的类型（NTC或PTC）。

热敏电阻器的检测过程如图5-14所示。热敏电阻器的检测步骤如下所述。

第一步：测量常温下（25℃左右）的标称阻值。根据标称阻值选择合适的电阻挡，图中的热敏电阻器的标称阻值为25Ω，故选择$R×1Ω$挡，将红、黑表笔分别接热敏电阻器两个电极，然后在刻度盘上查看测得阻值的大小。

若阻值与标称阻值一致或接近，说明热敏电阻器正常。

若阻值为0，说明热敏电阻器短路。

若阻值为无穷大，说明热敏电阻器开路。

若阻值与标称阻值偏差过大，说明热敏电阻器性能变差或损坏。

第二步：改变温度测量阻值。用火焰靠近热敏电阻器（不要让火焰接触电阻器，以免烧坏电阻器），如图5-14（b）所示，让火焰的热量对热敏电阻器进行加热，然后将红、黑表笔分别接触热敏电阻器两个电极，再在刻度盘上查看测得阻值的大小。

若阻值与标称阻值比较有变化，说明热敏电阻器正常。

若阻值往大于标称阻值方向变化，说明热敏电阻器为PTC。

若阻值往小于标称阻值方向变化，说明热敏电阻器为NTC。

若阻值不变化，说明热敏电阻器损坏。

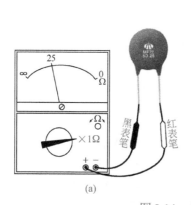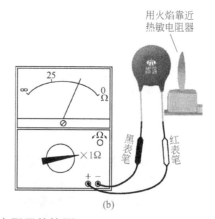

图5-14　热敏电阻器的检测

（2）光敏电阻器

光敏电阻器是一种对光线敏感的电阻器，当照射的光线强弱变化时，阻值也会随之变化，通常光线越强阻值越小。光敏电阻器外形与图形符号如图5-15所示。

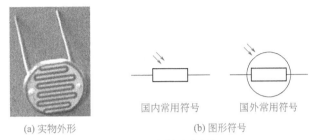

(a) 实物外形　　　　国内常用符号　　国外常用符号

　　　　　　　　　　　　　　　(b) 图形符号

图 5-15　光敏电阻器

根据光的敏感性不同，光敏电阻器可分为可见光光敏电阻器（硫化镉材料）、红外光光敏电阻器（砷化镓材料）和紫外光光敏电阻器（硫化锌材料）。其中硫化镉材料制成的可见光光敏电阻器应用最广泛。

（3）压敏电阻器

压敏电阻器是一种对电压敏感的特殊电阻器，当两端电压低于标称电压时，其阻值接近无穷大，当两端电压超过标称电压值时，阻值急剧变小，如果两端电压回落至标称电压值以下时，其阻值又恢复到接近无穷大。压敏电阻器外形与图形符号如图5-16所示。

（4）湿敏电阻器

湿敏电阻器是一种对湿度敏感的电阻器，当湿度变化时其阻值也会随之变化。湿敏电阻器外形与图形符号如图5-17所示。湿敏电阻器可分为正温度系数湿敏电阻器（阻值随湿度增大而增大）和负温度系数湿敏电阻器（阻值随湿度增大而减小）。

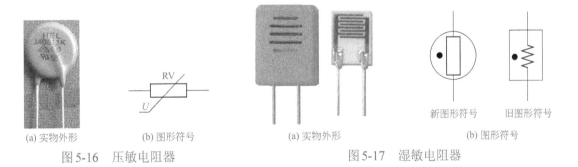

(a) 实物外形　　　(b) 图形符号　　　　　(a) 实物外形　　　　　(b) 图形符号

图 5-16　压敏电阻器　　　　　　　图 5-17　湿敏电阻器

5.2　电感器

5.2.1　外形与图形符号

将导线在绝缘支架上绕制一定的匝数（圈数）就构成了电感器。常见的电感器的实物外形如图5-18（a）所示，根据绕制的支架不同，电感器可分为空心电感器（无支架）、磁芯电感器（磁性材料支架）和铁芯电感器（硅钢片支架），它们的图形符号如图5-18（b）所示。

(a) 实物外形　　　　　　　　(b) 图形符号

图 5-18　电感器

5.2.2　主要参数与标注方法

（1）主要参数

电感器的主要参数有电感量和误差等。

① 电感量　电感器由线圈组成，当电感器通过电流时就会产生磁场，电流越大，产生的磁场越强，穿过电感器的磁场（又称为磁通量Φ）就越大。实验证明，穿过电感器的磁通量Φ和电感器通入的电流I成正比关系。磁通量Φ与电流的比值称为自感系数，又称电感量L，用公式表示为

$$L = \frac{\Phi}{I}$$

电感量的基本单位为亨利（简称亨），用字母H表示，此外还有毫亨（mH）和微亨（μH），它们之间的关系是：

$$1H = 10^3 mH = 10^6 \mu H$$

电感器的电感量大小主要与线圈的匝数（圈数）、绕制方式和磁芯材料等有关。线圈匝数越多、绕制的线圈越密集，电感量就越大；有磁芯的电感器比无磁芯的电感量大；电感器的磁芯磁导率越高，电感量也就越大。

② 误差　误差是指电感器上标称电感量与实际电感量的差距。对于精度要求高的电路，电感器的允许误差范围通常为±（0.2%～0.5%），一般的电路可采用误差为±（10%～15%）的电感器。

（2）参数标注方法

电感器的参数标注方法主要有直标法和色标法。

① 直标法　电感器采用直标法标注时，一般会在外壳上标注电感量、误差和额定电流值。图5-19所示列出了几个采用直标法标注的电感器。

在标注电感量时，通常会将电感量值及单位直接标出。在标注误差时，分别用Ⅰ、Ⅱ、Ⅲ表示±5%、±10%、±20%。在标注额定电流时，用A、B、C、D、E分别表示50mA、150mA、300mA、0.7A和1.6A。

② 色标法　色标法是采用色点或色环标在电感器上来表示电感量和误差的方法。色码电感器采用色标法标注，其电感量和误差标注方法同色环电阻器，单位为μH。色码电感器的

识别如图5-20所示。

图5-19　电感器的直标法例图

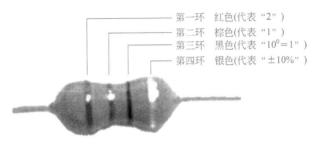

电感量为21×1μH×(1±10%)=21μH×(90%～110%)

图5-20　色码电感器参数的识别

色码电感器的各种颜色含义及代表的数值与色环电阻器相同，具体见表5-2。色码电感器颜色的排列顺序方法也与色环电阻器相同。色码电感器与色环电阻器识读不同仅在于单位不同，色码电感器单位为μH。图5-25中所示的色码电感器上标注"红棕黑银"表示电感量为21μH，误差为±10%。

5.2.3　性质

电感器的主要性质有"通直阻交"和"阻碍变化的电流"。

（1）"通直阻交"特性

电感器的"通直阻交"是指电感器对通过的直流信号阻碍很小，直流信号可以很容易通过电感器，而交流信号通过时会受到很大的阻碍。

电感器对通过的交流信号有较大的阻碍，这种阻碍称为感抗，感抗用X_L表示，感抗的单位是欧姆（Ω）。电感器的感抗大小与自身的电感量和交流信号的频率有关，感抗大小可以用以下公式计算：

$$X_L = 2\pi f L$$

式中，X_L表示感抗，单位为Ω；f表示交流信号的频率，单位为Hz；L表示电感器的电感量，单位为H。

由上式可以看出：交流信号的频率越高，电感器对交流信号的感抗越大；电感器的电感量越大，对交流信号感抗也越大。

举例：在图5-21所示的电路中，交流信号的频率为

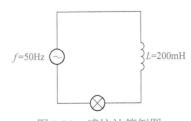

图5-21　感抗计算例图

50Hz，电感器的电感量为200mH，那么电感器对交流信号的感抗就为：

$$X_L = 2\pi f L = 2 \times 3.14 \times 50 \times 200 \times 10^{-3} = 62.8（\Omega）$$

（2）"阻碍变化的电流"特性

当变化的电流流过电感器时，电感器会产生自感电动势来阻碍变化的电流。下面以图5-22所示的两个电路来说明电感器这个性质。

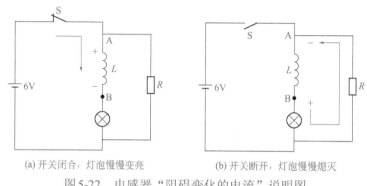

(a) 开关闭合，灯泡慢慢变亮   (b) 开关断开，灯泡慢慢熄灭

图5-22　电感器"阻碍变化的电流"说明图

在图5-22（a）所示电路中，当开关S闭合时，会发现灯泡不是马上亮起来，而是慢慢亮起来。这是因为当开关闭合后，有电流流过电感器，这是一个增大的电流（从无到有），电感器马上产生自感电动势来阻碍电流增大，其极性是A正B负，该电动势使A点电位上升，电流从A点流入较困难，也就是说电感器产生的这种电动势就对电流有阻碍作用。由于电感器产生A正B负自感电动势的阻碍，流过电感器的电流不能一下子增大，而是慢慢增大，所以灯泡慢慢变亮，当电流不再增大（即电流大小恒定）时，电感器上的电动势消失，灯泡亮度也就不变了。

如果将开关S断开，如图5-22（b）所示，会发现灯泡不是马上熄灭，而是慢慢暗下来。这是因为当开关断开后，流过电感器的电流突然变为0，也就是说流过电感器的电流突然变小（从有到无），电感器马上产生A负B正的自感电动势，由于电感器、灯泡和电阻器R连接成闭合回路，电感器的自感电动势会产生电流流过灯泡，电流方向是：电感器B正→灯泡→电阻器R→电感器A负，开关断开后，该电流维持灯泡继续发光，随着电感器上的电动势逐渐降低，流过灯泡的电流慢慢减小，灯泡也就慢慢变暗。

从上面的电路分析可知，只要流过电感器的电流发生变化（不管是增大还是减小），电感器都会产生自感电动势，电动势的方向总是阻碍电流的变化。电感器这个性质非常重要，在以后的电路分析中经常要用到该性质。为了让大家能更透彻理解电感器这个性质，再来看图5-23中两个例子。

(a) 电流增大时   (b) 电流减小时

图5-23　电感器性质解释图

在图5-23（a）所示电路中，流过电感器的电流是逐渐增大的，电感器会产生A正B负的电动势阻碍电流增大（可理解为A点为正，A点电位升高，电流通过较困难）；在图5-23（b）

所示电路中，流过电感器的电流是逐渐减小的，电感器会产生A负B正的电动势阻碍电流减小（可理解为A点为负时，A点电位低，吸引电流流过来，阻碍它减小）。

5.2.4 检测

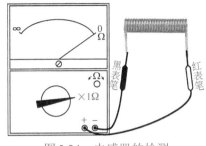

图5-24 电感器的检测

电感器的电感量和Q值一般用专门的电感测量仪和Q表来测量，一些功能齐全的万用表也具有电感量测量功能。电感器常见的故障有开路和线圈匝间短路。电感器实际上就是线圈，由于线圈的电阻一般比较小，测量时一般用万用表的$R\times 1\Omega$挡，电感器的检测如图5-24所示。

线径粗、匝数少的电感器电阻小，接近于0Ω，线径细、匝数多的电感器阻值较大。在测量电感器时，万用表可以很容易检测出是否开路（开路时测出的电阻为无穷大），但很难判断它是否匝间短路，因为电感器匝间短路时电阻减小很少，解决方法是：当怀疑电感器匝数有短路，万用表又无法检测出来时，可更换新的同型号电感器，故障排除则说明原电感器已损坏。

5.3 电容器

5.3.1 结构、外形与图形符号

电容器是一种可以存储电荷的元件。相距很近且中间有绝缘介质（如空气、纸和陶瓷等）的两块导电极板就构成了电容器。电容的结构，外形与图形符号如图5-25所示。

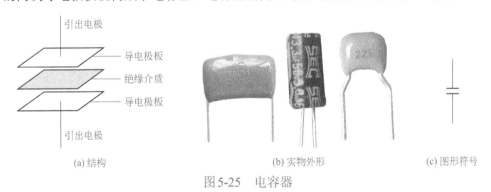

(a) 结构　　　　　　　　　　　(b) 实物外形　　　　　　　　(c) 图形符号

图5-25 电容器

5.3.2 主要参数

电容器主要参数有容量、允许误差、额定电压和绝缘电阻等。

（1）容量与允许误差

电容器能存储电荷，其存储电荷的多少称为容量。这一点与蓄电池类似，不过蓄电池存

储电荷的能力比电容器大得多。电容器的容量越大，存储的电荷越多。电容器的容量大小与下面的因素有关。

① 两导电极板相对面积。相对面积越大，容量越大。

② 两极板之间的距离。极板相距越近，容量越大。

③ 两极板中间的绝缘介质。在极板相对面积和距离相同的情况下，绝缘介质不同的电容器，其容量不同。

电容器容量的单位有法拉（F）、毫法（mF）、微法（μF）、纳法（nF）和皮法（pF），它们的关系是

$$1F = 10^3 mF = 10^6 \mu F = 10^9 nF = 10^{12} pF$$

标注在电容器上的容量称为标称容量。允许误差是指电容器标称容量与实际容量之间允许的最大误差范围。

（2）额定电压

额定电压又称电容器的耐压值，它是指在正常条件下电容器长时间使用两端允许承受的最高电压。一旦加到电容器两端的电压超过额定电压，两极板之间的绝缘介质容易被击穿而失去绝缘能力，造成两极板直接短路。

（3）绝缘电阻

电容器两极板之间隔着绝缘介质，绝缘电阻用来表示绝缘介质的绝缘程度。绝缘电阻越大，表明绝缘介质绝缘性能越好，如果绝缘电阻比较小，绝缘介质绝缘性能下降，就会出现一个极板上的电流会通过绝缘介质流到另一个极板上，这种现象称为漏电。由于绝缘电阻小的电容器存在着漏电，故不能继续使用。

一般情况下，无极性电容器的绝缘电阻为无穷大，而有极性电容器（电解电容器）绝缘电阻很大，但一般达不到无穷大。

5.3.3 性质

电容器的性质主要有"充电""放电"和"隔直""通交"。

（1）"充电"和"放电"性质

"充电"和"放电"是电容器非常重要的性质，下面以图5-26所示的电路来说明该性质。

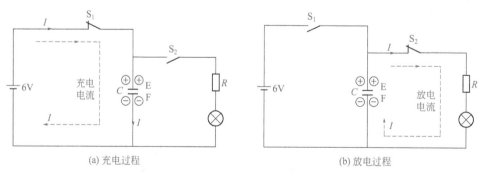

(a) 充电过程　　　　　　　　　　　(b) 放电过程

图5-26　电容充、放电性质说明图

① 充电　在图5-26（a）所示电路中，当开关S_1闭合后，从电源正极输出电流经开关S_1

流到电容器的金属极板E上，在极板E上聚集了大量的正电荷，由于金属极板F与极板E相距很近，又因为同性相斥，所以极板F上的正电荷受到很近的极板E上正电荷产生的电场排斥而流走，这些正电荷汇合形成电流到达电源的负极，极板F上就剩下很多负电荷，结果在电容器的上、下极板就存储了大量的上正下负的电荷（注：金属极板E、F常态时不呈电性，但极板上都有大量的正、负电荷，只是正、负电荷数相等呈中性）。

电源输出电流流经电容器，在电容器上获得大量电荷的过程称为电容器的"充电"。

② 放电　在图5-26（b）所示电路中，先闭合开关S_1，让电源对电容器C充电上正下负的电荷，然后断开S_1，再闭合开关S_2，电容器上的电荷开始释放，电荷流经的途径是：电容器极板E上的正电荷流出→开关S_2→电阻R→灯泡→极板F，中和极板F上的负电荷。大量的电荷移动形成电流，该电流经灯泡，灯泡发光。随着极板E上的正电荷不断流走，正电荷的数量慢慢减少，流经灯泡的电流减少，灯泡慢慢变暗，当极板E上先前充得的正电荷全放完后，无电流流过灯泡，灯泡熄灭，此时极板F上的负电荷也完全被中和，电容器两极板上先前充得的电荷消失。

电容器一个极板上的正电荷经一定的途径流到另一个极板，中和该极板上负电荷的过程称为电容器的"放电"。

电容器充电后两极板上存储了电荷，两极板之间也就有了电压，这就像杯子装水后有水位一样。电容器极板上的电荷数与两极板之间的电压有一定的关系，具体可这样概括：在容量不变情况下，电容器存储的电荷数与两端电压成正比，即

$$Q = CU$$

式中，Q表示电荷数，单位为库仑（C）；C表示容量，单位为法拉（F）；U表示电容器两端的电压，单位为伏特（V）。这个公式可以从以下几个方面来理解。

a.在容量不变的情况下（C不变），电容器充得电荷越多（Q增大），两端电压越高（U增大）。这就像杯子大小不变时，杯子中装的水越多，杯子的水位越高一样。

b.若向容量一大一小的两个电容器充相同数量的电荷（Q不变），那么容量小的电容器两端的电压更高（C小U大）。这就像往容量一大一小的两只杯子装入同样多的水时，小杯子中的水位更高一样。

（2）"隔直"和"通交"性质

电容器的"隔直"和"通交"是指直流不能通过电容器，而交流能通过电容器。下面以图5-27所示的电路来说明电容器的"隔直"和"通交"性质。

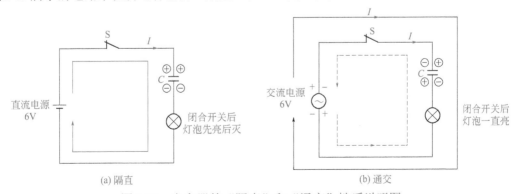

图5-27　电容器的"隔直"和"通交"性质说明图

① 隔直　在图5-27（a）所示电路中，电容器与直流电源连接，当开关S闭合后，直流电源开始对电容器充电，充电途径是：电源正极→开关S→电容器上极板获得大量正电荷→通过电荷的排斥作用（电场作用），下极板上的大量正电荷被排斥流出形成电流→灯泡→电源的负极，有电流流过灯泡，灯泡亮。随着电源对电容器不断充电，电容器两端电荷越来越多，两端电压越来越高，当电容器两端电压与电源电压相等时，电源不能再对电容器充电，无电流流到电容器上极板，下极板也就无电流流出，无电流流过灯泡，灯泡熄灭。

以上过程说明：在刚开始时直流可以对电容器充电而通过电容器，该过程持续时间很短，充电结束后，直流就无法通过电容器，这就是电容器的"隔直"性质。

② 通交　在图5-27（b）所示电路中，电容器与交流电源连接，通过第1章知识可知，交流电的极性是经常变化的，故图5-27（b）中所示的交流电源的极性也是经常变化的，一段时间极性是上正下负，下一段时间极性变为下正上负。开关S闭合后，当交流电源的极性是上正下负时，交流电源从上端输出电流，该电流对电容器充电，充电途径是：交流电源上端→开关S→电容器→灯泡→交流电源下端，有电流流过灯泡，灯泡发光，同时交流电源对电容器充得上正下负的电荷；当交流电源的极性变为上负下正时，交流电源从下端输出电流，它经过灯泡对电容反充电，电流途径是：交流电源下端→灯泡→电容器→开关S→交流电源上端，有电流流过灯泡，灯泡发光，同时电流对电容器反充得上负下正的电荷，这次充得的电荷极性与先前充得电荷极性相反，它们相互中和抵消，电容器上的电荷消失。当交流电源极性重新变为上正下负时，又可以对电容器进行充电，以后不断重复上述过程。

从上面的分析可以看出，由于交流电源的极性不断变化，使得电容器充电和反充电（中和抵消）交替进行，从而始终有电流流过电容器，这就是电容器"通交"性质。

③ 电容器对交流有阻碍作用　电容器虽然能通过交流，但对交流也有一定的阻碍，这种阻碍称之为容抗，用X_C表示，容抗的单位是欧姆（Ω）。在图5-28所示电路中，两个电路中的交流电源电压相等，灯泡也一样，但由于电容器的容抗对交流阻碍作用，故图5-28（b）中的灯泡要暗一些。

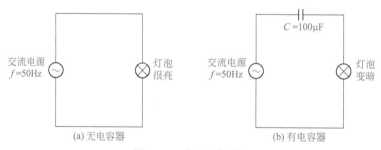

图5-28　容抗说明图

电容器的容抗与交流信号频率、电容器的容量有关，交流信号频率越高，电容器对交流信号的容抗越小，电容器容量越大，它对交流信号的容抗越小。在图5-28（b）所示电路中，若交流电频率不变，当电容器容量越大，灯泡越亮；或者电容器容量不变，交流电频率越高灯泡越亮。容抗可用以下公式来计算：

$$X_C = \frac{1}{2\pi fC}$$

式中，X_C表示容抗；f表示交流信号频率；π为常数3.14。

在图5-28（b）所示电路中，若交流电源的频率$f = 50Hz$，电容器的容量$C = 100\mu F$，那么该电容器对交流电的容抗为

$$X_C = \frac{1}{2\pi f C} = \frac{1}{2\times3.14\times50\times100\times10^{-6}} \approx 31.8（\Omega）$$

5.3.4 容量与误差的标注方法

电容器容量标注方法很多，下面介绍一些常用的容量标注方法。

（1）直标法

直标法是指在电容器上直接标出容量值和容量单位。电解电容器常采用直标法，图5-29所示左方的电容器的容量为2200μF，耐压为63V，误差为±20%，右方电容器的容量为68nF，J表示误差为±5%。

（2）小数点标注法

容量较大的无极性电容器常采用小数点标注法。小数点标注法的容量单位是μF。图5-30中所示的两个实物电容器的容量分别是0.01μF和0.033μF。

有的电容器用μ、n、p来表示小数点，同时指明容量单位，如图5-30中的p1、4n7、3μ3分别表示容量0.1pF、4.7nF、3.3μF，如果用R表示小数点，单位则为μF，如R33表示容量是0.33μF。

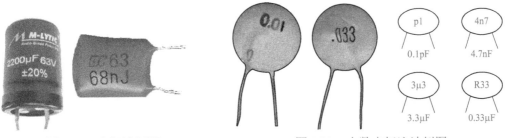

图5-29 直标法例图 　　　　图5-30 小数点标注法例图

（3）整数标注法

容量较小的无极性电容器常采用整数标注法，单位为pF。若整数末位是0，如标"330"则表示该电容器容量为330pF；若整数末位不是0，如标"103"，则表示容量为10×10^3pF。图5-31中所示的几个电容器的容量分别是180pF、330pF和22000pF。如果整数末尾是9，不是表示10^9，而是表示10^{-1}，如339表示3.3pF。

图5-31 整数标注法例图

5.3.5 常见故障及检测

电容器常见的故障有开路、短路和漏电。

检测时，万用表拨至$R\times10k\Omega$或$R\times1k\Omega$挡（对于容量小的电容器选$R\times10k\Omega$挡位），测量电容器两引脚之间的阻值。如果电容器正常，表针先往右摆动，然后慢慢返回到无穷大

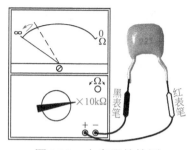

图 5-32　电容器的检测

处，容量越小向右摆动的幅度越小，该过程如图 5-32 所示。表针摆动过程实际上就是万用表内部电池通过表笔对被测电容器充电过程，被测电容器容量越小充电越快，表针摆动幅度越小，充电完成后表针就停在无穷大处。

若检测时表针始终停在无穷大处不动，说明电容器不能充电，该电容器开路。

若表针能往右摆动，也能返回，但回不到无穷大，说明电容器能充电，但绝缘电阻小，该电容器漏电。

若表针始终指在阻值小或 0 处不动，这说明电容器不能充电，并且绝缘电阻很小，该电容器短路。

注：对于容量小于 0.01μF 的正常电容器，在测量时表针可能不会摆动，故无法用万用表判断是否开路，但可以判别是否短路和漏电。如果怀疑容量小的电容器开路，万用表又无法检测时，可找相同容量的电容器代换，如果故障消失，就说明原电容器开路。

5.4　二极管

5.4.1　半导体

导电性能介于导体与绝缘体之间的材料称为半导体，常见的半导体材料有硅、锗和硒等。利用半导体材料可以制作各种各样的半导体元器件，如二极管、三极管、场效应管和晶闸管等都是由半导体材料制作而成的。

（1）半导体的特性

半导体的主要特性有以下几种。

① 掺杂性。当往纯净的半导体中掺入少量某些物质时，半导体的导电性就会大大增强。二极管、三极管就是用掺入杂质的半导体制成的。

② 热敏性。当温度上升时，半导体的导电能力会增强，利用该特性可以将某些半导体制成热敏器件。

③ 光敏性。当有光线照射半导体时，半导体的导电能力也会显著增强，利用该特性可以将某些半导体制成光敏器件。

（2）半导体的类型

半导体主要有三种类型：本征半导体、N 型半导体和 P 型半导体。

① 本征半导体。纯净的半导体称为本征半导体，它的导电能力是很弱的，在纯净的半导体中掺入杂质后，导电能力会大大增强。

② N 型半导体。在纯净半导体中掺入五价杂质（原子核最外层有五个电子的物质，如磷、砷和锑等）后，半导体中会有大量带负电荷的电子（因为半导体原子核最外层一般只有四个电子，所以可理解为当掺入五价元素后，半导体中的电子数偏多），这种电子偏多的半导体称为"N 型半导体"。

③ P型半导体。在纯净半导体中掺入三价杂质（如硼、铝和镓）后，半导体中电子偏少，有大量的空穴（可以看作正电荷）产生，这种空穴偏多的半导体称为"P型半导体"。

5.4.2 二极管

（1）PN结的形成

当P型半导体（含有大量的正电荷）和N型半导体（含有大量的电子）结合在一起时，P型半导体中的正电荷向N型半导体中扩散，N型半导体中的电子向P型半导体中扩散，于是在P型半导体和N型半导体中间就形成一个特殊的薄层，这个薄层称之为PN结，该过程如图5-33所示。

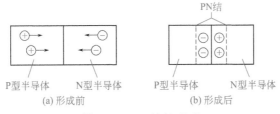

图 5-33　PN结的形成

从含有PN结的P型半导体和N型半导体两端各引出一个电极并封装起来就构成了二极管，与P型半导体连接的电极称为正极（或阳极），用"+"或"A"表示，与N型半导体连接的电极称为负极（或阴极），用"–"或"K"表示。

（2）二极管结构、图形符号和外形

二极管内部结构、图形符号和实物外形如图5-34所示。

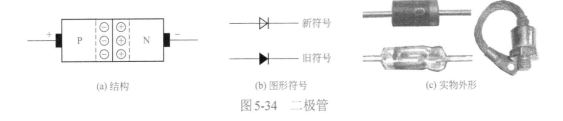

图5-34　二极管

（3）二极管的性质

下面通过分析图5-35中所示的两个电路来详细介绍二极管的性质。

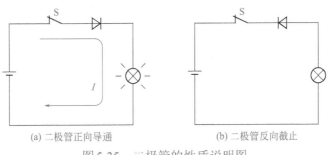

图5-35　二极管的性质说明图

在图5-35（a）所示电路中，当闭合开关S后，发现灯泡会发光，表明有电流流过二极管，二极管导通；而在图5-35（b）所示电路中，当开关S闭合后灯泡不亮，说明无电流流过二极管，二极管不导通。通过观察这两个电路中二极管的接法可以发现：在图5-35（a）所示电路中，二极管的正极通过开关S与电源的正极连接，二极管的负极通过灯泡与电源负极相连；在图5-35（b）所示电路中，二极管的负极通过开关S与电源的正极连接，二极管的正极通过灯泡与电源负极相连。

由此可以得出这样的结论：当二极管正极与电源正极连接，负极与电源负极相连时，二极管能导通，反之二极管不能导通。二极管这种单方向导通的性质称为二极管的单向导电性。

（4）二极管的极性判别

二极管引脚有正、负之分，在电路中乱接轻则不能正常工作，重则损坏二极管。二极管极性判别可采用下面的方法。

① 根据标注或外形判断极性　为了让人们更好区分出二极管正、负极，有些二极管会在表面标注一定的标志来指示正、负极，有些特殊的二极管，从外形也可看出正、负极。图5-36所示左上方的二极管表面标有二极管符号，其中三角形端对应的电极为正极，另一端为负极；左下方的二极管标有白色圆环的一端为负极；右方的二极管金属螺栓为负极，另一端为正极。

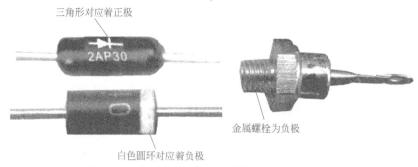

图5-36　根据标注或外形判断二极管的极性

② 用指针万用表判断极性　对于没有标注极性或无明显外形特征的二极管，可用指针万用表的电阻挡来判断极性。万用表拨至$R \times 100\Omega$或$R \times 1k\Omega$挡，测量二极管两个引脚之间的阻值，正、反各测一次，会出现阻值一大一小，如图5-37所示，以阻值小的一次为准，黑表笔接的为二极管的正极，红表笔接的为二极管的负极。

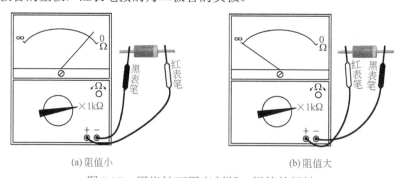

图5-37　用指针万用表判断二极管的极性

③ 用数字万用表判断极性　数字万用表与指针万用表一样，也有电阻挡，但由于两者测

量原理不同，数字万用表电阻挡无法判断二极管的正、负极（因为测量正、反向电阻时阻值都显示无穷大符号"1"），不过数字万用表有一个二极管专用测量挡，可以用该挡来判断二极管的极性。用数字万用表判断二极管极性如图5-38所示。

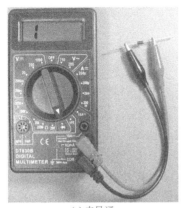
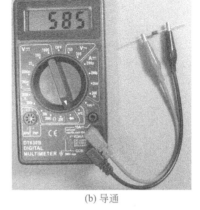

(a) 未导通   (b) 导通

图5-38 用数字万用表判断二极管的极性

在检测判断时，数字万用表拨至"➤►"挡（二极管测量专用挡），然后红、黑表笔分别接被测二极管的两极，正、反各测一次，测量会出现一次显示"1"，如图5-38（a）所示，另一次显示100～800的数字，如图5-38（b）所示，以显示100～800数字的那次测量为准，红表笔接的为二极管的正极，黑表笔接的为二极管的负极。

在图5-38所示测量中，显示"1"表示二极管未导通，显示"585"表示二极管已导通，并且二极管当前的导通电压为585mV（即0.585V）。

（5）二极管常见的故障及检测

二极管常见故障有开路、短路和性能不良。

在检测二极管时，万用表拨至$R \times 1k\Omega$挡，测量二极管正、反向电阻，测量方法与极性判断相同，可参见图5-37所示。正常锗材料二极管正向阻值在$1k\Omega$左右，反向阻值在$500k\Omega$以上；正常硅材料二极管正向电阻在$1 \sim 10k\Omega$，反向电阻为无穷大（注：不同型号万用表测量值略有差距）。也就是说，正常二极管的正向电阻小、反向电阻很大。

若测得二极管正、反电阻均为0，说明二极管短路。

若测得二极管正、反向电阻均为无穷大，说明二极管开路。

若测得正、反向电阻差距小（即正向电阻偏大，反向电阻偏小），说明二极管性能不良。

5.4.3 发光二极管

（1）外形与图形符号

发光二极管是一种电-光转换器件，能将电信号转换成光。图5-39（a）所示是一些常见的发光二极管的实物外形，图5-39（b）所示为发光二极管的图形符号。

（2）性质

发光二极管在电路中需要正接才能工作。下面以图5-40所示的电路来说明发光二极管的性质。

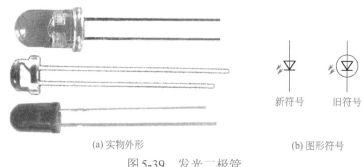

(a) 实物外形　　　　　　　　　(b) 图形符号

图 5-39　发光二极管

在图5-40所示中，可调电源E通过电阻R将电压加到发光二极管VD两端，电源正极对应VD的正极，负极对应VD的负极。将电源E的电压由0开始慢慢调高，发光二极管两端电

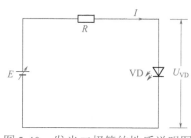

图 5-40　发光二极管的性质说明图

压U_{VD}也随之升高，在电压较低时发光二极管并不导通，只有U_{VD}达到一定值时，发光二极管才导通，此时的U_{VD}电压称为发光二极管的导通电压。发光二极管导通后有电流流过就开始发光，流过的电流越大，发出光越强。

不同颜色的发光二极管，其导通电压一般不同，红外线发光二极管最低，略高于1V，红光二极管为1.5 ~ 2V，黄光二极管为2V左右，绿光二极管为2.5 ~ 2.9V，高亮度蓝光、白光二极管导通电压一般达到3V以上。发光二极管正常工作时的电流较小，小功率的发光二极管工作电流一般在5 ~ 30mA，若流过发光二极管的电流过大，容易被烧坏。发光二极管的反向耐压也较低，一般在10V以下。

（3）检测

发光二极管的检测包括极性检测和好坏检测。

① 极性检测　对于未使用过的发光二极管，引脚长的为正极，引脚短的为负极。发光二极管与普通二极管一样具有单向导电性，即正向电阻小，反向电阻大。根据这一点可以用万用表来判别发光二极管的极性。

由于发光二极管的导通电压在1.5V以上，而万用表选择$R×1Ω ~ R×1kΩ$挡时，内部使用1.5V电池，它所提供的电压无法使发光二极管正向导通，故检测发光二极管极性时，万用表应选择$R×10kΩ$挡，红、黑表笔分别接发光二极管两个引脚，正、反各测一次，两次测量阻值会出现一大一小，以阻值小的那次为准，黑表笔接的引脚为正极，红表笔接的引脚为负极。

② 好坏检测　在检测发光二极管好坏时，万用表选择$R×10kΩ$挡，测量两引脚之间的正、反向电阻。若发光二极管正常，正向电阻小，反向电阻大（接近无穷大）。

若正、反向电阻均为无穷大，则发光二极管开路。

若正、反向电阻均为0，则发光二极管短路。

若反向电阻偏小，则发光二极管反向漏电。

5.4.4　稳压二极管

（1）外形与图形符号

稳压二极管又称齐纳二极管或反向击穿二极管，它在电路中起稳压作用。稳压二极管的实物外形和图形符号如图5-41所示。

（2）工作原理

在电路中，稳压二极管可以稳定电压。要让稳压二极管起稳压作用，须将它反接在电路中（即稳压二极管的负极接电路中的高电位处，正极接低电位处），稳压二极管在电路中正接时的性质与普通二极管相同。下面以图5-42所示的电路来说明稳压二极管的稳压原理。

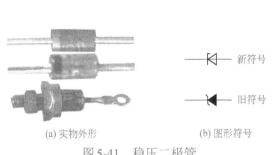

(a) 实物外形　　　(b) 图形符号

图5-41　稳压二极管

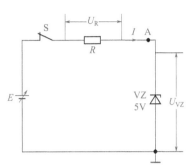

图5-42　稳压二极管的稳压原理说明图

图5-42电路中的稳压二极管VZ的稳压值为5V，若电源电压低于5V，当闭合开关S时，VZ反向不能导通，无电流流过电阻器R，$U_R = IR = 0$，电源电压在经电阻器R时，R上没有电压降，故A点电压与电源电压相等，VZ两端的电压U_{VZ}与电源电压也相等，例如$E = 4V$时，U_{VZ}也为4V，电源电压在0～5V变化时，U_{VZ}会随之变化。也就是说，当加到稳压二极管两端电压低于它的稳压值时，稳压二极管处于截止状态，无稳压功能。

若电源电压超过稳压二极管稳压值，如$E = 8V$，当闭合开关S时，8V电压通过电阻器R送到A点，该电压超过稳压二极管的稳压值，VZ马上反向击穿导通，有电流流过电阻器R和稳压二极管VZ，电流在流过电阻器R时，R上会有3V的电压降（即$U_R = 3V$），稳压二极管VZ两端的电压$U_{VZ} = 5V$。若调节电源E使电压由8V上升到10V时，由于电压的升高，流过R和VZ的电流都会增大，因流过R的电流增大，R上的电压U_R也随之增大，由3V上升到5V，而稳压二极管VZ上的电压维持5V不变。

稳压二极管的稳压原理可概括为：当外加电压低于稳压二极管稳压值时，稳压二极管不能导通，无稳压功能；当外加电压高于稳压二极管稳压值时，稳压二极管反向击穿导通，两端电压保持不变，其大小等于稳压值（注：为了保护稳压二极管并使它有良好的稳压效果，必须要给稳压二极管串接限流电阻）。

5.5 三极管

5.5.1 外形与图形符号

三极管又称晶体三极管，是一种具有放大功能的半导体器件。图5-43（a）所示是一些常见的三极管实物外形，三极管的图形符号如图5-43（b）所示。

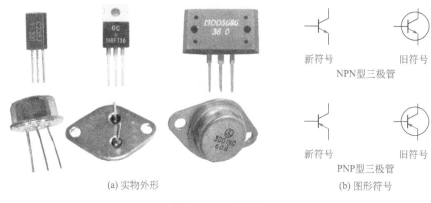

(a) 实物外形　　　　　　　　　　(b) 图形符号

图 5-43　三极管

5.5.2　结构

三极管有 PNP 型和 NPN 型两种。PNP 型三极管的构成如图 5-44 所示。

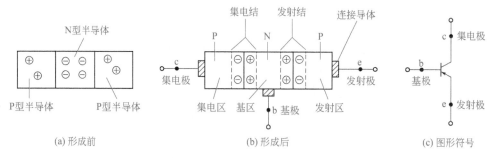

(a) 形成前　　　　　　　　(b) 形成后　　　　　　　(c) 图形符号

图 5-44　PNP 型三极管的构成

　　将两个 P 型半导体和一个 N 型半导体按图 5-44（a）所示的方式结合在一起，两个 P 型半导体中的正电荷会向中间的 N 型半导体中移动，N 型半导体中的负电荷会向两个 P 型半导体移动，结果在 P、N 型半导体的交界处形成 PN 结，如图 5-44（b）所示。

　　在两个 P 型半导体和一个 N 型半导体上通过连接导体各引出一个电极，然后封装起来就构成了三极管。三极管三个电极分别称为集电极（用 c 或 C 表示）、基极（用 b 或 B 表示）和发射极（用 e 或 E 表示）。PNP 型三极管的图形符号如图 5-44（c）所示。

　　三极管内部有两个 PN 结，其中基极和发射极之间的 PN 结称为发射结，基极与集电极之间的 PN 结称为集电结。两个 PN 结将三极管内部分作三个区，与发射极相连的区称为发射区，与基极相连的区称为基区，与集电极相连的区称为集电区。发射区的半导体掺入杂质多，故有大量的电荷，便于发射电荷；集电区掺入的杂质少且面积大，便于收集发射区送来的电荷；基区处于两者之间，发射区流向集电区的电荷要经过基区，故基区可控制发射区流向集电区电荷的数量，基区就像设在发射区与集电区之间的关卡。

　　NPN 型三极管的构成与 PNP 型三极管类似，它是由两个 N 型半导体和一个 P 型半导体构成的。具体如图 5-45 所示。

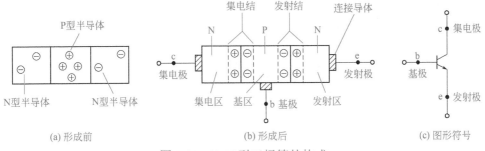

图5-45 NPN型三极管的构成

5.5.3 电流、电压规律

单独三极管是无法正常工作的，在电路中需要为三极管各极提供电压，让它内部有电流流过，这样的三极管才具有放大能力。为三极管各极提供电压的电路称为偏置电路。

（1）PNP型三极管的电流、电压规律

图5-46（a）所示为PNP型三极管的偏置电路，从图5-46（b）所示电路中可以清楚地看出三极管内部电流情况。

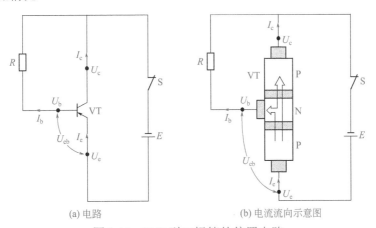

图5-46 PNP型三极管的偏置电路

① 电流关系　在图5-46所示电路中，当闭合电源开关S后，电源输出的电流马上流过三极管，三极管导通。流经发射极的电流称为I_e电流，流经基极的电流称I_b电流，流经集电极的电流称为I_c电流。

I_e、I_b、I_c电流的途径分别如下。

a. I_e电流的途径：从电源的正极输出电流→电流流入三极管VT的发射极→电流在三极管内部分作两路：一路从VT的基极流出，此为I_b电流；另一路从VT的集电极流出，此为I_c电流。

b. I_b电流的途径：VT基极流出电流→电流流经电阻R→开关S→流到电源的负极。

c. I_c电流的途径：VT集电极流出的电流→经开关S→流到电源的负极。

从图5-46（b）可以看出，流入三极管的I_e电流在内部分成I_b和I_c电流，即发射极流入的I_e电流在内部分成I_b和I_c电流分别从基极和发射极流出。

不难看出，PNP型三极管的I_e、I_b、I_c电流的关系是$I_b + I_c = I_e$，并且I_c电流要远大于I_b电流。

② 电压关系　在图5-46所示电路中，PNP型三极管VT的发射极直接接电源正极，集电极直接接电源的负极，基极通过电阻R接电源的负极。根据电路中电源正极电压最高、负极电压最低可判断出，三极管发射极电压U_e最高，集电极电压U_c最低，基极电压U_b处于两者之间。

PNP型三极管U_e、U_b、U_c电压之间的关系是

$$U_e > U_b > U_c$$

$U_e > U_b$使发射区的电压较基区的电压高，两区之间的发射结（PN结）导通，这样发射区大量的电荷才能穿过发射结到达基区。三极管发射极与基极之间的电压（电位差）U_{eb}（$U_{eb} = U_e - U_b$）称为发射结正向电压。

$U_b > U_c$可以使集电区电压较基区电压低，这样才能使集电区有足够的吸引力（电压越低，对正电荷吸引力越大），将基区内大量电荷吸引穿过集电结而到达集电区。

（2）NPN型三极管的电流、电压规律

图5-47所示为NPN型三极管的偏置电路。从图中可以看出，NPN型三极管的集电极接电源的正极，发射极接电源的负极，基极通过电阻接电源的正极，这与PNP型三极管连接正好相反。

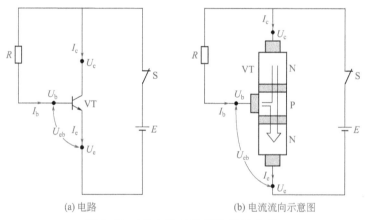

(a) 电路　　　　　　　　(b) 电流流向示意图

图5-47　NPN型三极管的偏置电路

① 电流关系　在图5-47所示电路中，当开关S闭合后，电源输出的电流马上流过三极管，三极管导通。流经发射极的电流称为I_e电流，流经基极的电流称I_b电流，流经集电极的电流称为I_c电流。

I_e、I_b、I_c电流的途径分别如下。

a. I_b电流的途径：从电源的正极输出电流→开关S→电阻R→电流流入三极管VT的基极→基区。

b. I_c电流的途径：从电源的正极输出电流→电流流入三极管VT的集电极→集电区→基区。

c. I_e电流的途径：三极管集电极和基极流入的I_b、I_c在基区汇合→发射区→电流从发射极输出→电源的负极。

不难看出，NPN型三极管I_e、I_b、I_c电流的关系是：$I_b + I_c = I_e$，并且I_c电流要远大于I_b电流。

② 电压关系　在图5-47所示电路中，NPN型三极管的集电极接电源的正极，发射极接电源的负极，基极通过电阻接电源的正极。故NPN型三极管U_e、U_b、U_c电压之间的关系是

$$U_e < U_b < U_c$$

$U_c > U_b$可以使基区电压较集电区电压低，这样基区才能将集电区的电荷吸引穿过集电结而到达基区。

$U_b > U_e$可以使发射区的电压较基极的电压低，两区之间的发射结（PN结）导通，基区的电荷才能穿过发射结到达发射区。

NPN型三极管基极与发射极之间的电压U_{be}（$U_{be} = U_b - U_e$）称为发射结正向电压。

5.5.4　检测

三极管的检测包括类型检测、电极检测和好坏检测。

（1）类型检测

三极管类型有NPN型和PNP型，三极管的类型可用万用表电阻挡进行检测。

在检测三极管类型时，万用表拨至$R \times 100\Omega$或$R \times 1k\Omega$挡，测量三极管任意两脚之间的电阻，当测量出现一次阻值小时，黑表笔接的为P极，红表笔接的为N极，如图5-48（a）所示；然后黑表笔不动（即让黑表笔仍接P极），将红表笔接到另外一个极，有两种可能：若测得阻值很大，红表笔接的极一定是P极，该三极管为PNP型，红表笔先前接的极为基极，如图5-48（b）所示；若测得阻值小，则红表笔接的为N极，则该三极管为NPN型，黑表笔所接为基极。

红、黑表笔各接三极管一个电极，图示测得阻值小，黑表笔所接为P极，红表笔所接为N极

先前已判明黑表笔所接为P极，现黑表笔不动，红表笔接另一极，测得阻值大，则红表笔接的一定为P极(若为N极则测得阻值小)

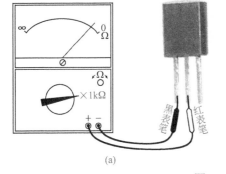
(a)

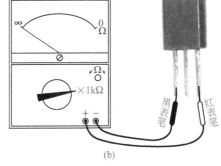
(b)

图5-48　三极管类型的检测

（2）电极检测

三极管有发射极、基极和集电极三个电极，在使用时不能混用，由于在检测类型时已经找出基极，故下面介绍如何用万用表欧姆挡检测出发射极和集电极。

①NPN型三极管集电极和发射极的判别。NPN型三极管集电极和发射极的判别如图5-49所示。

将万用表置于$R \times 1k\Omega$或$R \times 100\Omega$挡，黑表笔接基极以外任意一个极，再用手接触该极与基极（手相当于一个电阻，即在该极与基极之间接一个电阻），红表笔接另外一个极，测量并记下阻值的大小，该过程如图5-49（a）所示；然后红、黑表笔互换，手再捏住基极与对

换后黑表笔所接的极，测量并记下阻值大小，该过程如图5-49（b）所示。两次测量会出现阻值一大一小，以阻值小的那次为准，如图5-49（a）所示，黑表笔接的为集电极，红表笔接的为发射极。

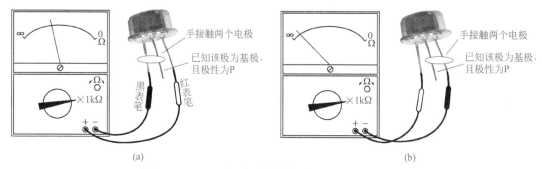

图5-49　NPN型三极管的发射极和集电极的判别

注意：如果两次测量出来的阻值大小区别不明显，可先将手沾点水，让手的电阻减小，再用手接触两个电极进行测量。

② PNP型三极管集电极和发射极的判别。PNP型三极管集电极和发射极的判别如图5-50所示。

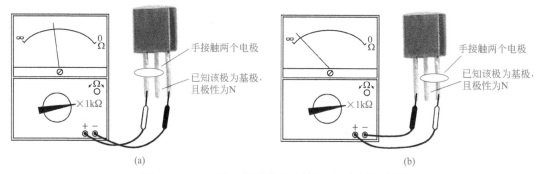

图5-50　PNP型三极管的发射极和集电极的判别

将万用表置于$R\times1k\Omega$或$R\times100\Omega$挡，红表笔接基极以外任意一个极，再用手接触该极与基极，黑表笔接余下的一个极，测量并记下阻值的大小，该过程如图5-50（a）所示；然后红、黑表笔互换，手再接触基极与对换后红表笔所接的极，测量并记下阻值大小，该过程如图5-50（b）所示。两次测量会出现阻值一大一小，以阻值小的那次为准，如图5-50（a）所示，红表笔接的为集电极，黑表笔接的为发射极。

③ 利用万用表的三极管放大倍数挡来判别发射极和集电极。如果万用表有三极管放大倍数挡，可利用该挡判别三极管的电极，使用这种方法一般应在已检测出三极管的类型和基极时使用。利用万用表的三极管放大倍数挡来判别极性的测量过程如图5-51所示。

将万用表拨至"hFE"挡（三极管放大倍数测量挡），再根据三极管类型选择相应的插孔，并将基极插入基极插孔中，另外两个极分别插入另外两个插孔中，记下此时测得放大倍数值，如图5-51（a）所示；然后让三极管的基极不动，将另外两极互换插孔，观察这次测得放大倍数，如图5-51（b）所示，两次测得的放大倍数会出现一大一小，以放大倍数大的那次为准，如图5-51（b）所示，c极插孔对应的电极是集电极，e极插孔对应的电极为发射极。

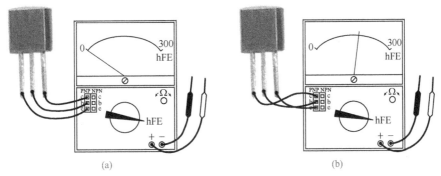

图 5-51 利用万用表的三极管放大倍数挡来判别发射极和集电极

（3）好坏检测

三极管好坏检测具体包括下面内容。

① 测量集电结和发射结的正、反向电阻。三极管内部有两个 PN 结，任意一个 PN 结损坏，三极管就不能使用，所以三极管检测先要测量两个 PN 结是否正常。检测时，万用表拨至 $R \times 100\Omega$ 或 $R \times 1k\Omega$ 挡，测量 PNP 型或 NPN 型三极管集电极和基极之间的正、反向电阻（即测量集电结的正、反向电阻），再测量发射极与基极之间的正、反向电阻（即测量发射结的正、反向电阻）。正常时，集电结和发射结正向电阻都比较小，约几百欧至几千欧，反向电阻都很大，约几百千欧至无穷大。

② 测量集电极与发射极之间的正、反向电阻。对于 PNP 型三极管，红表笔接集电极，黑表笔接发射极测得为正向电阻，正常约十几千欧至几百千欧（用 $R \times 1k\Omega$ 挡测得），互换表笔测得为反向电阻，与正向电阻阻值相近；对于 NPN 型三极管，黑表笔接集电极，红表笔接发射极，测得为正向电阻，互换表笔测得为反向电阻，正常时正、反向电阻阻值相近，约几百千欧至无穷大。如果三极管任意一个 PN 结的正、反向电阻不正常，或发射极与集电极之间正、反向电阻不正常，说明三极管损坏。如发射结正、反向电阻阻值均为无穷大，说明发射结开路；集、射之间阻值为 0，说明集电极与发射极之间击穿短路。

综上所述，一个三极管的好坏检测需要进行六次测量：其中测发射结正、反向电阻各一次（两次），集电结正、反向电阻各一次（两次）和集电极与发射极之间的正、反向电阻各一次（两次）。只有这六次检测都正常才能说明三极管是正常的，只要有一次测量发现不正常，该三极管就不能使用。

5.6 其他常用元器件

电阻器、电容器、电感器、二极管和三极管是电路中应用最广泛的元器件，本节再简单介绍一些其他常用元器件。

5.6.1 光电耦合器

（1）外形与图形符号

光电耦合器是将发光二极管和光电二极管组合在一起并封装起来构成。图 5-52（a）所示是一些常见的光电耦合器的实物外形，图5-52（b）所示为光电耦合器的图形符号。

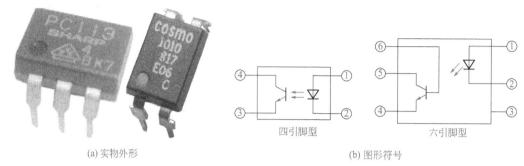

(a) 实物外形   四引脚型   六引脚型   (b) 图形符号

图5-52　光电耦合器

（2）工作原理

光电耦合器内部集成了发光二极管和光电管。下面以图5-53所示的电路来说明光电耦合器的工作原理。

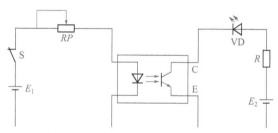

图5-53　光电耦合器工作原理说明

在图5-53所示电路中，当闭合开关S时，电源E_1经开关S和电位器RP为光电耦合器内部发光二极管提供电压，有电流流过发光二极管，发光二极管发出光线，光线照射到内部光电二极管，光电二极管导通，电源E_2输出的电流经电阻R、发光二极管VD流入光电耦合器的C极，然后从E极流出回到E_2的负极，有电流流过发光二极管VD，VD亮。

调节电位器RP可以改变发光二极管VD的光线亮度。当RP滑动端右移时，其阻值变小，流入光电耦合器内发光管的电流大，发光管光线强，内光电二极管导通程度深，光电二极管C、E极之间电阻变小，电源E_2的回路总电阻变小，流经发光二极管VD的电流大，VD变得更亮。

若断开开关S，无电流流过光电耦合器的内发光二极管，发光二极管不亮，光电二极管无光照射不能导通，电源E_2回路切断，发光二极管VD无电流通过而熄灭。

5.6.2　晶闸管

（1）外形与图形符号

晶闸管又称可控硅，它有三个电极，分别是阳极（A）、阴极（K）和门极（G）。图5-54（a）所示是一些常见的晶闸管的实物外形，图5-54（b）所示为晶闸管的图形符号。

（2）性质

晶闸管在电路中主要当作电子开关使用，下面以图5-55所示的电路来说明晶闸管的性质。

在图5-55所示电路中，当闭合开关S时，电源正极电压通过开关S_1、电位器RP_1加到晶闸管VS的G极，有电流I_G流入VS的G极，VS的A、K极之间马上被触发导通，电源正极输

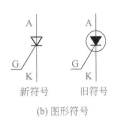

(a) 实物外形 　　　　　　　(b) 图形符号

新符号　　　旧符号

图 5-54　晶闸管

出的电流经RP_2、灯泡流入VS的A极，该I_A电流与G极流入的电流I_G汇合形成I_K电流从K极输出，回到电源的负极。I_A电流远大于I_G电流，很大的电流I_A流过灯泡，灯泡亮。

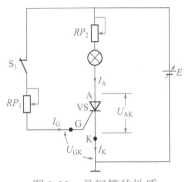

给晶闸管G极提供电压，让I_G电流流入G极，晶闸管A、K极之间马上导通，这种现象称为晶闸管的触发导通。晶闸管导通后，如果调节RP_1的大小，流入晶闸管G极的I_G电流会改变，但流入A极的电流I_A大小基本不变，灯泡亮度不会发生变化，如果断开S_1，切断晶闸管的I_G电流，晶闸管A、K极之间仍处于导通状态，I_A电流继续流过晶闸管，灯泡仍亮。

图 5-55　晶闸管的性质

也就是说，当晶闸管导通后，撤去G极电压或改变G极电流均无法使晶闸管A、K极之间阻断。要使导通的晶闸管截止（A、K极之间关断），可在撤去G极电压的前提下采用两种方法：一是将RP_2的阻值调大，减小I_A电流，当I_A电流减小到某一值（维持电流）时，晶闸管会截止；二是将晶闸管A、K极之间的电压减小到0或将A、K极之间的电压反向，晶闸管也会阻断，如将I_A电流调到0或调换电源正、负极均可使晶闸管截止。

综上所述，晶闸管有以下性质。

① 无论A、K极之间加什么电压，只要G、K极之间没有加正向电压，晶闸管就无法导通。

② 只有A、K极之间加正向电压，并且G、K极之间也加一定的正向电压，晶闸管才能导通。

③ 晶闸管导通后，撤掉G、K极之间的正向电压后晶闸管仍继续导通；要让导通的晶闸管截止，可采用两种方法：一是让流入晶闸管A极的电流减小到小于某一值I_H（维持电流）；二是让A、K极之间的正向电压U_{AK}减小到0或为反向电压。

5.6.3　场效应管

场效应管又称场效应晶体管，它与三极管一样，具有放大能力。场效应管有漏极（D）、栅极（G）和源极（S）。场效应管的种类较多，下面以增强型绝缘栅场效应管为例来介绍场应管。

（1）图形符号

增强型绝缘栅场效应管简称增强型MOS管，它可分为N沟道MOS管和P沟道MOS管，其图形符号如图5-56所示。

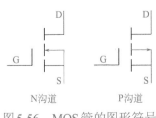

N沟道　　　　P沟道

图 5-56　MOS管的图形符号

（2）结构与原理

增强型MOS管有N沟道和P沟道之分，分别称为增强型NMOS管和增强型PMOS管，其结构与工作原理基本相似，在实际中增强型NMOS管更为常用。下面以增强型NMOS管为例来说明增强型MOS管的结构与工作原理。

① 结构

增强型NMOS管的结构与等效图形符号如图5-57所示。

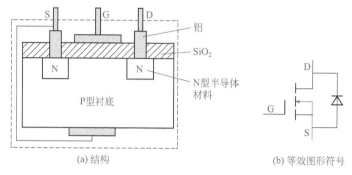

(a) 结构　　　　(b) 等效图形符号

图5-57　增强型NMOS管

增强型NMOS管是以P型硅片作为基片（又称衬底），在基片上制作两个含很多杂质的N型材料，再在上面制作一层很薄的二氧化硅（SiO_2）绝缘层，在两个N型材料上引出两个铝电极，分别称为漏极（D）和源极（S），在两极中间的SiO_2绝缘层上制作一层铝制导电层，从该导电层上引出的电极称为G极。P型衬底与D极连接的N型半导体会形成二极管结构（称之为寄生二极管）。由于P型衬底通常与S极连接在一起，所以增强型NMOS管又可用图5-57（b）所示的等效图形符号表示。

② 工作原理

增强型NMOS管需要加合适的电压才能工作。加有电压的增强型NMOS管如图5-58所示，图5-58（a）所示为结构图形式，图5-58（b）所示为电路图形式。

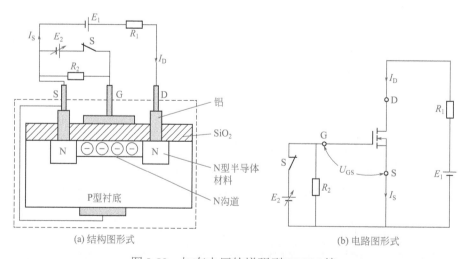

(a) 结构图形式　　　　(b) 电路图形式

图5-58　加有电压的增强型NMOS管

如图5-58（a）所示，电源E_1通过R_1接NMOS管D、S极，电源E_2通过开关S接NMOS管的G、S极。在开关S断开时，NMOS管的G极无电压，D、S极所接的两个N区之间没有导电沟道，所以两个N区之间不能导通，I_D电流为0A；如果将开关S闭合，NMOS管的G极获得正电压，与G极连接的铝电极有正电荷，它产生的电场穿过SiO_2层，将P衬底的很多电子吸引靠近SiO_2层，从而在两个N区之间出现导电沟道，由于此时D、S极之间加上正向电压，就有I_D电流从D极流入，再经导电沟道从S极流出。

如果改变E_2电压的大小，也即改变G、S极之间的电压U_{GS}，与G极相通的铝层产生的电场大小就会变化，SiO_2层下面的电子数量就会变化，两个N区之间的沟道宽度就会变化，流过的I_D电流大小就会变化。U_{GS}电压越高，沟道就会越宽，I_D电流就会越大。

由此可见，改变G、S极之间的电压U_{GS}，D、S极之间的内部沟道宽窄就会发生变化，从D极流向S极的I_D电流大小也就发生变化，并且I_D电流变化较U_{GS}电压变化大得多，这就是场效应管的放大原理（即电压控制电流变化原理）。为了表示场效应管的放大能力，引入一个参数——跨导g_m，g_m用下面的公式计算：

$$g_m = \frac{\Delta I_D}{\Delta U_{GS}}$$

g_m反映了G、S极电压U_{GS}对D极电流I_D的控制能力，是表述场效应管放大能力的一个重要的参数（相当于三极管的β），g_m的单位是西门子（S），也可以用A/V表示。

增强型MOC管具有的特点是：在G、S极之间未加电压（即$U_{GS}=0V$）时，D、S极之间没有沟道，$I_D=0A$；当G、S极之间加上合适的电压（大于开启电压U_T）时，D、S极之间有沟道形成，U_{GS}电压变化时，沟道宽窄会发生变化，I_D电流也会变化。

对于增强型NMOS管，G、S极之间应加正电压（即$U_G > U_S$，$U_{GS}=U_G-U_S$为正压），D、S极之间才会形成沟道；对于增强型PMOS管，G、S极之间须加负电压（即$U_G < U_S$，$U_{GS}=U_G-U_S$为负压），D、S极之间才有沟道形成。

5.6.4 IGBT

IGBT是绝缘栅双极型晶体管的简称，是一种由场效应管和三极管组合成的复合器件，它综合了三极管和MOS管的优点，故有很好的特性，因此广泛应用在各种中小功率的电力电子设备中。

（1）外形、结构与图形符号

IGBT的外形、结构及等效图和图形符号如图5-59所示。从等效图可以看出，IGBT相当于一个PNP型三极管和增强型NMOS管以图5-59（c）所示的方式组合而成。IGBT有三个极：C极（集电极）、G极（栅极）和E极（发射极）。

（2）工作原理

图5-59中所示的IGBT是由PNP型三极管和N沟道MOS管组合而成的，这种IGBT称为N-IGBT，用图5-59（d）所示图形符号表示；相应的还有P沟道IGBT，称为P-IGBT，将图5-59（d）所示图形符号中的箭头改为由E极指向G极即为P-IGBT的图形符号。

由于电力电子设备中主要采用N-IGBT，下面以图5-60所示电路来说明N-IGBT的工作原理。

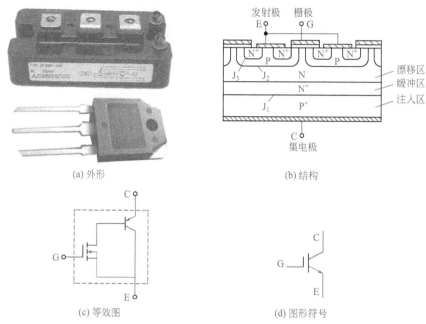

(a) 外形　　　　　　　　　　　(b) 结构

(c) 等效图　　　　　　　　(d) 图形符号

图 5-59　IGBT

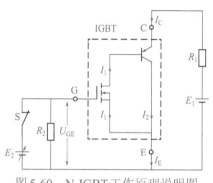

图 5-60　N-IGBT 工作原理说明图

电源 E_2 通过开关 S 为 IGBT 提供 U_{GE} 电压，电源 E_1 经 R_1 为 IGBT 提供 U_{CE} 电压。当开关 S 闭合时，IGBT 的 G、E 极之间获得电压 U_{GE}，只要 U_{GE} 电压大于开启电压（2～6V），IGBT 内部的 NMOS 管就有导电沟道形成，NMOS 管 D、S 极之间导通，为三极管 I_b 电流提供通路，三极管导通，有电流 I_C 从 IGBT 的 C 极流入，经三极管 E 极后分成 I_1 和 I_2 两路电流，I_1 电流流经 NMOS 管的 D、S 极，I_2 电流从三极管的集电极流出，I_1、I_2 电流汇合成 I_E 电流从 IGBT 的 E 极流出，即 IGBT 处于导通状态。当开关 S 断开后，U_{GE} 电压为 0V，NMOS 管导电沟道夹断（消失），I_1、I_2 都为 0A，I_C、I_E 电流也为 0A，即 IGBT 处于截止状态。

调节电源 E_2 可以改变 U_{GE} 电压的大小，IGBT 内部的 NMOS 管的导电沟道宽度会随之变化，I_1 电流大小会发生变化。由于 I_1 电流实际上是三极管的 I_b 电流，I_1 细小的变化会引起 I_2 电流（I_2 为三极管的 I_c 电流）的急剧变化。例如当 U_{GE} 增大时，NMOS 管的导通沟道变宽，I_1 电流增大，I_2 电流也增大，即 IGBT 的 C 极流入、E 极流出的电流增大。

5.6.5　集成电路

将电阻、二极管和三极管等元器件以电路的形式制作在半导体硅片上，然后接出引脚并封装起来，就构成了集成电路。集成电路简称为集成块，又称芯片 IC。

（1）举例

图 5-61（a）中所示的 LM380 是一种常见的音频放大集成电路，其内部电路如图 5-61（b）所示。

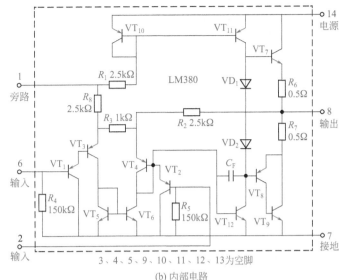

(a) 实物外形　　　　　　　　　　　　　(b) 内部电路

图 5-61　一种常见的集成电路

单独集成电路是无法工作的，需要给它加接相应的外围元件并提供电源才能工作。图 5-62 中的集成电路 LM380 提供了电源并加接了外围元件，它就可以对 6 脚输入的音频信号进行放大，然后从 8 脚输出放大的音频信号，再送入扬声器使之发声。

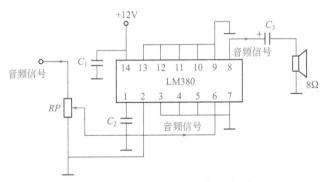

图 5-62　LM380 构成的实用电路

（2）特点

有的集成电路内部只有十几个元器件，而有些集成电路内部则有上千万个元器件（如电脑中的微处理器 CPU）。集成电路内部电路很复杂，对于大多数电子爱好者可不用理会内部电路原理，只要了解各引脚功能及内部大致组成即可，对于从事电路高端设计工作者，通常要了解内部电路结构。

（3）引脚识别

集成电路的引脚很多，少则几个，多则几百个，各个引脚功能又不一样，所以在使用时一定要对号入座，否则集成电路不工作甚至烧坏。因此一定要知道集成电路引脚的识别方法。

不管什么集成电路，它们都有一个标记指出第一脚，常见的标记有小圆点、小突起、缺口、缺角，找到该脚后，逆时针依次数 2、3、4…，如图 5-63 所示。

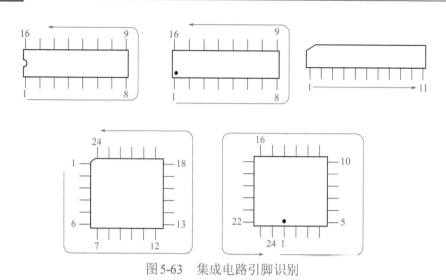

图5-63　集成电路引脚识别

第6章
变压器

6.1 变压器的基础知识

变压器是一种能提升或降低交流电压、电流的电气设备。无论是在电力系统中，还是在微电子技术领域，变压器都得到了广泛的应用。

6.1.1 结构与工作原理

变压器主要由绕组和铁芯组成，其结构与符号如图6-1所示。

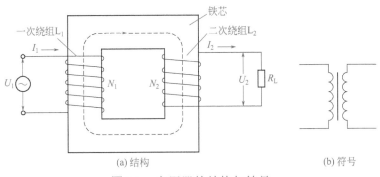

(a) 结构　　　　　　　(b) 符号

图6-1　变压器的结构与符号

从图可以看出，两组绕组L_1、L_2绕在同一铁芯上就构成了变压器。一个绕组与交流电源连接，该绕组称为一次绕组（或称原边绕组），匝数（即圈数）为N_1；另一个绕组与负载R_L连接，称为二次绕组（或称副边绕组），匝数为N_2。当交流电压U_1加到一次绕组L_1两端时，有交流电流I_1流过L_1，L_1产生变化的磁场，变化的磁场通过铁芯穿过二次绕组L_2，L_2两端会产生感应电压U_2，并输出电流I_2流经负载R_L。

实际的变压器铁芯并不是一块厚厚的环形铁，而是由很多薄薄的、涂有绝缘层的硅钢片叠在一起构成的，常见的硅钢片主要有心式和壳式两种，其形状如图6-2所示。由于在闭合的硅钢片上绕制绕组比较困难，因此每片硅钢片都分成两部分，先在其中一部分上绕好绕组，再将另一部分与它拼接在一起。

变压器的绕组一般采用表面涂有绝缘漆的铜线绕制而成，对于大容量的变压器则常采用绝缘的扁铜线或铝线绕制而成。变压器接高压的绕组称为高压绕组，其线径细、匝数多；接低压的绕组称为低压绕组，其线径粗、匝数少。

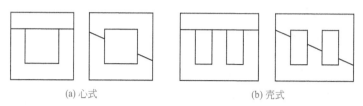

(a) 心式　　　　　　　　　(b) 壳式

图6-2　硅钢片的形状

变压器是由绕组绕制在铁芯上构成的，对于不同形状的铁芯，绕组的绕制方法有所不同，图6-3所示是几种绕组在铁芯上的绕制方式。从图中可以看出，不管是心式铁芯，还是壳式铁芯，高、低压绕组并不是各绕在铁芯的一侧，而是绕在一起，图中线径粗的绕组绕在铁芯上构成低压绕组，线径细的绕组则绕在低压绕组上。

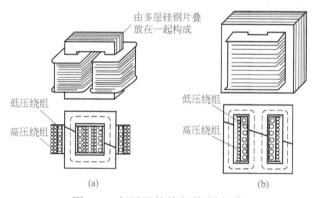

由多层硅钢片叠放在一起构成

低压绕组

高压绕组

低压绕组

高压绕组

(a)　　　　　　　　　　(b)

图6-3　变压器的绕组绕制方式

6.1.2　电压、电流变换功能说明

变压器的基本功能是电压变换和电流变换。

（1）电压变换

变压器既可以升高交流电压，也可以降低交流电压。在忽略变压器对电能损耗的情况下，变压器一次、二次绕组的电压与一次、二次绕组的匝数的关系为：

$$\frac{U_1}{U_2} = \frac{N_1}{N_2} = K$$

式子中的 K 称为匝数比或变压比，由上式可知：

① 当 $N_1 < N_2$（即 $K < 1$）时，变压器输出电压 U_2 较输入电压 U_1 高，故 $K < 1$ 的变压器称为升压变压器。

② 当 $N_1 > N_2$（即 $K > 1$）时，变压器输出电压 U_2 较输入电压 U_1 低，故 $K > 1$ 的变压器称为降压变压器。

③ 当 $N_1 = N_2$（即 $K = 1$）时，变压器输出电压 U_2 和输入电压 U_1 相等，这种变压器不能改

变交流电压的大小，但能将一次、二组绕组电路隔开，故 $K=1$ 的变压器常称为隔离变压器。

（2）电流变换

变压器不但能改变交流电压的大小，还能改变交流电流的大小。在忽略变压器对电能损耗的情况下，变压器的一次绕组的功率 P_1（$P_1 = U_1I_1$）与二次绕组的功率 P_2（$P_2 = U_2I_2$）是相等的，即

$$U_1I_1 = U_2I_2 \Rightarrow \frac{U_1}{U_2} = \frac{I_2}{I_1}$$

由上式可知，变压器一次、二次绕组的电压与一次、二次绕组的电流成反比：若提升二次绕组的电压，则会使二次绕组的电流减小；若降低二次绕组的电压，则二次绕组的电流会增大。

综上所述，对于变压器来说，不管是一次或是二次绕组，匝数越多，它两端的电压就越高，流过的电流就越小。例如，某变压器的二次绕组匝数少于一次绕组匝数，其二次绕组两端的电压就低于一次绕组两端的电压，而二次绕组的电流比一次绕组的大。

6.1.3　极性判别

变压器可以改变交流信号的电压或电流大小，但不能改变交流信号的频率，当一次绕组的交流电压极性变化时，二次绕组上的交流电压极性也会变化，它们的极性变化有一定的规律。下面以图6-4来说明这个问题。

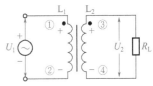

图6-4　变压器的极性说明

① 同名端　交流电压 U_1 加到变压器的一次绕组 L_1 两端，在二次绕组 L_2 两端会感应出电压 U_2，并送给负载 R_L。假设 U_1 的极性是上正下负，L_1 两端的电压也为①正②负（即上正下负），L_2 两端感应出来的电压有两种可能：一是③正④负，二是③负④正。

如果 L_2 两端的感应电压极性是③正④负，那么 L_2 的③端与 L_1 的①端的极性是相同的，也就说 L_2 的③端与 L_1 的①端是同名端，为了表示两者是同名端，常在该端标注"·"。当然，因为②端与④端极性也是相同的，故它们也是同名端。

如果 L_2 两端的感应电压极性是③负④正，那么 L_2 的④端与 L_1 的①端的极性是相同的，L_2 的④端与 L_1 的①端就是同名端。

② 同名端的判别　根据不同情况，可采用下面两种方法来判别变压器的同名端。

a.对于已知绕向的变压器，可分别给两个绕组通电流，然后用右手螺旋定则来判断两个绕组产生磁场的方向，以此来确定同名端。

如果电流流过两个绕组，两个绕组产生的磁场方向一致，则两个绕组的电流输入端为同名端。如图6-5（a）所示，电流 I_1 从①端流入一次绕组 L_1，它产生的磁场方向为顺时针，电流 I_2 从③端流入二次绕组 L_2，L_2 产生的磁场也为顺时针，即两绕组产生的磁场方向一致，两个绕组的电流输入端①、③为同名端。

如果电流流过两个绕组，两个绕组产生的磁场方向相反，则一个绕组的电流输入端与另一个绕组的电流输出端为同名端。如图6-5（b）所示，绕组 L_1 产生的磁场方向为顺时针，L_2 产生的磁场为逆时针，即两绕组产生的磁场方向相反，绕组 L_1 的电流输入端①与 L_2 的电流输出端④为同名端。

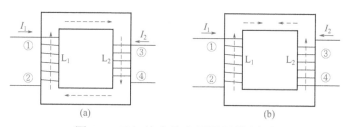

图6-5　已知绕向的变压器极性判别

b.对于已封装好、无法知道绕向的变压器。在平时接触更多的是已封装好的变压器，对于这种变压器是很难知道其绕组绕向的，用前面的方法无法判别出同名端，此时可使用实验的方法。该方法说明如下：

如图6-6（a）所示，将变压器的一个绕组的一端与另一个绕组的一端连接起来（图中是将②、④端连接起来），再在两个绕组另一端之间连接一个电压表（图中是在①、③端之间连接电压表），然后给一个绕组加一个较低的交流电压（图中是在①、②端加 U_1 电压）。观察电压表V测得的电压值 U，如果电压值是两个绕组电压的和，即 $U = U_1 + U_2$，则①、④端为同名端，其等效原理如图6-6（b）所示；如果 $U = U_1 - U_2$，则①、③端为同名端，其等效原理如图6-6（c）所示。

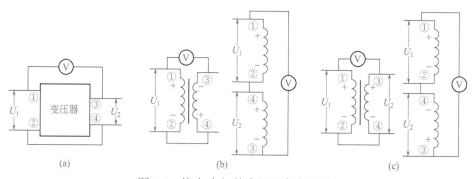

图6-6　绕向未知的变压器极性判别

6.2　三相变压器

6.2.1　电能的传送

发电部门的发电机将其他形式的能（如水能和化学能）转换成电能，电能再通过导线传送给用户。由于用户与发电部门的距离往往很远，电能传送需要很长的导线，电能在导线传送的过程中有损耗。根据焦耳定律 $Q = I^2Rt$ 可知，损耗的大小主要与流过导线的电流和导线的电阻有关，电流、电阻越大，导线的损耗越大。

为了降低电能在导线上传送产生的损耗，可减小导线电阻和降低流过导线的电流。具体做法有：通过采用电阻率小的铝或铜材料制作成粗导线来减小导线的电阻；通过提高传送电压来减小电流，这是根据 $P = UI$，在传送功率一定的情况下，导线电压越高，流过导线的电流越小。

电能从发电站传送到用户的过程如图6-7所示。发电机输出的电压先送到升压变电站进行升压，升压后得到110～330kV的高压，高压经导线进行远距离传送，到达目的地后，再由降压变电站的降压变压器将高压降低到220V或380V的低

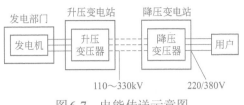

图6-7　电能传送示意图

压，提供给用户。实际上，在提升电压时，往往不是依靠一个变压器将低压提升到很高的电压，而是经过多个升压变压器一级级进行升压的，在降压时，也需要经多个降压变压器进行逐级降压。

6.2.2　三相变压器

（1）三相交流电的产生

目前电力系统广泛采用三相交流电，三相交流电是由三相交流发电机产生的。三相交流发电机原理示意图如图6-8所示。从图中可以看出，三相发电机主要是由U、V、W三个绕组和磁铁组成的，当磁铁旋转时，在U、V、W绕组中分别产生电动势，各绕组两端的电压分别为U_U、U_V、U_W，这三个绕组输出的三组交流电压就称为三相交流电压。

（2）利用单相变压器改变三相交流电压

要将三相交流发电机产生的三相电压传送出去，为了降低线路损耗，需对每相电压都进行提升，简单的做法是采用三个单相变压器，如图6-9所示。单相变压器是指一次绕组和二次绕组分别只有一组的变压器。

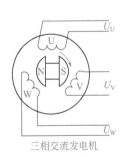

图6-8　三相交流发电机原理示意图

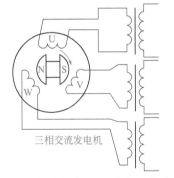

图6-9　利用三个单相变压器改变三相交流电压

（3）利用三相变压器改变三相交流电压

将三对绕组绕在同一铁芯上可以构成三相变压器。三相交流变压器的结构如图6-10所示。利用三相变压器也可以改变三相交流电压，具体接法如图6-11所示。

6.2.3　三相变压器的工作接线方法

（1）星形接法

用图6-11所示的方法连接三相发电机与三相变压器，缺点是连接所需的导线太多，在进

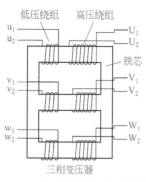

图6-10 三相交流变压器的结构

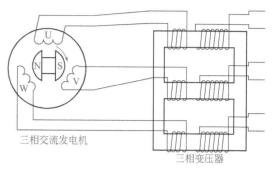

图6-11 利用三相变压器改变三相交流电压

行远距离电能传送时必然会使线路成本上升，而采用星形接法可以减少导线数量，从而降低成本。发电机绕组与变压器绕组的星形连接方式如图6-12所示。

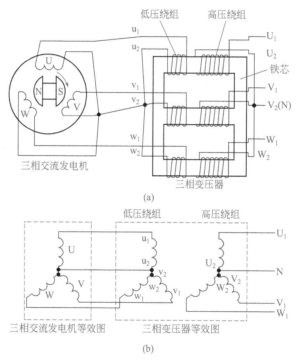

图6-12 发电机绕组与变压器绕组的星形连接方式

变压器的星形接线方式如图6-12（a）所示，将发电机的三相绕组的末端连起来构成一个连接点，该连接点称为中性点，将变压器三个低压绕组（匝数少的绕组）的末端连接起来构成中性点，将变压器三个高压绕组的末端连接起来构成中性点，然后将发电机三相绕组的首端分别与变压器三个低压绕组的首端连接起来。

发电机绕组与变压器绕组的星形连接方式可以画成图6-12（b）所示的形式，从图中可以看出，发电机绕组和变压器绕组连接成星形，故这种接法称为星形接法，又因为这种接法需用四根导线，故又称为三相四线制星形接法。发电机和变压器之间按星形连接好后，变压器就可以升高发电机送来的三相电压。如发电机的U相电压送到变压器的绕组$u_1 u_2$两端，在高压绕组$U_1 U_2$两端就会输出升高的U相电压。

（2）三角形接法

三相变压器与三相发电机之间的连线接法除了星形接法外，还有三角形接法。三相发电机与三相变压器之间的三角形连接方式如图6-13所示。

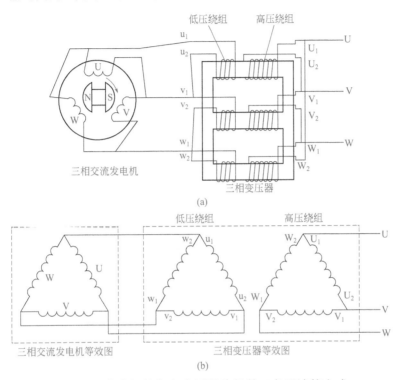

图6-13 发电机绕组与变压器绕组的三角形连接方式

变压器的三角形接线方式如图6-13（a）所示，将发电机的三相绕组的首尾依次连接起来，再在每相绕组首端连出引线，将变压器的低压绕组的首尾依次连接起来，并在每相绕组首端连出引线，将变压器的高压绕组的首尾依次连接起来，并在每相绕组首端连出引线，然后将发电机的三根引线与变压器低压绕组相对应的三根引线连接起来。

发电机绕组与变压器绕组的三角形连接方式可以画成图6-13（b）所示的形式，从图中可以看出，发电机绕组和变压器绕组连接成三角形，故这种接法称为三角形接法，又因为这种接法需用三根导线，故又称为三相三线制三角形接法。发电机和变压器之间按三角形连接好后，变压器就可以升高发电机送来的三相电压。如发电机的W相电压送到变压器的绕组w_1w_2两端，在高压绕组W_1U_1两端（也即W、U两引线之间）就会输出升高的W相电压。

6.3 电力变压器

电力变压器的功能是对传送的电能进行电压或电流的变换。大多数电力变压器属于三相变压器。电力变压器有升压变压器和降压变压器之分：升压变压器用于将发电机输出的低压升高，再通过电网线输送到各地；降压变压器用于将电网高压降低成低压，送给用户使用。平时见到的电力变压器大多数是降压变压器。

6.3.1 外形与结构

电力变压器的实物外形如图6-14所示。

图6-14 电力变压器的实物外形

由于电力变压器所接的电压高，传输的电能大，为了使铁芯和绕组的散热和绝缘良好，一般将它们放置在装有变压器油的绝缘油箱内（变压器油具有良好的绝缘性），高、低压绕组引出线均通过绝缘性能好的瓷套管引出，另外，电力变压器还有各种散热保护装置。

电力变压器的结构如图6-15所示。

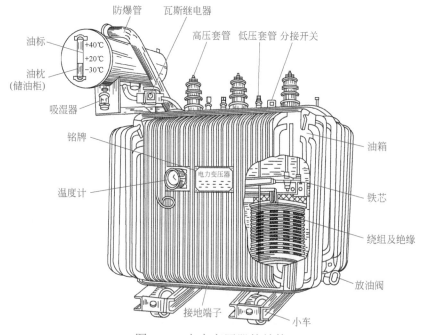

图6-15 电力变压器的结构

6.3.2 型号说明

电力变压器的型号表示方式说明如图6-16所示。

电力变压器型号中的字母含义见表6-1。

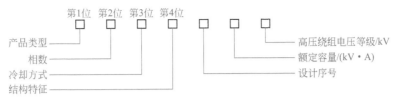

图6-16 电力变压器的型号含义

表6-1 电力变压器型号中的字母含义

位次	内容	代号	含义	位次	内容	代号	含义
第1位	类型	O	自耦变压器（O在前为降压，O在后为升压）	第3位	冷却方式	G	干式
		（略）	电力变压器			（略）	油浸自冷
		H	电弧炉变压器			F	油浸风冷
		ZU	电阻炉变压器			S	水冷
		R	加热炉变压器			FP	强迫油循环风冷
		Z	整流变压器			SP	强迫油循环水冷
		K	矿用变压器			P	强迫油循环
		D	低压大电流用变压器	第4位和第5位	结构特征	（略）	双绕组
		J	电机车用变压器（机床、局部照明用）			S	三绕组
		Y	试验用变压器			（略）	铜线
		T	调压器			L	铝线
		TN	电压调整器			C	接触调压
		TX	移相器			A	感应调压
		BX	焊接变压器			Y	移圈式调压
		ZH	电解电化学变压器			Z	有载调压
		G	感应电炉变压器			（略）	无激磁调压
		BH	封闭电弧炉变压器			K	带电抗器
第2位	相数	D	单相			T	成套变电站用
		S	三相			Q	加强型

例如：一台电力变压器的型号为S9-500/10，该型号说明该变压器是一台三相油浸自冷式铜线双绕组电力变压器，其额定容量为500kV·A，高压侧额定电压为10kV，设计序号为9。此型号中的第1、3、4位均省略。

6.3.3 连接方式

在使用电力变压器时，其高压侧绕组要与高压电网连接，低压侧绕组则与低压电网连接，这样才能将高压降低成低压供给用户。电力变压器与高、低压电网的连接方式有多种，图6-17所示是两种较常见的连接方式。

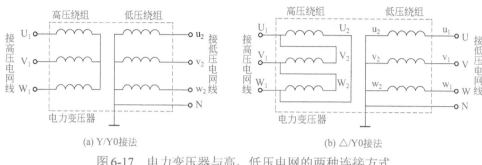

(a) Y/Y0接法　　　　　　　　　　　　(b) △/Y0接法

图6-17　电力变压器与高、低压电网的两种连接方式

在图6-17中，电力变压器的高压绕组首端和末端分别用U_1、V_1、W_1和U_2、V_2、W_2表示，低压绕组的首端和末端分别用u_1、v_1、w_1和u_2、v_2、w_2表示。图6-17（a）中的变压器采用了Y/Y0接法，即高压绕组采用中性点不接地的星形接法（Y），低压绕组采用中性点接地的星形接法（Y0），这种接法又称为Yyn0接法。图6-17（b）中的变压器采用了△/Y0接法，即高压绕组采用三角形接法，低压绕组采用中性点接地的星形接法，这种接法又称为Dyn11接法。

在工作时，电力变压器每个绕组上都有电压，每个绕组上的电压称为相电压，高压绕组中的每个绕组上的相电压都相等，低压绕组中的每个绕组上的相电压也都相等。如果图6-17中的电力变压器低压绕组是接照明用户，低压绕组的相电压通常为220V，由于三个低压绕组的三端连接在一个公共点上并接出导线（称为中性线），因此每根相线（即每个绕组的引出线）与中性线之间的电压（称为相电压）为220V，而两根相线之间有两个绕组，故两根相线之间的电压（称为线电压）应大于相电压，线电压为$220 \times \sqrt{3} = 380（V）$。

这里要说明一点，线电压虽然是两个绕组上的相电压叠加得到的，但由于两个绕组上的电压相位不同，故线电压与相电压的关系不是乘以2，而是乘以$\sqrt{3}$。

6.4　自耦变压器

普通的变压器有一次绕组和二次绕组，如果将两个绕组融合成一个绕组就能构成一种特殊的变压器——自耦变压器。自耦变压器是一种只有一个绕组的变压器。

6.4.1　外形

自耦变压器的种类很多，图6-18所示是一些常见的自耦变压器。

图6-18　一些常见的自耦变压器

6.4.2 工作原理

自耦变压器的结构和符号如图6-19所示。

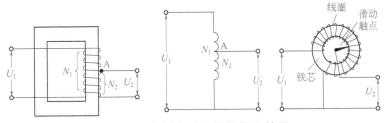

图6-19 自耦变压器的结构和符号

从图中可以看出，自耦变压器只有一个绕组（匝数为N_1），在绕组的中间部分（图中为A点）引出一个接线端，这样就将绕组的一部分当作二次绕组（匝数为N_2）。自耦变压器的工作原理与普通的变压器相同，也可以改变电压的大小，其规律同样可以用下式表示，即

$$\frac{U_1}{U_2} = \frac{N_1}{N_2} = K$$

从上式可以看出，改变N_2就可以调节输出电压U_2的大小。为了方便地改变输出电压，自耦变压器将绕组的中心抽头换成一个可滑动的触点，如图6-19所示。当旋转触点时，绕组匝数N_2就会变化，输出电压也就变化，从而实现手动调节输出电压的目的。这种自耦变压器又称为自耦调压器。

6.5 交流弧焊变压器

交流弧焊变压器又称交流弧焊机，是一种具有陡降外特性的特殊变压器。

6.5.1 外形

交流弧焊变压器的外形如图6-20所示。

图6-20 交流弧焊变压器的外形

6.5.2　结构工作原理

交流弧焊机的基本结构如图6-21所示，它是由变压器在二次侧回路串入电抗器（电感量较大的电感器）构成的，电抗器起限流作用。在空载时，变压器的二次侧开路电压约为60～80V，便于起弧，在焊接时，焊条接触工件的瞬间，二次侧短路，由于电抗器的阻碍，输出电流虽然很大，但还不至于烧坏变压器，电流在流过焊条和工件时，高温熔化焊条和工件金属，对工件实现焊接，在焊接过程中，焊条与工件高温接触，存在一定接触电阻（类似灯泡发光后高温灯丝电阻会增大），此时焊钳与工件间电压为20～40V，满足维持电弧的需要。要停止焊接，只需把焊条与工件间的距离拉长，电弧随即熄灭。

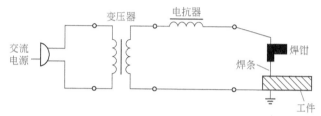

图6-21　交流弧焊机的基本结构与原理说明图

有的交流弧焊机只是一个变压器，工作时需要外接电抗器，也有的交流弧焊机将电抗器和变压器绕在同一铁芯上，交流弧焊机可以通过切换绕组的不同抽头来改变匝数比，从而改变输出电流来满足不同的焊接要求。

6.5.3　使用注意事项

在使用交流弧焊变压器时，要注意以下事项：

① 对于第一次使用、长期停用后使用或置于潮湿场地的焊机，在使用前应用兆欧表检查绕组对机壳（对地）的绝缘电阻（应不低于1MΩ）。

② 检查配电系统的开关、熔断器是否合格（熔丝应在额定电流的2倍之内），导线绝缘是否完好。

③ 在接线时。应严格按使用说明书的要求进行，特别是380V/220V两用的焊机，绝不允许接错，以免烧毁绕组。

④ 焊机的外壳应可靠接地，接地线的截面积应不小于输入线的截面积。

⑤ 焊机接线板上的螺母、接线柱和导线必须压紧，以免接触不良导致局部过热而烧毁部件。

⑥ 在焊接时，严禁转动调节器挡位来改变电流，以防烧坏焊机。

⑦ 尽量不要超负荷使用焊机。如果超负荷使用焊机，要随时注意焊机的温度，温度过高时应马上停机，否则易缩短焊机使用寿命，甚至会烧毁绕组，焊钳与工件的接触时间也不要过长，以免烧坏绕组。

⑧ 焊机使用完毕后，应切断焊机电源，以确保安全。焊机不用时，应放在通风良好、干燥的地方。

Chapter **07**

第7章
电动机

电动机是一种将电能转换成机械能的设备。从家庭的电风扇、洗衣机、电冰箱，到企业生产用到的各种电动加工设备（如机床等），到处可以见到电动机的身影。据统计，一个国家各种电动机消耗的电能占整个国家电能消耗的60%～70%。随着社会工业化程度的不断提高，电动机的应用也越来越广泛，消耗的电能也会越来越大。

电动机的种类很多，常见的有直流电动机、单相异步电动机、三相异步电动机、同步电动机、永磁电动机、开关磁阻电动机、步进电动机和直线电动机等，不同的电动机适用于不同的设备。

7.1 三相异步电动机

7.1.1 工作原理

（1）磁铁旋转对导体的作用

下面通过一个实验来说明异步电动机的工作原理。实验如图7-1（a）所示，在一个马蹄形的磁铁中间放置一个带转轴的闭合线圈，当摇动手柄来旋转磁铁时发现，线圈会跟随着磁铁一起转动。为什么会出现这种现象呢？

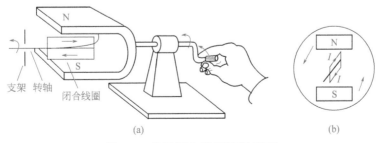

（a）   （b）

图7-1 单匝闭合线圈旋转原理

图7-1（b）是与图7-1（a）对应的原理简化图。当磁铁旋转时，闭合线圈的上下两段导线会切割磁铁产生的磁场，两段导线都会产生感应电流。由于磁铁沿逆时针方向旋转，假设磁

铁不动，那么线圈就被认为沿顺时针方向运动。

线圈产生的电流方向判断：从图7-1（b）中可以看出，磁场方向由上往下穿过导线，上段导线的运动方向可以看成向右，下段导线则可以看成向左，根据右手定则（具体内容详见第1章）可以判断出线圈的上段导线的电流方向由外往内，下段导线的电流方向则是由内往外。

线圈运动方向的判断：当磁铁逆时针旋转时，线圈的上、下段导线都会产生电流，载流导体在磁场中会受到力，受力方向可根据左手定则来判断，判断结果可知线圈的上段导线受力方向是往左，下段导线受力方向往右，这样线圈就会沿逆时针方向旋转。

如果将图7-1中的单匝闭合导体转子换成图7-2（a）所示的笼形转子，然后旋转磁铁，结果发现笼形转子也会随磁铁一起转动。图中笼形转子的两端是金属环，金属环中间安插多根金属条，每两根相对应的金属条通过两端的金属环构成一组闭合的线圈，所以笼形转子可以看成是多组闭合线圈的组合。当旋转磁铁时，笼形转子上的金属条会切割磁感线而产生感应电流，有电流通过的金属条受磁场的作用力而运动。根据图7-2（b）的示意图可分析出，各金属条的受力方向都是逆时针方向，所以笼形转子沿逆时针方向旋转起来。

综上所述，当旋转磁铁时，磁铁产生的磁场也随之旋转，处于磁场中的闭合导体会因此切割磁感线而产生感应电流，而有感应电流通过的导体在磁场中又会受到磁场力，在磁场力的作用下导体就旋转起来。

图7-2　笼形转子旋转原理

（2）异步电动机的工作原理

采用旋转磁铁产生旋转磁场让转子运动，并没有实现电能转换成机械能。实践和理论都证明，如果在转子的圆周空间放置互差120°的3组绕组，如图7-3所示，然后将这3组绕组按星形或三角形接法接好（图7-4是按星形接法接好的3组绕组），将3组绕组与三相交流电压接好，有三相交流电流进3组绕组，这3组绕组会产生类似图7-2所示的磁铁产生的旋转磁场，处于此旋转磁场中的转子上的各闭合导体有感应电流产生，磁场对有电流流过的导体产生作用力，推动各导体按一定的方向运动，转子也就运转起来。

图7-3实际上是三相异步电动机的结构示意图。绕组绕在铁芯支架上，由于绕组和铁芯都固定不动，因此称为定子，定子中间是笼形的转子。转子的运转可以看成是由绕组产生的旋转磁场推动的，旋转磁场有一定的转速。旋转磁场的转速n（又称同步转速）、三相交流电的频率f和磁极对数p（一对磁极有两个相异的磁极）有以下关系：

$$n = 60f/p$$

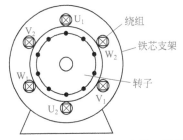

图7-3　三相电动机互差120°的3组绕组

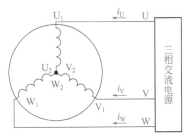

图7-4　3组绕组与三相电源进行星形连接

例如一台三相异步电动机定子绕组的交流电压频率 f = 50Hz，定子绕组的磁极对数 p = 3，那么旋转磁场的转数 n = 60×50/3 = 1000（r/min）。

电动机在运转时，其转子的转向与旋转磁场方向是相同的，转子是由旋转磁场作用而转动的，转子的转速要小于旋转磁场的转速，并且要滞后于旋转磁场的转速，也就是说，转子与旋转磁场的转速是不同步的。这种转子转速与旋转磁场转速不同步的电动机称为异步电动机。

7.1.2　外形与结构

图7-5列出了两种三相异步电动机的实物外形。三相异步电动机的结构如图7-6所示，从图中可以看出，它主要由外壳、定子、转子等部分组成。

图7-5　两种三相异步电动机的实物外形

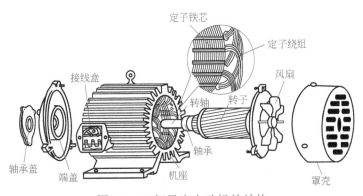

图7-6　三相异步电动机的结构

三相异步电动机各部分说明如下：

（1）外壳

三相异步电动机的外壳主要由机座、轴承盖、端盖、接线盒、风扇和罩壳等组成。

（2）定子

定子由定子铁芯和定子绕组组成。

① 定子铁芯。定子铁芯通常由很多圆环状的硅钢片叠合在一起组成。这些硅钢片中间开有很多小槽用于嵌入定子绕组（也称定子线圈），硅钢片上涂有绝缘层，使叠片之间绝缘。

② 定子绕组。它通常由涂有绝缘漆的铜线绕制而成，再将绕制好的铜线按一定的规律嵌入定子铁芯的小槽内，具体见图7-11放大部分。绕组嵌入小槽后，按一定的方法将槽内的绕组连接起来，使整个铁芯内的绕组构成U、V、W三相绕组，再将三相绕组的首、末端引出来，接到接线盒的U$_1$、U$_2$、V$_1$、V$_2$、W$_1$、W$_2$接线柱上。接线盒如图7-7所示，接线盒各接线柱与电动机内部绕组的连接关系如图7-8所示。

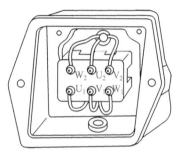

图7-7 电动机的接线盒

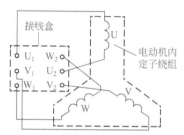

图7-8 接线盒接线柱与电动机内部绕组的连接

（3）转子

转子是电动机的运转部分，它由转子铁芯、转子线组和转轴组成。

① 转子铁芯。如图7-9所示，转子铁芯是由很多外圆开有小槽的硅钢片叠在一起构成的，小槽用来放置转子绕组。

② 转子绕组。转子绕组嵌在转子铁芯的小槽中，转子绕组可分为笼式转子绕组和线绕式转子绕组。

笼式转子绕组是在转子铁芯的小槽中放入金属导条，再在铁芯两端用导环将各导条连接起来，这样任意一根导条与它对应的导条通过两端的导环就构成一个闭合的绕组，由于这种绕组形似笼子，因此称为笼式转子绕组。笼式转子绕组有铜条转子绕组和铸铝转子绕组两种，如图7-10所示。铜条转子绕组是在转子铁芯的小槽中放入铜导条，然后在两端用金属端环将它们焊接起来；而铸铝转子绕组则是用浇铸的方法在铁芯上浇铸出铝导条、端环和风叶。

图7-9 由硅钢片叠成的转子铁芯

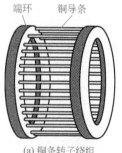

(a) 铜条转子绕组

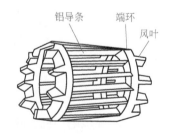

(b) 铸铝转子绕组

图7-10 两种笼式转子绕组

线绕式转子绕组的结构如图7-11所示。它是在转子铁芯中按一定的规律嵌入用绝缘导线绕制好的绕组，然后将绕组按三角形或星形接法接好，大多数按星形方式接线（如图7-12所示）。绕组接好后引出3根相线，通过转轴内孔接到转轴的3个铜制集电环（又称滑环）上，集电环随转轴一起运转，集电环与固定不动的电刷摩擦接触，而电刷通过导线与变阻器连接，这样转子绕组产生的电流通过集电环、电刷、变阻器构成回路。调节变阻器可以改变转子绕组回路的电阻，以此来改变绕组的电流，从而调节转子的转速。

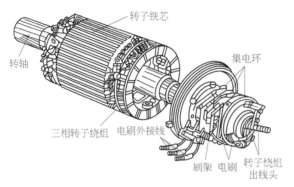

图7-11　线绕式转子绕组

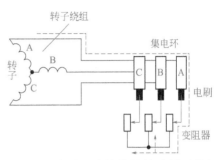

图7-12　按星形连接的线绕式转子绕组

③ 转轴。转轴嵌套在转子铁芯的中心。当定子绕组通三相交流电后会产生旋转磁场，转子绕组受旋转磁场作用而旋转，它通过转子铁芯带动转轴转动，将动力从转轴传递出来。

7.1.3　三相线组的接线方式

三相异步电动机的定子绕组由U、V、W三相绕组组成，这三相绕组有6个接线端，它们与接线盒的6个接线柱连接。接线盒如图7-7所示。在接线盒上，可以通过将不同的接线柱短接，来将定子绕组接成星形或三角形。

（1）星形接线法

要将定子绕组接成星形，可按图7-13（a）所示的方法接线。接线时，用短路线把接线盒中的W_2、U_2、V_2接线柱短接起来，这样就将电动机内部的绕组接成了星形，如图7-13（b）所示。

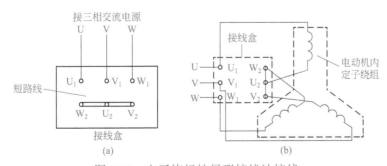

图7-13　定子绕组按星形接线法接线

（2）三角形接线法

要将电动机内部的三相绕组接成三角形，可用短路线将接线盒中的U_1和W_2、V_1和U_2、

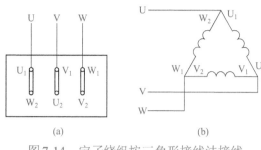

图7-14 定子绕组按三角形接线法接线

W₁和V₂接线柱按图7-14所示接起来，然后从U₁、V₁、W₁接线柱分别引出导线，与三相交流电源的3根相线连接。如果三相交流电源的相线之间的电压是380V，那么对于定子绕组按星形连接的电动机，其每相绕组承受的电压为220V；对于定子绕组按三角形连接的电动机，其每相绕组承受的电压为380V。所以三角形接法的电动机在工作时，其定子绕组将承受更高的电压。

7.1.4 铭牌的识别

三相异步电动机一般会在外壳上安装一个铭牌，铭牌就相当于简单的说明书，它标注了电动机的型号、主要技术参数等信息。下面以图7-15所示的铭牌为例来说明铭牌上各项内容的含义。

① 型号（Y112M-4）。型号通常由字母和数字组成，其含义说明如下：

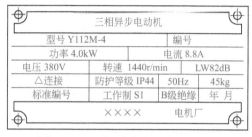

图7-15 三相异步电动机的铭牌

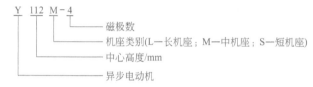

② 额定功率（功率4.0kW）。该功率是在额定状态工作时电动机所输出的机械功率。

③ 额定电流（电流8.8A）。该电流是在额定状态工作时流入电动机定子绕组的电流。

④ 额定电压（电压380V）。该电压是在额定状态工作时加到定子绕组的线电压。

⑤ 额定转速（转速1440r/min）。该转速是在额定工作状态时电动机转轴的转速。

⑥ 噪声等级（LW82dB）。噪声等级通常用LW值表示，LW值的单位是dB（分贝），LW值越小表示电动机运转时噪声越小。

⑦ 连接方式（△连接）。该连接方式是指在额定电压下定子绕组采用的连接方式，连接方式有三角形（△）连接方式和星形（Y）连接方式两种。在电动机工作前，要在接线盒中将定子绕组接成铭牌要求的接法。如果接法错误，轻则电动机工作效率降低，重则损坏电动机。例如：若将要求按星形连接的绕组接成三角形，那么绕组承受的电压会很高，流过的电流会增大而易使绕组烧坏；若将要求按三角形连接的绕组接成星形，那么绕组上的电压会降低，流过绕组的电流减小而使电动机功率下降。一般功率小于或等于3kW的电动机，其定子绕组应采用星形接线法；功率为4kW及以上的电动机，其定子绕组应采用三角形接线法。

⑧ 防护等级（IP44）。表示电动机外壳采用的防护方式。IP11是开启式，IP22、IP33是防护式，而IP44是封闭式。

⑨ 工作频率（50Hz）。表示电动机所接交流电源的频率。

⑩ 工作制（S1）。它是指电动机的运行方式，一般有3种：S1（连续运行）、S2（短时运行）

和S3（断续运行）。连续运行是指电动机在额定条件下（即铭牌要求的条件下）可长时间连续运行；短时运行是指在额定条件下只能在规定的短时间内运行，运行时间通常有10min、30min、60min和90min 4种；断续运行是指在额定条件下运行一段时间再停止一段时间，按一定的周期反复进行，一般一个周期为10min，负载持续率有15%、25%、40%和60% 4种，如对于负载持续率为60%的电动机，要求运行6min、停止4min。

⑪ 绝缘等级（B级）。它是指电动机在正常情况下工作时，绕组绝缘允许的最高温度值，通常分为7个等级，具体如表7-1所示。

表7-1　电动机绝缘等级

绝缘等级	Y	A	E	B	F	H	C
极限工作温度/℃	90	105	120	130	155	180	180以上

7.1.5　判别三相绕组的首尾端

电动机在使用过程中，可能会出现接线盒的接线板损坏，从而导致无法区分6个接线端子与内部绕组的连接关系，采用一些方法可以解决这个问题。

（1）判别各相绕组的两个端子

电动机内部有三相绕组，每相绕组有两个接线端子，判别各相绕组的接线端子可使用万用表电阻挡。将万用表置于$R×10Ω$挡，测量电动机接线盒中的任意两个端子的电阻，如果阻值很小，如图7-16所示，表明当前所测的两个端子为某相绕组的端子，再用同样的方法找出其他两相绕组的端子，由于各相绕组结构相同，故可将其中某一组端子标记为U相，其他两组端子则分别标记为V、W相。

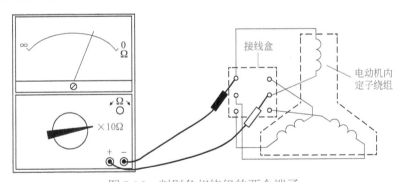

图7-16　判别各相绕组的两个端子

（2）判别各绕组的首尾端

电动机可不用区分U、V、W相，但各相绕组的首尾端必须区分出来。判别绕组首尾端常用方法有直流法和交流法。

① 直流法　在使用直流法区分各绕组首尾端时，必须已判明各绕组的两个端子。

直流法判别绕组首尾端如图7-17所示，将万用表置于最小的直流电流挡（图示为0.05mA挡），红、黑表笔分别接一相绕组的两个端子，然后给其他一相绕组的两端子接电池和开关，合上开关，在开关闭合的瞬间，如果表针往右方摆动，表明电池正极所接端子与红表笔所接端子为同名端（电池负极所接端子与黑表笔所接端子也为同名端），如果表针往左方摆动，表明电池负极所接端子与红表笔所接端子为同名端，图中表针往右摆动，表明 W_a 端与 U_a 端为同名端，再断开关，将两表笔接剩下的一相绕组的两个端子，用同样的方法判别该相绕组端子。找出各相绕组的同名端后，将性质相同的三个同名端作为各绕组的首端，余下的三个端子则为各绕组的尾端。由于电动机绕组的阻值较小，开关闭合时间不要过长，以免电池很快耗尽或烧坏。

直流法判断同名端的原理是：当闭合开关的瞬间，W 绕组因突然有电流通过而产生电动势，电动势极性为 W_a 正、W_b 负，由于其他两相绕组与 W 相绕组相距很近，W 相绕组上的电动势会感应到这两相绕组上，如果 U_a 端与 W_a 端为同名端，则 U_a 端的极性也为正，U 相绕组与万用表接成回路，U 相绕组的感应电动势产生的电流从红表笔流入万用表，表针会往右摆动，开关闭合一段时间后，流入 W 相绕组的电流基本稳定，W 相绕组无电动势产生，其他两相绕组也无感应电动势，万用表表针会停在 0 刻度处不动。

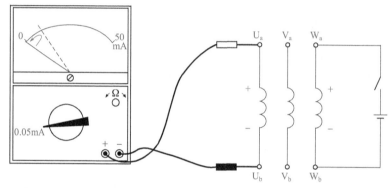

图 7-17　直流法判别绕组首尾端

② 交流法　在使用交流法区分各绕组首尾端时，也要求已判明各绕组的两个端子。

交流法判别绕组首尾端如图 7-18 所示，先将两相绕组的两个端子连接起来，万用表置于交流电压挡（图示为交流 50V 挡），红、黑表笔分别接此两相绕组的另两个端子，然后给余下的一相绕组接灯泡和 220V 交流电源，如果表针有电压指示，表明红、黑表笔接的两个端子为异名端（两个连接起来的端子也为异名端），如果表针提示的电压值为 0，表明红、黑表笔接的两个端子为同名端（两个连接起来的端子也为同名端），再更换绕组做上述测试，如图 7-18（b）所示，图中万用表指示电压值为 0，表明 U_b、W_a 为同名端（U_a、W_b 为同名端）。

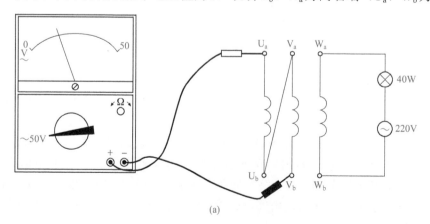

(a)

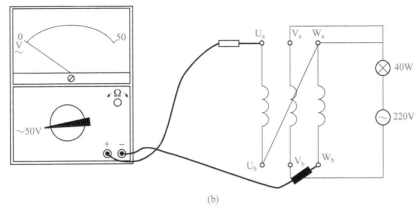

(b)

图7-18　交流法判别绕组首尾端

找出各相绕组的同名端后，将性质相同的三个同名端作为各绕组的首端，余下的三个端子则为各绕组的尾端。

交流法判断同名端的原理是：当220V交流电压经灯泡降压加到一相绕组时，另外两相绕组会感应出电压，如果这两相绕组是同名端与异名端连接起来，则两相绕组上的电压叠加而增大一倍，万用表会有电压指示，如果这两相绕组是同名端与同名端连接，两相绕组上的电压叠加会相互抵消，万用表测得的电压为0。

7.1.6　判断电动机的磁极对数和转速

对于三相异步电动机，其转速n、磁极对数p和电源频率f之间的关系近似为$n = 60f/p$（也可用$p = 60f/n$或$f = pn/60$表示）。电动机铭牌一般不标注磁极对数p，但会标注转速n和电源频率f，根据$p = 60f/n$可求出磁极对数，例如电动机的转速为1440r/min，电源频率为50Hz，那么该电动机的磁极对数$p = 60f/n = 60×50/1440 \approx 2$。

如果电动机的铭牌脱落或磨损，无法了解电动机的转速，也可使用万用表来判断。在判断时，万用表选择直流50mA以下的挡位，红、黑表笔接一个绕组的两个接线端，如图7-19所示，然后匀速旋转电动机转轴一周，同时观察表针摆动的次数，表针摆动一次表示电动机有一对磁极，即表针摆动的次数与磁极对数是相同的，再根据$n = 60f/p$即可求出电动机的转速。

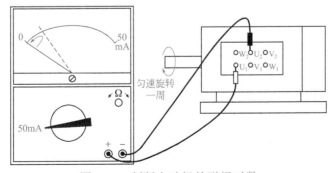

图7-19　判断电动机的磁极对数

7.1.7 测量绕组的绝缘电阻

对于新安装或停用3个月以上的三相异步电动机，使用前都要用兆欧表测量绕组的绝缘电阻，具体包括测量绕组对地的绝缘电阻和绕组间的绝缘电阻。

（1）测量绕组对地的绝缘电阻

测量电动机绕组对地的绝缘电阻使用兆欧表（500V），测量如图7-20所示。在测量时，先拆掉接线端子的电源线，端子间的连接片保持连接，将兆欧表的L测量线接任一接线端子，E测量线接电动机的机壳，然后摇动兆欧表的手柄进行测量，对于新电动机，绝缘电阻大于1MΩ为合格，对于运行过的电动机，绝缘电阻大于0.5MΩ为合格。若绕组对地绝缘电阻不合格，应烘干后重新测量，达到合格才能使用。

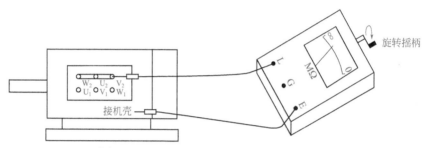

图 7-20   测量电动机绕组对地的绝缘电阻

（2）测量绕组间的绝缘电阻

测量电动机绕组间的绝缘电阻使用兆欧表（500V），测量如图7-21所示。在测量时，拆掉接线端子的电源线和端子间的连接片，将兆欧表的L测量线接某相绕组的一个接线端子，E测量线接另一相绕组的一个接线端子，然后摇动兆欧表的手柄进行测量，绕组间的绝缘电阻大于1MΩ为合格，最低限度不能低于0.5MΩ。再用同样方法测量其他相之间的绝缘电阻，若绕组对地绝缘电阻不合格，应烘干后重新测量，达到合格才能使用。

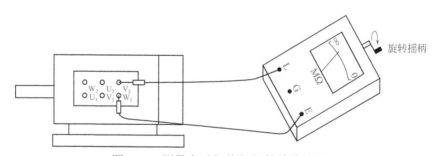

图 7-21   测量电动机绕组间的绝缘电阻

7.1.8 常见故障及处理

三相异步电动机的常见故障及处理方法见表7-2。

表7-2 三相异步电动机的常见故障及处理方法

故障现象	故障原因	处理方法
不能启动	① 电源未接通 ② 被带动的机械（负载）卡住 ③ 定子绕组断路 ④ 轴承损坏，被卡 ⑤ 控制设备接线错误	① 检查断线点或接头松动点，重新安装 ② 检查机器，排除障碍物 ③ 用万用表检查断路点，修复后再使用 ④ 检查轴承，更换新件 ⑤ 详细核对控制设备接线图，加以纠正
运转声音 不正常	① 电动机缺相运行 ② 电动机地脚螺钉松动 ③ 电动机转子、定子摩擦，气隙不均匀 ④ 风扇、风罩或端盖间有杂物 ⑤ 电动机上部分紧固件松脱 ⑥ 皮带松弛或损坏	① 检查断线处或接头松脱点，重新安装 ② 检查电动机地脚螺钉，重新调整，填平后再拧紧螺钉 ③ 更换新轴承或校正转子与定子间的中心线 ④ 拆开电动机，清除杂物 ⑤ 检查紧固件，拧紧松动的紧固件（螺钉、螺栓） ⑥ 调节皮带松弛度，更换损坏的皮带
温升超过 允许值	① 过载 ② 被带动的机械（负载）卡住或皮带太紧 ③ 定子线组短路	① 减轻负载 ② 停电检查，排除障碍物，调整皮带松紧度 ③ 检修定子绕组或更换新电动机
运行中轴承 发烫	① 皮带太紧 ② 轴承腔内缺润滑油 ③ 轴承中有杂物 ④ 轴承装配过紧（轴承腔小，转轴大）	① 调整皮带松紧度 ② 拆下轴承盖，加润滑油至2/3轴承腔 ③ 清洗轴承，更换新润滑油 ④ 更换新件或重新加工轴承腔
运行中 有噪声	① 熔丝一相熔断 ② 转子与定子摩擦 ③ 定子绕组短路、断线	① 找出熔丝熔断的原因，换上新的同等容量的熔丝 ② 矫正转子中心，必要时调整轴承 ③ 检修绕组
运行中 振动过大	① 基础不牢，地脚螺钉松动 ② 所带的机具中心不一致 ③ 电动机的线圈短路或转子断条	① 重新加固基础，拧紧松动的地脚螺钉 ② 重新调整电动机的位置 ③ 拆下电动机，进行修理
在运行中冒烟	① 定子线圈短路 ② 传动皮带太紧	① 检修定子线圈 ② 减轻传动皮带的过度张力

7.2 单相异步电动机

单相异步电动机是一种采用单相交流电源供电的小容量电动机。它具有供电方便、成本低廉、运行可靠、结构简单和振动噪声小等优点，广泛应用在家用电器、工业和农业等领域的中小功率设备中。单相异步电动机可分为分相式单相异步电动机和罩极式单相异步电动机。

7.2.1 分相式单相异步电动机的基本结构与原理

分相式单相异步电动机是指将单相交流电转变为两相交流电来启动运行的单相异步电动机。

（1）结构

分相式单相异步电动机种类很多，但结构基本相同。分相式单相异步电动机的典型结构如图7-22所示。从图中可以看出，其结构与三相异步电动机基本相同，都是由机座、定子绕组、转子、轴承、端盖和接线等组成。定子绕组与转子实物外形如图7-23所示。

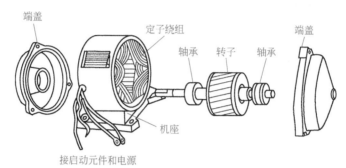

图7-22　分相式单相异步电动机典型结构

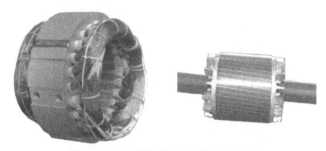

图7-23　定子绕组与转子实物外形

（2）工作原理

三相异步电动机的定子绕组有U、V、W三相，当三相绕组接三相交流电时会产生旋转磁场推动转子旋转。单相异步电动机在工作时接单相交流电源，所以定子应只有一相绕组，如图7-24（a）所示，而单绕组产生的磁场不会旋转，因此转子不会产生转动。

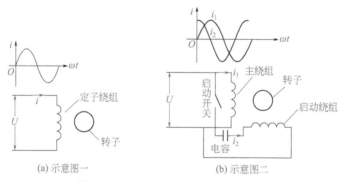

(a) 示意图一　　　　　　(b) 示意图二

图7-24　单相异步电动机工作原理

为了解决这个问题，分相式单相异步电动机定子绕组通常采用两相绕组，一相绕组称为工作绕组（或主绕组），另一相称为启动绕组（或副绕组），如图7-24（b）所示。两相绕组在定子铁芯上的位置相差90°，并且给启动绕组串接电容，将交流电源相位改变90°（超前移相90°）。当单相交流电源加到定子绕组时，有i_1电流直接流入主绕组，i_2电流经电容超前移相90°后流入启动绕组，两个相位不同的电流分别流入空间位置相差90°的两个绕组，两绕组就会产生旋转磁场，处于旋转磁场内的转子就会随之旋转起来。转子运转后，如果断开启动开关切断启动绕组，转子仍会继续运转，这是因为单个主绕组产生的磁场不会旋转，但由于转子已转动起来，若将已转动的转子看成不动，那么主绕组的磁场就相当于发生了旋转，因此转子会继续运转。

由此可见，启动绕组的作用就是启动转子旋转，转子继续旋转依靠主绕组就可单独实现，所以有些分相式单相异步电动机在启动后就将启动绕组断开，只让主绕组工作。对于主绕组正常、启动绕组损坏的单相异步电动机，通电后不会运转，但若用人工的方法使转子运转，电动机可仅在主绕组的作用下一直运转下去。

（3）启动元器件

分相式单相异步电动机启动后是通过启动元器件来断开启动绕组的。分相式单相异步电动机常用的启动元器件主要有离心开关、启动继电器和PTC元件等。

① 离心开关　离心开关是一种利用物体运动时产生的离心力来控制触点通断的开关。图7-25是一种常见的离心开关结构图，它分为静止部分和旋转部分。静止部分一般与电动机端盖安装在一起，它主要由两个相互绝缘的半圆铜环组成，这两个铜环就相当于开关的两个触片，它们通过引线与启动绕组连接；旋转部分与电动机转子安装在一起，它主要由弹簧和3个铜触片组成，这3个铜触片通过导体连接在一起。

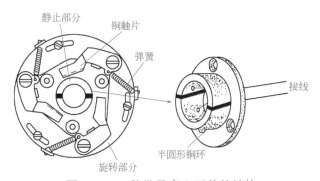

图7-25　一种常见离心开关的结构

电动机转子未旋转时，依靠弹簧的拉力，旋转部分的3个铜触片与静止部分的两个半圆形铜环接触，两个半圆形铜环通过铜触片短接，相当于开关闭合；当电动机转子运转后，离心开关的旋转部分也随之旋转，当转速达到一定值时，离心力使3个铜触片与铜环脱离，两个半圆铜环之间又相互绝缘，相当于开关断开。

② 启动继电器　启动继电器种类较多，其中电流启动继电器最为常见。图7-26是采用了电流启动继电器的单相异步电动机接线图，继电器的线圈与主绕组串接在一起，常开触点与启动绕组串接。在启动时，流过主绕组和继电器线圈的电流很大，继电器常开触点闭合，有电流流过启动绕组，电动机被启动运转。随着电动机转速的提高，流过主绕组的电流减小，当减小到某一值时，继电器线圈电流不足以吸合常开触点，触点断开切断启动绕组。

③ PTC元件　PTC元件是指具有正温度系数的热敏元件，最为常见的PTC元件为正温度系数热敏电阻器。PTC元件的特点是在低温时阻值很小，当温度升高到一定值时阻值急剧增

大。PTC元件的这种特点与开关相似，其阻值小时相当于开关闭合，阻值很大时相当于开关断开。

图7-27是采用PTC热敏电阻器作为启动开关的单相异步电动机接线图。

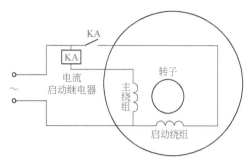 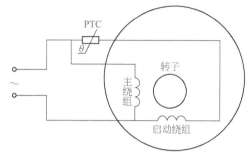

图7-26 采用电流启动继电器的
单相异步电动机接线图

图7-27 采用PTC热敏电阻器作为启动
开关的单相异步电动机接线图

7.2.2 四种类型的分相式单相异步电动机的接线与特点

分相式单相异步电动机通常可分为电阻分相单相异步电动机、电容分相启动单相异步电动机、电容分相运行单相异步电动机和电容分相启动运行单相异步电动机。

（1）电阻分相单相异步电动机

电阻分相单相异步电动机是指在启动绕组回路串接启动开关，并且转子运转后断开启动绕组的单相异步电动机。电阻分相单相异步电动机的外形与接线图如图7-28所示。

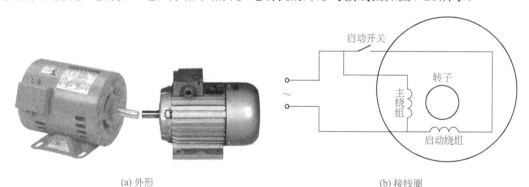

(a) 外形　　　　　　　　　　　　　(b) 接线圈

图7-28 电阻分相单相异步电动机的外形与接线图

从图7-28（b）可以看出，电阻分相单相异步电动机的启动绕组与一个启动开关串接在一起，在刚通电时启动开关闭合，有电流通过启动绕组，当转子启动转速达到额定转速的75%～80%时，启动开关断开，转子在主绕组的磁场作用下继续运转。为了让启动绕组和主绕组流过的电流相位不同（只有两绕组电流相位不同，才能产生旋转磁场），在设计时让启动绕组的感抗（电抗）较主绕组的小，直流电阻较主绕组的大，如让启动绕组采用线径细的线圈绕制，这样在通相同的交流电时，启动绕组的电流较主绕组的电流超前，两绕组旋转产生的磁场驱动转子运转。

电阻分相单相异步电动机的启动转矩较小，一般为额定转矩的1.2～2倍，但启动电流较大，电冰箱的压缩机常采用这种类型的电动机。

（2）电容分相启动单相异步电动机

电容分相启动单相异步电动机是指在启动绕组回路串接电容器和启动开关，并且转子运转后断开启动绕组的单相异步电动机。电容分相启动单相异步电动机的外形与接线图如图7-29所示。

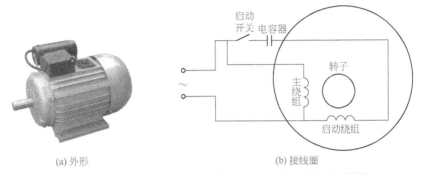

(a) 外形　　　　　　　　　　(b) 接线圈

图7-29　电容分相启动单相异步电动机的外形与接线图

从图7-29（b）可以看出，电容分相启动单相异步电动机的启动绕组串接有电容器和启动开关。在启动时启动开关闭合，启动绕组有电流通过，因为电容对电流具有超前移相作用，启动绕组的电流相位超前主绕组电流的相位，不同相位的电流通过空间位置相差90°的两绕组，两绕组产生的旋转磁场驱动转子运转。电动机运转后，启动开关自动断开，断开启动绕组与电源的连接，转子由主绕组单独驱动运转。

电容分相启动单相异步电动机的启动转矩大，启动电流小，适用于各种满载启动的机械设备，如木工机械、空气压缩机等。

（3）电容分相运行单相异步电动机

电容分相运行单相异步电动机是指在启动绕组回路串接电容器，转子运转后启动绕组仍参与运行驱动的单相异步电动机。电容分相运行单相异步电动机的外形与接线图如图7-30所示。

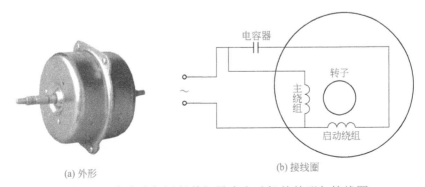

(a) 外形　　　　　　　　　　(b) 接线圈

图7-30　电容分相运行单相异步电动机的外形与接线图

从接线图可以看出，电容分相运行单相异步电动机的启动绕组串接有电容器。在启动时启动绕组有电流通过，电动机运转后，启动绕组仍与电源连接，转子由主绕组和启动绕组共同驱动运转。由于电动机运行时启动绕组始终工作，因此启动绕组需要与主绕组一样采用较粗的导线绕制。

电容分相运行单相异步电动机具有结构简单、工作可靠、价格低、运行性能好等优点，但其启动性能较差，广泛用在洗衣机、电风扇等设备中。

（4）电容分相启动运行单相异步电动机

电容分相启动运行单相异步电动机是指启动绕组回路串接电容器，转子运转后启动绕组仍参与运行驱动的单相异步电动机。电容分相启动运行单相异步电动机的外形与接线图如图 7-31 所示。

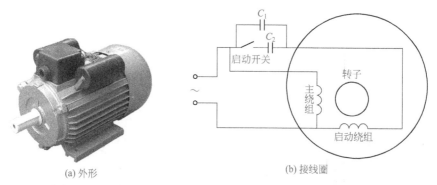

(a) 外形   (b) 接线圈

图 7-31　电容分相启动运行单相异步电动机的外形与接线图

从接线图可以看出，电容分相启动运行单相异步电动机的启动绕组接有两个电容器，在启动时启动开关闭合，C_1、C_2 均接入电路，当电动机转速达到一定值时，启动开关断开，容量大的 C_2 被切断，容量小的 C_1 仍与启动绕组连接，保证电动机有良好的运行性能。

电容分相启动运行单相异步电动机结构较复杂，但其启动、运行性能都比较好，主要用在启动转矩大的设备中，如水泵、空调、电冰箱和小型机床中。

7.2.3　判别分相式单相异步电动机的启动绕组与主绕组

分相式单相异步电动机的内部有启动绕组和主绕组（运行绕组），两个绕组在内部将一端接在一起引出一个端子，即分相式单相异步电动机对外接线有公共端、主绕组端和启动绕组端共三个接线端子，如图 7-32 所示。在使用时，主绕组端要直接接电源，而启动绕组端要串接开关或电容后再接电源。由于启动绕组的匝数多、线径小，其阻值较主绕组更大一些，因此可使用万用表电阻挡来判别两个绕组。

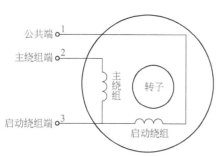

图 7-32　分相式单相异步电动机的三个接线端子

启动绕组和主绕组的判别如图 7-33 所示。2、3 之间的为主绕组，其阻值最小，1、3 之间为启动绕组，其阻值稍大一些，而 2、3 之间为主绕组和启动绕组的串联，其阻值最大。在测量时，万用表拨至 $R \times 1\Omega$ 挡，测量某两个接线端子之间的电阻，然后保持一根表笔不动，另一根表笔转接第 3 个接线端子，如果两次测得的阻值接近，以阻值稍大的一次测量为准，不动的表笔所接为公共端子，另一根表笔接的为启动绕组端子，剩下的则为主绕组端子。

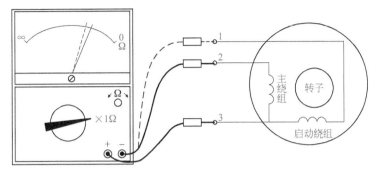

图7-33 分相式单相异步电动机的三个接线端子的判别

7.2.4 罩极式单相异步电动机的结构与原理

罩极式单相异步电动机是一种结构简单、无启动绕组的电动机，它分为隐极式和凸极式两种，两者的工作原理基本相同，罩极式单相异步电动机的外形如图7-34所示。

图7-34 罩极式单相异步电动机的外形

罩极式单相异步电动机以凸极式最为常用，凸极式又可分为单独励磁和集中励磁式两种，其结构如图7-35所示。

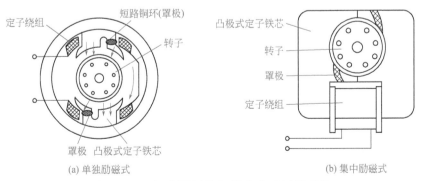

(a) 单独励磁　　　　　　　　　　　　　(b) 集中励磁式

图7-35 凸极式罩极单相异步电动机的结构

图7-35（a）为单独励磁式罩极单相异步电动机。该形式电动机的定子绕组绕在凸极式定子铁芯上，在定子铁芯每个磁极的1/4 ～ 1/3处开有小槽，将每个磁极分成两部分，并在较小

部分套有铜制的短路环（又称为罩极）。当定子绕组通电时，绕组产生的磁场经铁芯磁极分成两部分，由于短路环的作用，套有短路环铁芯通过的磁场与无短路环的铁芯通过的磁场不同，两磁场类似于分相式异步电动机主绕组和启动绕组产生的磁场，两磁场形成旋转磁场并作用于转子，转子就运转起来。

图7-35（b）为集中励磁式罩极单相异步电动机。该形式电动机的定子绕组集中绕在一起，定子铁芯分成两大部分，在每大部分又成一大一小两部分，在小部分铁芯上套有短路环（罩极）。当定子绕组得电时，绕组产生的磁场通过铁芯，由于短路环的作用，套有短路环铁芯通过的磁场与无短路环的铁芯通过的磁场不同，这种磁场形成旋转磁场会驱动转子运转。

罩极式单相异步电动机结构简单，成本低廉，运行噪声小，但启动和运行性能差，主要用在小功率空载或轻载启动的设备中，如小型风扇。

7.2.5　转向控制线路

单相异步电动机是在旋转磁场的作用下运转的，其运行方向与旋转磁场方向相同，所以只要改变旋转磁场的方向就可以改变电动机的转向。对于分相式单相异步电动机，只要将主绕组或启动绕组的接线反接就可以改变转向，注意不能将主绕组和启动绕组同时反接。图7-36是正转接线方式和两种反转接线方式线路。

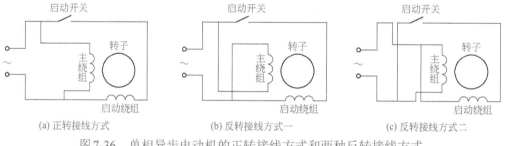

图7-36　单相异步电动机的正转接线方式和两种反转接线方式

图7-36（a）为正转接线方式；图7-36（b）为反转接线方式一，该方式是将主绕组与电源的接线对调，启动绕组与电源的接线不变；图7-36（c）为反转接线方式二，该方式主绕组与电源的接线不变，启动绕组与电源的接线对调。

对于罩极式单相异步电动机，其转向只能是由未罩部分往被罩部分旋转，无法通过改变绕组与电源的接线来改变转向。

7.2.6　调速控制线路

单相异步电动机调速主要有变极调速和变压调速两类方法。变极调速是指通过改变电动机定子绕组的极对数来调节转速，变压调速是指改变定子绕组的两端电压来调节转速。在这两类方法中，变压调速最为常见，变压调速具体可分为串联电抗器调速、串联电容器调速、自耦变压器调速、抽头调速和晶闸管调速。

（1）串联电抗器调速线路

电抗器又称电感器，它对交流电有一定的阻碍。电抗器对交流电的阻碍称为电抗（也称为感抗），电抗器电感量越大，电抗越大，对交流阻碍越大，交流电通过时在电抗器上产生的压降就越大。

图7-37是两种较常见的串联电抗器调速线路，图中的L为电抗器，它有"高""中""低"3个接线端，A为启动绕组，M为主绕组，C为电容器。

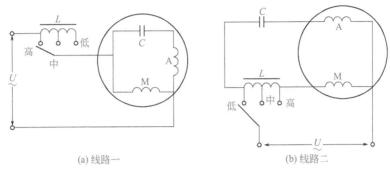

(a) 线路一　　　　　　　　　　　　(b) 线路二

图7-37　两种较常见的串联电抗器调速线路

图7-37（a）为一种形式的串联电抗器调速线路。当挡位开关置于"高"时，交流电压全部加到电动机定子绕组上，定子绕组两端电压最大，产生的磁场很强，电动机转速最快；当挡位开关置于"中"时，交流电压需经过电抗器部分线圈再送给电动机定子绕组，电抗器线圈会产生压降，使送到定子绕组两端的电压降低，产生的磁场变弱，电动机转速变慢。

图7-37（b）为另一种形式的串联电抗器调速线路。当挡位开关置于"高"时，交流电压全部加到电动机主绕组上，电动机转速最快；当挡位开关置于"低"时，交流电压需经过整个电抗器再送给电动机主绕组，主绕组两端电压很低，电动机转速很低。

上面两种串联电抗器调速线路除了可以调节单相异步电动机转速外，还可以调节启动转矩大小。图7-37（a）所示调速线路在低挡时，提供给主绕组和启动绕组的电压都会降低，因此转速就变慢，启动转矩也会减小；而图7-37（b）所示调速线路在低挡时，主绕组两端电压较低，而启动绕组两端电压很高，因此转速低，启动转矩却很大。

（2）串联电容器调速线路

电容器与电阻器一样，对交流电有一定的阻碍。电容器对交流电的阻碍称为容抗，电容器容量越小，容抗越大，对交流阻碍越大，交流电通过时在电容器上产生的压降就越大。串联电容器调速线路如图7-38所示。

在图7-38线路中，当开关置于"低"时，由于C_1容量很小，它对交流电源容抗大，交流电源在C_1上会产生较大的压降，加到电动

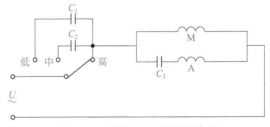

图7-38　串联电容器调速线路

机定子绕组两端的电压就会很低，电动机转速很慢。当开关置于"中"时，由于电容器C_2的容量大于C_1的容量，C_2对交流电源容抗较C_1小，加到电动机定子绕组两端的电压较低挡时高，电动机转速变快。

（3）自耦变压器调速线路

自耦变压器可以通过调节来改变电压的大小。图7-39为3种常见的自耦变压器调速线路。

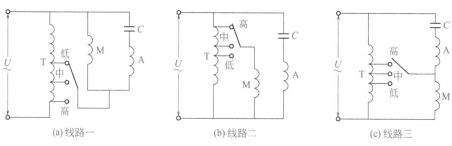

图7-39   3种常见的自耦变压器调速线路

图7-39（a）所示自耦变压器调速线路在调节电动机转速的同时，会改变启动转矩。如自耦变压器挡位置于"低"时，主绕组和启动绕组两端的电压都很低，转速和启动转矩都会减小。

图7-39（b）所示自耦变压器调速线路只能改变电动机的转速，不会改变启动转矩，因为调节挡位时只能改变主绕组两端的电压。

图7-39（c）所示自耦变压器调速线路在调节电动机转速的同时，也会改变启动转矩。当自耦变压器挡位置于"低"时，主绕组两端电压降低，而启动绕组两端的电压升高，因此转速变慢，启动转矩增大。

（4）抽头调速线路

采用抽头调速的单相异步电动机与普通电动机不同，它的定子绕组除了有主绕组和启动绕组外，还增加了一个调速绕组。根据调速绕组与主绕组和启动绕组连接方式不同，抽头调速有L_1形接法、L_2形接法和T形接法3种形式，这3种形式的抽头调速线路如图7-40所示。

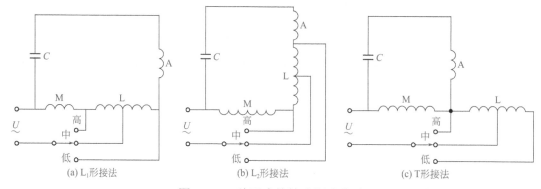

图7-40   3种形式的抽头调速线路

图7-40（a）所示为L_1形接法抽头调速线路。这种接法是将调速绕组与主绕组串联，并嵌在定子铁芯同一槽内，与启动绕组有90°相位差。调速绕组的线径较主绕组细，匝数可与主绕组匝数相等或是主绕组的1倍，调速绕组可根据调速挡位数从中间引出多个抽头。当挡位开关置于"低"时，全部调速绕组与主绕组串联，主绕组两端电压减小，另外调速绕组产生的磁场还会削弱主绕组磁场，电动机转速变慢。

图7-40（b）所示为L_2形接法抽头调速线路。这种接法是将调速绕组与启动绕组串联，并嵌在同一槽内，与主绕组有90°相位差。调速绕组的线径和匝数与L_1形接法相同。

图7-40（c）所示为T形接法抽头调速线路。这种接法在电动机高速运转时，调速绕组不工作，而在低速工作时，主绕组和启动绕组的电流都会流过调速绕组，电动机有发热现象发生。

7.2.7 常见故障及处理方法

单相异步电动机的常见故障及处理方法见表7-3。

表7-3 单相异步电动机的常见故障及处理方法

故障现象	故障原因	处理方法
电源正常，电动机不能启动	① 引线或绕组断路 ② 离心开关接触不良 ③ 电容器击穿 ④ 轴承卡住——轴承质量不好，润滑脂干固，轴承中有杂物，轴承装配不良 ⑤ 定、转子铁芯相摩擦 ⑥ 过载	① 用万用表找到断路处，并修理好。修理处应抹上绝缘漆并衬垫绝缘物，或者改换绕组 ② 修整离心开关 ③ 更换新的电容器 ④ 更换轴承，或将轴承卸下，用汽油洗净，抹上新的润滑脂，再装配好 ⑤ 取出转子，校正转轴，或锉去定、转子铁芯上的凸出部分 ⑥ 减载或选择功率较大的电动机
空载或在外力帮助下能启动，但启动迟缓且转向不定	① 启动绕组断路 ② 离心开关触头合不上 ③ 电容器击穿	① 找到断路处，并修理好 ② 修理或更换离心开关 ③ 更换电容器
转速低于额定值	① 电源电压过低 ② 轴承损坏 ③ 运行绕组接线错误 ④ 过载 ⑤ 运行绕组接地或短路 ⑥ 转子断条 ⑦ 启动后离心开关触头断不开，启动绕组未脱离电源	① 调整电源电压至额定值 ② 更换轴承 ③ 改正绕组端部连接 ④ 选功率大的电动机 ⑤ 拆开电动机，观察是否有烧焦绝缘的地方或嗅到气味。若局部短路应用绝缘物隔开，若短路多处应换绕组 ⑥ 查出断处，接通断条，或更换新转子 ⑦ 修理或更换离心开关
启动后电动机很快发热，甚至烧毁绕组	① 运行绕组接地或短路 ② 运行、启动绕组短路 ③ 启动后离心开关触头断不开，使启动绕组长期运行而发热，甚至烧毁 ④ 运行、启动绕组相互接错	① 拆开电动机检查 ② 找到故障处用绝缘物隔开 ③ 修理或更换离心开关 ④ 测量其电阻或复查接头符号，改正运行、启动绕组接线

7.3 直流电动机

直流电动机是一种采用直流电源供电的电动机。直流电动机具有启动力矩大、调速性能好和磁干扰少等优点，它不但可用在小功率设备中，还可用在大功率设备中，如大型可逆轧钢机、卷扬机、电力机车、电车等设备常用直流电动机作为动力源。

7.3.1 工作原理

直流电动机是根据通电导体在磁场中受力旋转来工作的。直流电动机的结构与工作原理如图7-41所示。从图中可看出，直流电动机主要由磁铁、转子绕组（又称电枢绕组）、电刷和换向器组成。电动机的换向器与转子绕组连接，换向器再与电刷接触，电动机在工作时，换向器与转子绕组同步旋转，而电刷静止不动。当直流电源通过导线、电刷、换向器为转子绕组供电时，通电的转子绕组在磁铁产生的磁场作用下会旋转起来。

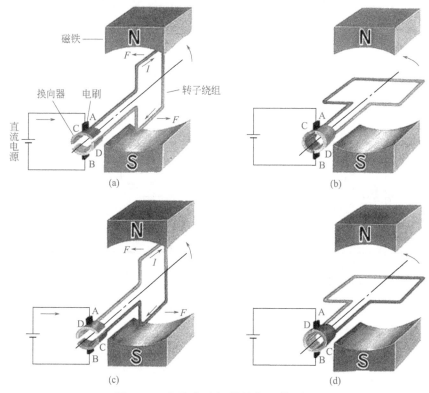

图7-41　直流电动机结构与工作原理

直流电动机工作过程分析如下：

① 当转子绕组处于图7-41（a）所示的位置时，流过转子绕组的电流方向是电源正极→电刷A→换向器C→转子绕组→换向器D→电刷B→电源负极，根据左手定则可知，转子绕组上导线受到的作用力方向为左，下导线受力方向为右，于是转子绕组按逆时针方向旋转。

② 当转子绕组转至图7-41（b）所示的位置时，电刷A与换向器C脱离断开，电刷B与换向器D也脱离断开，转子绕组无电流通过，不受磁场作用力，但由于惯性作用，转子绕组会继续逆时针旋转。

③ 在转子绕组由图7-41（b）位置旋转到图7-41（c）位置期间，电刷A与换向器D接触，电刷B与换向器C接触，流过转子绕组的电流方向是电源正极→电刷A→换向器D→转子绕组→换向器C→电刷B→电源负极，转子绕组上导线（即原下导线）受到的作用力方向为左，下导线（即原上导线）受力方向为右，转子绕组按逆时针方向继续旋转。

④ 当转子绕组转至图7-41（d）所示的位置时，电刷A与换向器D脱离断开，电刷B与换向器C也脱离断开，转子绕组无电流通过，不受磁场作用力，由于惯性作用，转子绕组会继续逆时针旋转。

以后会不断重复上述过程，转子绕组也连续地不断旋转。直流电动机中的换向器和电刷的作用是当转子绕组转到一定位置时能及时改变转子绕组中电流的方向，这样才能让转子绕组连续不断地运转。

7.3.2 外形与结构

（1）外形

图7-42是一些常见直流电动机的实物外形。

图7-42 常见直流电动机的实物外形

（2）结构

直流电动机的典型结构如图7-43所示。从图中可以看出，直流电动机主要由前端盖、风扇、机座（含磁铁或励磁绕组等）、转子（含换向器）、电刷装置和后端盖组成。在机座中，有的电动机安装有磁铁，如永磁直流电动机；有的电动机则安装有励磁绕组（用来产生磁场的绕组），如并励直流电动机、串励直流电动机等。直流电动机的转子中嵌有转子绕组，转子绕组通过换向器与电刷接触，直流电源通过电刷、换向器为转子绕组供电。

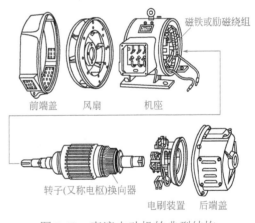

图7-43 直流电动机的典型结构

7.3.3 五种类型直流电动机的接线及特点

直流电动机种类很多，根据励磁方式不同，可分为永磁直流电动机、他励直流电动机、并励直流电动机、串励直流电动机和复励直流电动机。在这些类型的直流电动机中，除了永磁直流电动机的励磁磁场由永久磁铁产生外，其他几种励磁磁场都由励磁绕组来产生，这些励磁磁场由励磁绕组产生的电动机又称电磁电动机。

（1）永磁直流电动机

永磁直流电动机是指采用永久磁铁作为定子来产生励磁磁场的电动机。永磁直流电动机的结构如图7-44所示。图中可以看出，这种直流电动机定子为永久磁铁，当给转子绕组通直流电时，在磁铁产生的磁场作用下，转子会运转起来。

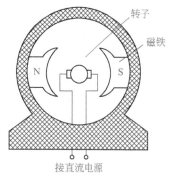

图 7-44 永磁直流电动机的结构

永磁直流电动机具有结构简单、价格低廉、体积小、效率高和使用寿命长等优点，永磁直流电动机开始主要用在一些小功率设备中，如电动玩具、小电器和家用音像设备等。近年来由于强磁性的钕铁硼永磁材料的应用，一些大功率的永磁直流电动机开始出现，使永磁直流电动机的应用更为广泛。

（2）他励直流电动机

他励直流电动机是指励磁绕组和转子绕组分别由不同直流电源供电的直流电动机。他励直流电动机的结构与接线图如图 7-45 所示。从图中可以看出，他励直流电动机的励磁绕组和转子绕组分别由两个单独的直流电源供电，两者互不影响。

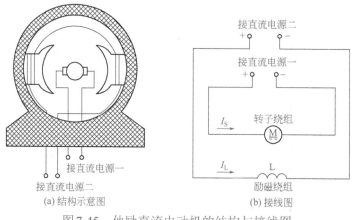

(a) 结构示意图   (b) 接线图

图 7-45 他励直流电动机的结构与接线图

他励直流电动机的励磁绕组由独立的励磁电源供电，因此其励磁电流不受转子绕组电流影响，在励磁电流不变的情况下，电动机的启动转矩与转子电流成正比。他励直流电动机可以通过改变励磁绕组或转子绕组的电流大小来提高或降低电动机的转速。

（3）并励直流电动机

并励直流电动机是指励磁绕组和转子绕组并联，并且由同一直流电源供电的直流电动机。并励直流电动机的结构与接线图如图 7-46 所示。从图中可以看出，并励直流电动机的励

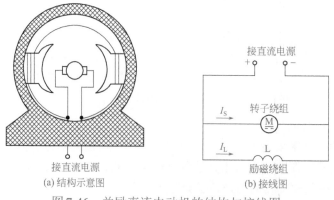

(a) 结构示意图   (b) 接线图

图 7-46 并励直流电动机的结构与接线图

磁绕组和转子绕组并接在一起，并且接同一直流电源。

并励直流电动机的励磁绕组采用较细的导线绕制而成，其匝数多、电阻大且励磁电流较恒定。电动机启动转矩与转子绕组电流成正比，启动电流约为额定电流的2.5倍，转速随电流及转矩的增大而略有下降，短时间过载转矩约为额定转矩的1.5倍。

（4）串励直流电动机

串励直流电动机是指励磁绕组和转子绕组串联，再接同一直流电源的直流电动机。串励直流电动机的结构与接线图如图7-47所示。从图中可以看出，串励直流电动机的励磁绕组和转子绕组串接在一起，并且由同一直流电源供电。

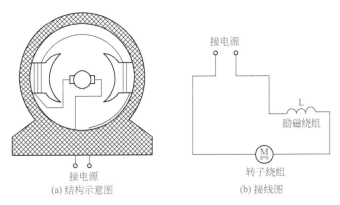

图7-47 串励直流电动机的结构与接线图

串励直流电动机的励磁绕组和转子绕组串联，因此励磁磁场随着转子电流的改变有显著的变化。为了减小励磁绕组的损耗和电压降，要求励磁绕组的电阻应尽量小，所以励磁绕组通常用较粗的导线绕制而成，并且匝数较少。串励直流电动机的转矩近似与转子电流的平方成正比，转速随转矩或电流的增加而迅速下降，其启动转矩可达额定转矩的5倍以上，短时间过载转矩可达额定转矩的4倍以上。串励直流电动机轻载或空载时转速很高，为了安全起见，一般不允许空载启动，不允许用传送带或链条传动。

串励直流电动机还是一种交直流两用电动机，既可用直流供电，也可用单相交流供电，因为交流供电更为方便，所以串励直流电动机又称为单相串励电动机。由于串励直流电动机具有交直流供电的优点，因此其应用较广泛，如电钻、电吹风、电动缝纫机和吸尘器中常采用串励直流电动机作为动力源。

（5）复励直流电动机

复励直流电动机有两个励磁绕组，一个与转子绕组串联，另一个与转子绕组并联。复励直流电动机的结构与接线图如图7-48所示。从图中可以看出，复励直流电动机的一个励磁绕组L_1和转子绕组串接在一起，另一个励磁绕组L_2与转子绕组为并联关系。

复励直流电动机的串联励磁绕组匝数少，并联励磁绕组匝数多。两个励磁绕组产生的磁场方向相同的电动机称为积复励电动机，反之称为差复励电动机。由于积复励电动机工作稳定，故更为常用。复励直流电动机启动转矩约为额定转矩的4倍，短时间过载转矩约为额定转矩的3.5倍。

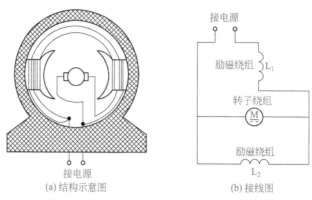

(a) 结构示意图　　　　　(b) 接线图

图7-48　复励直流电动机的结构与接线图

7.4　同步电动机

同步电动机是一种转子转速与定子旋转磁场的转速相同的交流电动机。对于一台同步电动机，在电源频率不变的情况下，其转速始终保持恒定，不会随电源电压和负载变化而变化。

7.4.1　外形

图7-49是一些常见的同步电动机实物外形。

图7-49　一些常见的同步电动机实物外形

7.4.2　结构与工作原理

同步电动机主要由定子和转子构成，其定子结构与一般的异步电动机相同，并且嵌有定子绕组。同步电动机的转子与异步电动机的不同。异步电动机的转子一般为笼形，转子本身不带磁性。而同步电动机的转子主要有两种形式：一种是直流励磁转子，这种转子上嵌有转子绕组，工作时需要用直流电源为它提供励磁电流；另一种是永久磁铁励磁转子，转子上安装有永久磁铁。同步电动机的结构与工作原理图如图7-50所示。

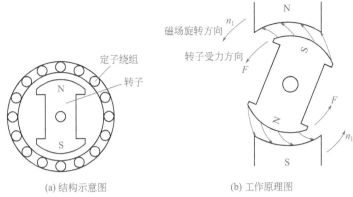

(a) 结构示意图　　　　　(b) 工作原理图

图7-50　同步电动机的结构与工作原理图

图7-50（a）为同步电动机结构示意图。同步电动机的定子铁芯上嵌有定子绕组，转子上安装一个两极磁铁（在转子嵌入绕组并通直流电后，也可以获得同样的磁极）。当定子绕组通三相交流电时，定子绕组会产生旋转磁场，此时的定子就像是旋转的磁铁，如图7-50（b）所示。根据异性磁极相吸引可知，装有磁铁的转子会随着旋转磁场方向转动，并且转速与磁场的旋转速度相同。

在电源频率不变的情况下，同步电动机在运行时转速是恒定的，其转速n与电动机的磁极对数p、交流电源的频率f有关。同步电动机的转速可用下面的公式计算：

$$n = 60f/p$$

我国电力系统交流电的频率为50Hz，电动机的极对数又是整数，若采用电网交流电作为电源，同步电动机的转速（n）与磁极对数（p）有严格的对应关系，具体如表7-4所示。

表7-4　同步电动机的转速与磁极对数的关系

p	1	2	3	4
n（r/min）	3000	1500	1000	750

7.4.3　同步电动机的启动

（1）同步电动机无法启动的原因

异步电动机接通三相交流电后会马上运转起来，而同步电动机接通电源后一般无法运转，下面通过图7-51来分析原因。

当同步电动机定子绕组通入三相交流电后，产生逆时针方向的旋转磁场，如图7-51（a）所示，转子受到逆时针方向的磁场力，由于转子具有惯性，不可能立即以同步转速旋转。当转子刚开始转动时，由于旋转磁场转速很快，此刻已旋转到图7-51（b）所示的位置，这时转子受到顺时针方向的磁场力，与先前受力方向相反，刚要运转的转子又受到相反的作用力而无法旋转。也就是说，旋转磁场旋转时，转子受到的平均转矩为0，无法运转。

（2）同步电动机启动解决方法

同步电动机通电后无法自动启动的主要原因有：转子存在着惯性，定、转子磁场转速相差过大。因此为了让同步电动机自行启动，一方面可以减小转子的惯性（如转子可做成长而细的形状），另一方面可以给同步电动机增设启动装置。

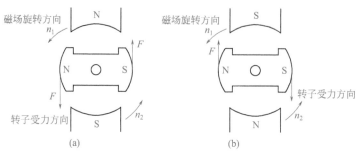

图7-51 同步电动机无法启动分析图

给同步电动机增设启动装置的方法一般是在转子上附加异步电动机一样的笼形绕组，如图7-52所示，这样同步电动机的转子上同时具有磁铁和笼形启动绕组。在启动时，同步电动机定子绕组通电产生旋转磁场，该磁场对启动绕组产生作用力，使启动绕组运转起来，与启动绕组一起的转子也跟着旋转，启动时的同步电动机就相当于一台异步电动机。当转子转速接近定子绕组的旋转磁场转速时，旋转磁场就与转子上的磁铁相互吸引而将转子引入同步，同步后的旋转磁场就像手一样，紧紧拉住相异的转子磁极不放，转子就在旋转磁场的拉力下，始终保持与旋转磁场一样的转速。

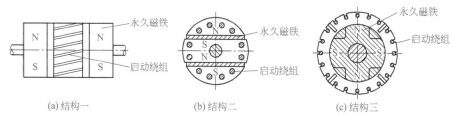

图7-52 几种同步电动机转子结构

给同步电动机附加笼形绕组进行启动的方法称为异步启动法，异步启动接线示意图如图7-53所示。在启动时，先合上开关S_1，给同步电动机的定子绕组提供三相交流电源，让定子绕组产生旋转磁场，与此同时将开关S_2与左边触点闭合，让转子启动绕组与启动电阻（其阻值一般为启动绕组阻值的10倍）串接，这样同步电动机就相当于一台绕线式异步电动机。转子开始旋转，当转子转速接近旋转磁场转速时，将开关S_2与右边的触点闭合，直流电源通过S_2加到转子启动绕组，启动绕组产生一个固定的磁场来增强磁铁磁场，定子绕组的旋转磁场牵引已运转且带磁性的转子同步运转。图7-53中的开关S_2实际上是由控制电路来完成，另外转子启动绕组要通过电刷与外界的启动电阻或直流电源连接。

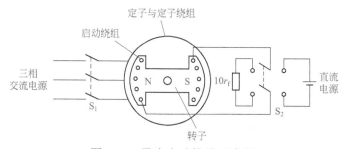

图7-53 异步启动接线示意图

7.5 步进电动机

步进电动机是一种用电脉冲控制运转的电动机，每输入一个电脉冲，电动机就会旋转一定的角度。因此步进电动机又称为脉冲电动机。它的转速与脉冲的频率成正比，脉冲频率越高，单位时间内输入电动机的脉冲个数越多，旋转角度越大，即转速越快。

7.5.1 外形

步进电动机的外形如图7-54所示。

图7-54 步进电动机的外形

7.5.2 结构与工作原理

（1）与步进电动机有关的实验

在说明步进电动机工作原理前，先来分析图7-55所示的实验现象。

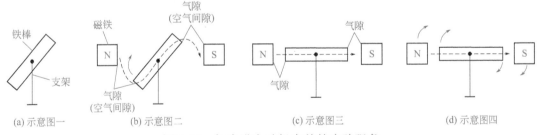

(a) 示意图一　　(b) 示意图二　　(c) 示意图三　　(d) 示意图四

图7-55 与步进电动机有关的实验现象

在图7-55所示实验中，一根铁棒斜放在支架上，若将一对磁铁靠近铁棒，N极磁铁产生的磁力线会通过气隙、铁棒和气隙到达S极磁铁，如图7-55（b）所示。由于磁力线总是力图通过磁阻最小的途径，它对铁棒产生作用力，使铁棒旋转到水平位置，如图7-55（c）所示，此时磁力线所经磁路的磁阻最小（磁阻主要由N极与铁棒的气隙和S极与铁棒间的气隙大小决定，气隙越大，磁阻越大，铁棒处于图示位置时的气隙最小，因此磁阻也最小）。这时若顺时针旋转磁场，为了保持磁路的磁阻最小，磁力线对铁棒产生作用力使之也顺时针旋转，如图7-47（d）所示。

（2）工作原理

步进电动机种类很多，根据运转方式可分为旋转式、直线式和平面式，其中旋转式应用最为广泛。旋转式步进电动机又分为永磁式和反应式，永磁式步进电动机的转子采用永久磁铁制成，反应式步进电动机的转子采用软磁性材料制成。由于反应式步进电动机具有反应快、惯性小和速度高等优点，因此应用很广泛。

① 反应式步进电动机 图7-56是一个三相六极反应式步进电动机，它主要由凸极式定子、定子绕组和带有4个齿的转子组成。

图7-56 三相六极反应式步进电动机结构示意图

反应式步进电动机工作原理分析如下：

a.当A相定子绕组通电时，如图7-56（a）所示，绕组产生磁场，由于磁场磁力线力图通过磁阻最小的路径，在磁场的作用下，转子旋转使齿1、3分别正对A、A′极。

b.当B相定子绕组通电时，如图7-56（b）所示，绕组产生磁场，在绕组磁场的作用下，转子旋转使齿2、4分别正对B、B′极。

c.当C相定子绕组通电时，如图7-56（c）所示，绕组产生磁场，在绕组磁场的作用下，转子旋转使3、1齿分别正对C、C′极。

从图中可以看出，当A、B、C相按A→B→C顺序依次通电时，转子逆时针旋转，并且转子齿1由正对A极运动到正对C′；若按A→C→B顺序通电，转子则会顺时针旋转。给A、B、C相绕组依次通电时，步进电动机会旋转一个步距角；若按A→C→B→A→B→C→…顺序依次不断给定子绕组通电，转子就会连续不断地运转。图7-48中的步进电动机为三相单三拍反应式步进电动机，其中"三相"是指定子绕组为三相，"单"是指每次只有一相绕组通电，"三拍"是指在一个通电循环周期内绕组有3次供电切换。

步进电动机的定子绕组每切换一相电源，转子就会旋转一定的角度，该角度称为步距角。在图7-48中，步进电动机定子圆周上平均分布着6个凸极，任意两个凸极之间的角度为60°，转子每个齿由一个凸极移到相邻的凸极需要前进两步，因此该转子的步距角为30°。步进电动机的步距角可用下面的公式计算：

$$\theta = 360°/(ZN)$$

式中，Z为转子的齿数；N为一个通电循环周期的拍数。

图7-56中的步进电动机的转子齿数$Z=4$，一个通电循环周期的拍数$N=3$，则步距角$\theta=30°$。

② 三相单双六拍反应式步进电动机 三相单三拍反应式步进电动机的步距角较大，稳定性较差；而三相单双六拍反应式步进电动机的步距角较小，稳定性较好。三相单双六拍反应式步进电动机结构示意如图7-57所示。

(a) 示意图一　　　　　(b) 示意图二　　　　　(c) 示意图三

(d) 示意图四　　　　　(e) 示意图五

图7-57　三相单双六拍反应式步进电动机结构示意图

三相单双六拍反应式步进电动机工作原理分析如下：

a. 当A相定子绕组通电时，如图7-57（a）所示，绕组产生磁场，由于磁场磁力线力图通过磁阻最小的路径，在磁场的作用下，转子旋转使齿1、3分别正对A、A'极。

b. 当A、B相定子绕组同时通电时，绕组产生图7-57（b）所示的磁场，在绕组磁场的作用下，转子旋转使齿2、4分别向B、B'极靠近。

c. 当B相定子绕组通电时，如图7-57（c）所示，绕组产生磁场，在绕组磁场的作用下，转子旋转使2、4齿分别正对B、B'极。

d. 当B、C相定子绕组同时通电时，如图7-57（d）所示，绕组产生磁场，在绕组磁场的作用下，转子旋转使齿3、1分别向C、C'极靠近。

e. 当C相定子绕组通电时，如图7-57（e）所示，绕组产生磁场，在绕组磁场的作用下，转子旋转使3、1齿分别正对C、C'极。

从图中可以看出，当A、B、C相按A→AB→B→BC→C→CA→A…顺序依次通电时，转子逆时针旋转，每一个通电循环分6拍，其中3个单拍通电，3个双拍通电，因此这种反应式步进电动机称为三相单双六拍反应式步进电动机。三相单双六拍反应式步进电动机的步距角为15°。

③ 结构　不管是三相单三拍步进电动机还是三相单双六拍步进电动机，它们的步距角都比较大，若用它们作为传动设备动力源时往往不能满足精度要求。为了减小步距角，实际的步进电动机通常在定子凸极和转子上开很多小齿，这样可以大大减小步距角。三相步进电动机的实际结构如图7-58所示。

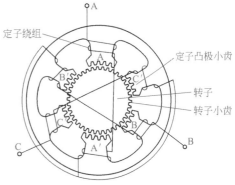

定子绕组
定子凸极小齿
转子
转子小齿

图7-58　三相步进电动机的实际结构

7.5.3 驱动电路

步进电动机是一种用电脉冲控制运转的电动机，在工作时需要有相应的驱动电路为它提供驱动脉冲。图7-59是典型三相步进电动机驱动电路框图。脉冲发生器产生几赫至几十千赫

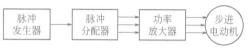

图 7-59 典型三相步进电动机驱动电路框图

的脉冲信号，经脉冲分配器后输出符合一定逻辑关系的多组脉冲信号，这些脉冲信号进行功率放大后输入步进电动机，驱动电动机运转。

随着单片机的广泛应用，很多步进电动机采用单片机电路进行控制驱动。图7-60是一种五相步进电动机的单片机驱动电路框图。在工作时，从单片机的P1.0～P1.4引脚输出5组脉冲信号，经五相功率驱动电路放大后送入步进电动机，驱动步进电动机运转。

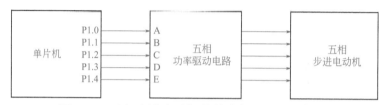

图 7-60 五相步进电动机的单片机驱动电路框图

7.6 无刷直流电动机

直流电动机具有运行效率高和调速性能好的优点，但普通的直流电动机工作时需要用换向器和电刷来切换电压极性，在切换过程中容易出现电火花和接触不良，会形成干扰并导致直流电动机的寿命缩短。无刷直流电动机的出现有效解决了电火花和接触不良问题。

7.6.1 外形

图7-61是一些常见的无刷直流电动机的实物外形。

图 7-61 常见无刷直流电动机的实物外形

7.6.2 结构与工作原理

普通永磁直流电动机是以永久磁铁作定子，以转子绕组作转子，在工作时除了要为旋转

的转子绕组供电，还要及时改变电压极性，这些需用到电刷和换向器。电刷和换向器长期摩擦，很容易出现接触不良、电火花和电磁干扰等问题。为了解决这些问题，无刷直流电动机采用永久磁铁作为转子，通电绕组作为定子，这样就不需要电刷和换向器，不过无刷直流电动机工作时需要配套的驱动线路。

（1）工作原理

图7-62是一种无刷直流电动机的结构和驱动线路简图。无刷直流电动机的定子绕组固定不动，而磁环转子运转。

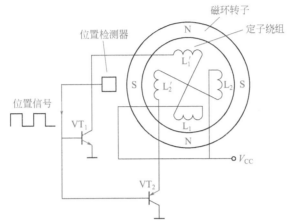

图7-62　一种无刷直流电动机结构和驱动线路简图

无刷直流电动机工作原理说明如下：

无刷直流电动机位置检测器距离磁环转子很近，磁环转子的不同磁极靠近检测器时，检测器输出不同的位置信号（电信号）。这里假设S极接近位置检测器时，检测器输出高电平信号，N极接近检测器时输出低电平信号。在启动电动机时，若磁环转子的S极恰好接近位置检测器，检测器输出高电平信号，该信号送到三极管VT_1、VT_2的基极，VT_1导通，VT_2截止，定子绕组L_1、L_1'有电流流过，电流途径是：电源$V_{CC} \to L_1 \to L_1' \to VT_1 \to$地。$L_1$、$L_1'$绕组有电流通过产生磁场，该磁场与磁环转子磁场产生排斥和吸引，它们的相互作用如图7-60（a）所示。

在图7-60（a）中，电流流过L_1、L_1'时，L_1产生左N右S的磁场，L_1'产生左S右N的磁场，这样就会出现L_1的左N与磁环转子的左S吸引（同时L_1的左N会与磁环转子的下N排斥），L_1的右S与磁环转子的下N吸引，L_1'的右N与磁环转子的右S吸引，L_1'的左S与磁环转子的上N吸引，由于绕组L_1、L_1'固定在定子铁芯上不能运转，而磁环转子受磁场作用就逆时针转起来。

电动机运转后时，磁环转子的N极马上接近位置检测器，检测器输出低电平信号，该信号送到三极管VT_1、VT_2的基极，VT_1截止，VT_2导通，有电流流过L_2、L_2'，电流途径是：电源$V_{CC} \to L_2 \to L_2' \to VT_2 \to$地。$L_2$、$L_2'$绕组有电流通过产生磁场，该磁场与磁环转子磁场产生排斥和吸引，它们的相互作用如图7-63（b）所示，两磁场的相互作用力推动磁环转子继续旋转。

（2）结构

无刷直流电动机的结构如图7-64所示。

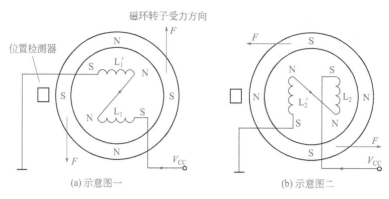

图7-63 无刷电动机定子绕组与磁环转子受力分析

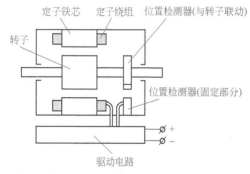

图7-64 无刷直流电动机的结构

从图中可看出，无刷直流电动机主要由定子铁芯、定子绕组、位置检测器、磁铁转子和驱动电路等组成。

位置检测器包括固定和运动两部分，运动部分安装在转子轴上，与转子联动，它可以反映转子的磁极位置，固定部分通过它就可以检测出转子的位置信息。有些无刷直流电动机位置检测器无运转部分，它直接检测转子位置信息。驱动电路的功能是根据位置检测器送来的位置信号，用电子开关（如三极管）来切换定子绕组的电源。无刷直流电动机的转子结构分为表面式磁极、嵌入式磁极和环形磁极3种，如图7-65所示。表面式磁极转子是将磁铁粘在转子铁芯表面，嵌入式磁极转子是将磁铁嵌入铁芯中，环形磁极转子是在转子铁芯上套一个环形磁铁。

无刷直流电动机一般采用内转子结构，即转子处在定子的内侧。有些无刷直流电动机采用外转子形式，如电动车、摄录像机的无刷直流电动机常采用外转子结构，如图7-66所示。

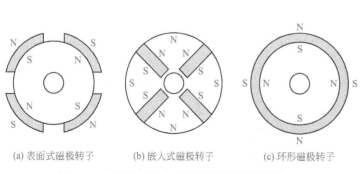

图7-65 无刷直流电动机常见转子的结构

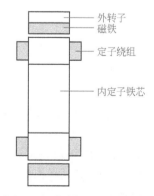

图7-66 外转子无刷直流
电动机的结构

7.6.3　驱动电路

无刷直流电动机需要有相应的驱动电路才能工作。下面介绍几种常见的三相无刷直流电动机驱动电路。

（1）星形连接三相半桥驱动电路

星形连接三相半桥驱动电路如图7-67（a）所示。A、B、C三相定子绕组有一端共同连接，构成星形连接方式。

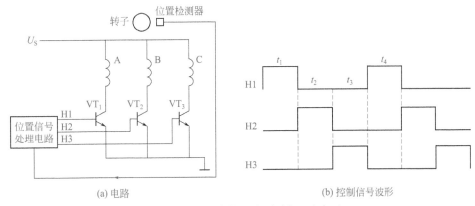

(a) 电路　　　　　　　　　　　　　(b) 控制信号波形

图7-67　星形连接三相半桥驱动电路

电路工作过程说明如下：

位置检测器靠近磁环转子产生位置信号，经位置信号处理电路处理后输出图7-64（b）所示H1、H2、H3共3个控制信号。

在t_1期间，H1信号为高电平，H2、H3信号为低电平，三极管VT_1导通，有电流流过A相绕组，绕组产生磁场推动转子运转。

在t_2期间，H2信号为高电平，H1、H3信号为低电平，三极管VT_2导通，有电流流过B相绕组，绕组产生磁场推动转子运转。

在t_3期间，H3信号为高电平，H1、H2信号为低电平，三极管VT_3导通，有电流流过C相绕组，绕组产生磁场推动转子运转。

t_4期间以后，电路重复上述过程，电动机连续运转起来。三相半桥驱动电路结构简单，但由于同一时刻只有一相绕组工作，电动机的效率较低，并且转子运转脉动比较大，即运转时容易时快时慢。

（2）星形连接三相桥式驱动电路

星形连接三相桥式驱动电路如图7-68所示。

星形连接三相桥式驱动电路可以工作在两种方式：二二导通方式和三三导通方式。工作在何种方式由位置信号处理电路输出的控制信号决定。

① 二二导通方式　二二导通方式是指在某一时刻有2个三极管同时导通。电路中6个三极管的导通顺序是：VT_1、$VT_2 \rightarrow VT_2$、$VT_3 \rightarrow VT_3$、$VT_4 \rightarrow VT_4$、$VT_5 \rightarrow VT_5$、$VT_6 \rightarrow VT_6$、VT_1。这6个三极管的导通受位置信号处理电路送来的脉冲控制。下面以VT_1、VT_2导通为例来说明电路工作过程。

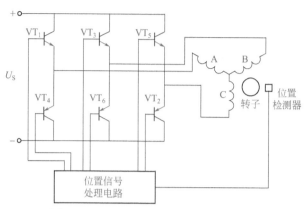

图 7-68　星形连接三相桥式驱动电路

位置检测器送来的位置信号经处理电路后形成控制脉冲输出，其中高电平信号送到 VT_1 的基极，低电平信号送到 VT_2 基极，其他三极管基极无信号，VT_1、VT_2 导通，有电流流过 A、C 相绕组，电流途径为：$U_S+ \rightarrow VT_1 \rightarrow$ A 相绕组 $\rightarrow$ C 相绕组 $\rightarrow VT_2 \rightarrow U_S-$，两绕组产生磁场推动转子旋转 $60°$。

② 三三导通方式　三三导通方式是指在某一时刻有 3 个三极管同时导通。电路中 6 个三极管的导通顺序是：VT_1、VT_2、$VT_3 \rightarrow VT_2$、VT_3、$VT_4 \rightarrow VT_3$、VT_4、$VT_5 \rightarrow VT_4$、VT_5、$VT_6 \rightarrow VT_5$、VT_6、$VT_1 \rightarrow VT_6$、VT_1、VT_2。这 6 个三极管的导通受位置信号处理电路送来的脉冲控制。下面以 VT_1、VT_2、VT_3 导通为例来说明电路工作过程。

位置检测器送来的位置信号经处理电路后形成控制脉冲输出，其中高电平信号送到 VT_1、VT_3 的基极，低电平送到 VT_2 基极，其他三极管基极无信号，VT_1、VT_3、VT_2 导通，有电流流过 A、B、C 相绕组，其中 VT_1 导通流过的电流通过 A 相绕组，VT_3 导通流过的电流通过 B 相绕组，两电流汇合后流过 C 相绕组，再通过 VT_2 流到电源的负极，在任意时刻三相绕组都有电流流过，其中一相绕组电流很大（是其他绕组电流的 2 倍），三绕组产生的磁场推动转子旋转 $60°$。

三三导通方式的转矩较二二导通方式的要小，另外，如果三极管切换时发生延迟，就可能出现直通短路，如 VT_4 开始导通时 VT_1 还未完全截止，电源通过 VT_1、VT_4 直接短路，因此星形连接三相桥式驱动电路更多采用二二导通方式。

三相无刷直流电动机除了可采用星形连接驱动电路外，还可采用图 7-69 所示的三角形连

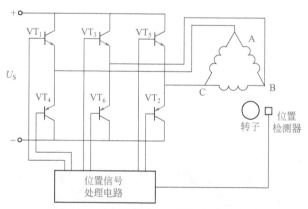

图 7-69　三角形连接三相桥式驱动电路

接三相桥式驱动电路。该电路与星形连接三相桥式驱动电路一样，也有二二导通方式和三三导通方式，其工作原理与星形连接三相桥式驱动电路工作原理基本相同，这里不再叙述。

7.7 开关磁阻电动机

开关磁阻电动机是一种定子有绕组、转子无绕组，且定、转子均采用凸极结构的电动机。由于这种电动机在工作时需要用开关不断切换绕组供电，并且是利用磁阻最小原理工作，因此称之为开关磁阻电动机。

7.7.1 外形

图7-70是一些常见的开关磁阻电动机的实物外形。

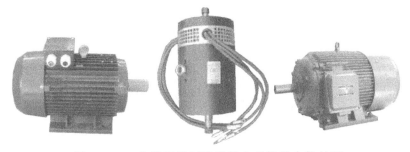

图7-70   一些常见的开关磁阻电动机的实物外形

7.7.2 结构与工作原理

开关磁阻电动机的结构和工作原理与步进电动机的相似，都是遵循"磁阻最小原理"——磁感线总是力图通过磁阻最小的路径。开关磁阻电动机的典型结构如图7-71所示，它是一个三相6/4型开关磁阻电动机，即定子有三相绕组和6个凸极，转子有4个凸极。

开关磁阻电动机工作原理说明如下：

当定子绕组11′得电时，1凸极产生的磁场为N，1′凸极产生的磁场为S，如图7-71（a）所示。根据磁阻最小原理可知，转子凸极AC受到逆时针方向的磁转矩作用力，于是转子开始转动，当转到图7-71（b）所示位置时，定子凸极11′与转子凸极AC对齐，此时磁阻最小，磁转矩为0，转子不再转动。这时若切断11′绕组供电，而接通22′绕组供电，定子凸极2产生的磁场为N，凸极2′产生的磁场为S，如图7-71（c）所示，转子凸极BD受到逆时针方向的磁转矩作用力，于是转子继续转动。

如果按11′→22′→33′的顺序切换定子绕组电源，转子将逆时针方向旋转。如果按11′→33′→22′的顺序切换定子绕组电源，转子将顺时针方向旋转。

开关磁阻电动机主要有以下的特点：

① 效率高，节能效果好。

② 启动转矩大。

 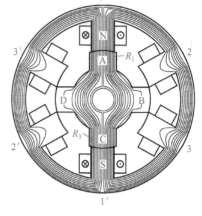

(a) 定子绕组11′得电时，转子凸极AC受力情况　　(b) 定子绕组11′得电时，转子凸极AC转到稳定位置

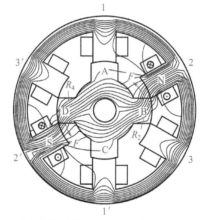

(c) 定子绕组22′得电时，转子凸极BD受力情况

图 7-71　开关磁阻电动机的典型结构与工作原理

③ 调速范围广。

④ 可频繁正、反转，频繁启动、停止，因此非常适合于龙门刨床、可逆轧机、油田抽油机等应用场合。

⑤ 启动电流小，避免了对电网的冲击。

⑥ 功率因数高，不需要加装无功补偿装置。普通交流电动机空载时的功率因数在 0.2 ~ 0.4 之间，满载在 0.8 ~ 0.9 之间；而开关磁阻电动机调速系统在空载和满载下的功率因数均大于 0.98。

⑦ 电动机结构简单、坚固、制造工艺简单，成本低且工作可靠，能适用于各种恶劣、高温甚至强振动环境。

⑧ 缺相与过载时仍可工作。

⑨ 由于控制器中功率变换器与电动机绕组串联，不会出现变频调速系统功率变换器可能出现的直通故障，因此可靠性大为提高。

7.7.3　开关磁阻电动机与步进电动机的区别

开关磁阻电动机与步进电动机的工作原理基本相同，都是依靠脉冲信号切换绕组的电源来驱动转子运转。

两者的区别在于：步进电动机主要是将脉冲信号转换成旋转角度，带动相应机构移动一定的位移，在转子运转时无须转速平稳，即使时停时转也无关紧要，只要输入脉冲个数与移动位移的对应关系准确；而开关磁阻电动机与大多数电动机一样，要求工作在连续运行状态，在运行过程中需要转速平稳连续，不允许时转时停情况的出现。

如果开关磁阻电动机在工作过程中，定子绕组电源切换不及时，就会出现转子时停时转或转速时快时慢的情况。如在图7-68（b）中，若转子AC凸极已运动到对齐位置，如果11′绕组未及时切断电源，这时即使22′绕组得电，也无法使转子继续运转，从而导致转子停顿。这种情况对要求连续运行且转速平稳的开关磁阻电动机是不允许的。为了解决这个问题，需要给电动机转子增设位置检测器，检测转子凸极位置情况，然后及时切换相应绕组的电源，让转子能连续平稳运行。

7.7.4 驱动电路

为了让开关磁阻电动机能正常工作，需要为它配备相应的驱动电路。开关磁阻电动机的驱动电路如图7-72所示。

开关磁阻电动机内部的位置检测器送位置信号给控制电路，让控制电路产生符合要求的控制脉冲信号，控制脉冲加到功率变换器，控制变换器中相应的电子开关（一般为半导体管）导通和截止，接通和切断电动机相应定子绕组的电源，在定子绕组磁场作用下，电动机连续运转起来。

很多开关磁阻电动机的驱动电路已被制作成工业成品，可直接与开关磁阻电动机配套使用，图7-73列出了两种开关磁阻电动机的控制器（驱动电路）。有些控制器内部采用一些先进的保护检测电路并可直接在面板设定电动机的控制参数。

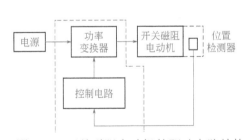

图7-72　开关磁阻电动机的驱动电路结构

图7-73　两种开关磁阻电动机的控制器

7.8　直线电动机

直线电动机是一种将电能转换成直线运动的电动机。直线电动机是将旋转电动机的结构进行变化制成的。直线电动机种类很多，从理论上讲，每种旋转电动机都有与之对应的直线电动机，实际常用的直线电动机主要有直线异步电动机、直线同步电动机、直线直流电动机和其他直线电动机（如直线无刷电动机、直线步进电动机等），在这些直线电动机中，直线异步电动机应用最为广泛。

7.8.1 外形

图7-74是一些常见的直线电动机的实物外形。

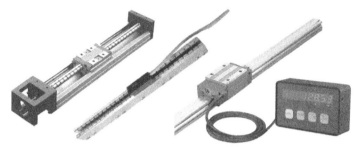

图7-74 一些常见的直线电动机的实物外形

7.8.2 结构与工作原理

直线电动机可以看成是将旋转电动机径向剖开并拉直而得到的，如图7-75所示。其中由定子转变而来的部分称为初级，转子转变而来的部分称为次级。

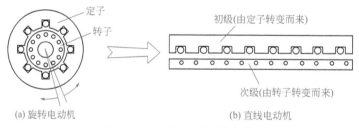

图7-75 直线电动机的结构

当给直线电动机初级绕组供电时，绕组产生磁场使初、次级产生相对径向运动，若将初级固定，则次级会直线运动，这种电动机称为动次级直线电动机，反之为动初级直线电动机。改变初级绕组的电源相序可以转换电动机的运行方向，改变电源的频率可以改变电动机的运行速度。另外，为了保证在运动过程中直线电动机的初、次级能始终耦合，初级或次级必须有一个要做得比另一个更长。

直线电动机初、次级结构形式主要有单边型、双边型和圆筒型等几种。

（1）单边型

单边型直线电动机的结构如图7-76所示，它又可以分为短初级和短次级两种形式。因为短初级的制造运行成本较短次级的低很多，所以一般情况下直线电动机均采用短初级形式。单边型直线电动机的优点是结构简单，但初、次级存在着很大吸引力，这对初、次级相对运动是不利的。

（2）双边型

双边型直线电动机的结构如图7-77所示。这种直线电动机在次级的两边都安装了初级，两初级对次级的吸引力相互抵消，有效克服了单边型电动机的单边吸引力。

图7-76　单边型直线电动机的结构

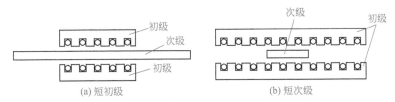

图7-77　双边型直线电动机的结构

（3）圆筒型

圆筒型（或称管型）直线电动机的结构如图7-78所示。这种直线电动机可以看成是平板式直线电动机的初、次级卷起来构成的，当初级绕组得电时，圆形次级就会径向运动。

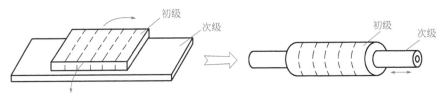

图7-78　圆筒型直线电动机的结构

直线电动机主要应用在要求直线运动的机电设备中，由于牵引力或推动力可直接产生，不需要中间联动部分，没有摩擦、噪声、转子发热、离心力影响等问题，因此应用将越来越广泛。其中直线异步电动机主要用在较大功率的直线运动机构，如自动门开闭装置，起吊、传递和升降的机械设备。直线同步电动机的应用场合与直线异步电动机的应用场合基本相同，由于其性能优越，因此有取代直线异步电动机的趋势。直线步进电动机主要用于数控制图机、数控绘图仪、磁盘存储器、记录仪、数控裁剪机、精密定位机构等设备中。

第8章
三相异步电动机常用控制线路识图与安装

8.1 常用控制线路识图

8.1.1 简单的正转控制线路

正转控制线路是电动机最基本的控制线路,控制线路除了要为电动机提供电源外,还要对电动机进行启动/停止控制,另外在电动机过载时还能进行保护。对于一些要求不高的小容量电动机,可采用图8-1所示的简单的电动机正转控制线路,其中图8-1(a)为线路图,图8-1(b)为实物连接图。

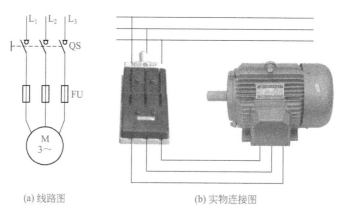

(a) 线路图　　　　　　　　　　　(b) 实物连接图

图8-1　简单正转控制线路

电动机的3根相线通过闸刀开关内部的熔断器FU和触点连接到三相交流电。当合上闸刀开关QS时,三相交流电通过触点、熔断器送给三相电动机,电动机运转;当断开QS时,切断电动机供电,电动机停转;如果流过电动机的电流过大,熔断器FU会因大电流流过而熔断,切断电动机供电,电动机得到了保护。为了安全起见,图中的闸刀开关可安装在配电箱内或绝缘板上。

这种控制线路简单、元器件少，适合作容量小且启动不频繁的电动机正转控制线路，图中的闸刀开关还可以用铁壳开关（封闭式负荷开关）、组合开关或低压断路器来代替。

8.1.2 自锁正转控制线路

点动正转控制线路适用于电动机短时间运行控制，如果用作长时间运行控制极为不便（需一直按住按钮不放）。电动机长时间连续运行常采用图8-2所示的自锁正转控制线路。从图中可以看出，该线路是在点动正转控制线路的控制电路中多串接一个停止按钮SB_2，并在启动按钮SB_1两端并联一个接触器KM的常开辅助触点（又称自锁触点）而成的。

自锁正转控制线路除了有长时间运行锁定功能外，还能实现欠电压和失电压保护功能。

（1）工作原理

电路工作原理如下：

① 合上电源开关QS。

② 启动过程。按下启动按钮SB_1→L_1、L_2两相电压通过QS、FU_2、SB_2、SB_1加到接触器KM线圈两端→KM线圈得电吸合，KM主触点和常开辅助触点闭合→L_1、L_2、L_3三相电压通过QS、FU_1和闭合的KM主触点提供给电动机→电动机M通电运转。

③ 运行自锁过程。松开启动按钮SB_1→KM线圈依靠启动时已闭合的KM常开辅助触点供电→KM主触点仍保持闭合→电动机继续运转。

④ 停转控制。按下停止按钮SB_2→KM线圈失电→KM主触点和常开辅助触点均断开→电动机M断电停转。

⑤ 断开电源开关QS。

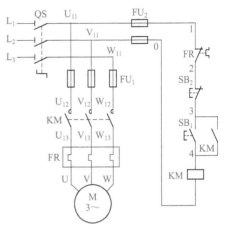

图8-2 自锁正转控制线路

（2）欠电压保护

欠电压保护是指当电源电压偏低（一般低于额定电压的85%）时切断电动机的供电，让电动机停止运转。欠电压保护过程分析如下：

电源电压偏低→L_1、L_2两相间的电压偏低→接触器KM线圈两端电压偏低，产生的吸合力小，不足以继续吸合KM主触点和常开辅助触点→主、辅触点断开→电动机供电被切断而停转。

（3）失电压保护

失电压保护是指当电源电压消失时切断电动机的供电途径，并保证在重新供电时无法自行启动。失电压保护过程分析如下：

电源电压消失→L_1、L_2两相间的电压消失→KM线圈失电→KM主、辅触点断开→电动机供电被切断。在重新供电后，由于主、辅触点已断开，并且启动按钮SB_1也处于断开状态，因此线路不会自动为电动机供电。

（4）过载保护

在线路中有一个热继电器FR，其发热元件串接在主电路中，常闭触点串接在控制电路中。当电动机过载运行时，流过热继电器发热元件的电流偏大，发热元件（通常为双金属片）因发热而弯曲，通过传动机构将常闭触点断开，控制电路被切断，接触器KM线圈失电，主电路中的接触器KM主触点断开，电动机供电被切断而停转。

热继电器只能执行过载保护，不能执行短路保护，这是因为短路时电流虽然很大，但是热继电器发热元件弯曲需要一定的时间，等到它动作时电动机和供电线路可能已被过大的短路电流烧坏。另外，当电路过载保护后，如果排除了过载因素，需要等待一定的时间让发热元件冷却复位，再重新启动电动机。

8.1.3 接触器联锁正反转控制线路

接触器联锁正反转控制线路的主电路中连接了两个接触器，正反转操作元器件放置在控制电路中，因此工作安全可靠。接触器联锁正反转控制线路如图8-3所示。

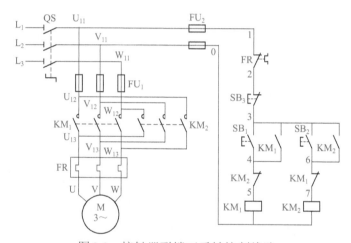

图8-3 接触器联锁正反转控制线路

在图8-3中，主电路中连接了接触器KM_1和接触器KM_2，两个接触器主触点连接方式不同，KM_1按L_1-U、L_2-V、L_3-W方式连接，KM_2按L_1-W、L_2-V、L_3-U方式连接。

在工作时，接触器KM_1、KM_2的主触点严禁同时闭合，否则会造成L_1、L_3两相电源直接短路。为了避免KM_1、KM_2主触点同时得电闭合，分别给其各自的线圈串接了对方的常闭辅助触点，如给KM_1线圈串接了KM_2常闭辅助触点，给KM_2线圈串接了KM_1常闭辅助触点，当一个接触器的线圈得电时会使自己的主触点闭合，还会使自己的常闭触点断开，这样另一个接触器线圈就无法得电。接触器的这种相互制约关系称为接触器的联锁（也称互锁），实现联锁的常闭辅助触点称为联锁触点。

线路工作原理分析如下：

① 闭合电源开关QS。

② 正转过程。

a. 正转联锁控制。按下正转按钮SB_1→KM_1线圈得电→KM_1主触点闭合、KM_1常开辅助触点闭合、KM_1常闭辅助触点断开→KM_1主触点闭合将L_1、L_2、L_3三相电源分别供给电动机U、V、W端，电动机正转；KM_1常开辅助触点闭合使得SB_1松开后KM_1线圈继续得电（接触器自锁）；KM_1常闭辅助触点断开切断KM_2线圈的供电，使KM_2主触点无法闭合，实现KM_1、

KM$_2$之间的联锁。

b.停止控制。按下停转按钮SB$_3$→KM$_1$线圈失电→KM$_1$主触点断开、KM$_1$常开辅助触点断开、KM$_1$常闭辅助触点闭合→KM$_1$主触点断开使电动机断电而停转。

③ 反转过程。

a.反转联锁控制。按下反转按钮SB$_2$→KM$_2$线圈得电→KM$_2$主触点闭合、KM$_2$常开辅助触点闭合、KM$_2$常闭辅助触点断开→KM$_2$主触点闭合将L$_1$、L$_2$、L$_3$三相电源分别供给电动机W、V、U端，电动机反转；KM$_2$常开辅助触点闭合使得SB$_2$松开后KM$_2$线圈继续得电；KM$_2$常闭辅助触点断开切断KM$_1$线圈的供电，使KM$_1$主触点无法闭合，实现KM$_1$、KM$_2$之间的联锁。

b.停止控制。按下停转按钮SB$_3$→KM$_2$线圈失电→KM$_2$主触点断开、KM$_2$常开辅助触点断开、KM$_2$常闭辅助触点闭合→KM$_2$主触点断开使电动机断电而停转。

④ 断开电源开关QS。

对于接触器联锁正反转控制线路，若将电动机由正转变为反转，需要先按下停止按钮让电动机停转，使接触器各触点复位，再按反转按钮让电动机反转。如果在正转时不按停止按钮，而直接按反转按钮，由于联锁的原因，反转接触器线圈无法得电而使控制无效。

8.1.4 限位控制线路

一些机械设备（如车床）的运动部件是由电动机来驱动的，它们在工作时并不都是一直往前运动，而是运动到一定的位置自动停止，然后由操作人员操作按钮使之返回。为了实现这种控制效果，需要给电动机安装限位控制线路。

限位控制线路又称位置控制线路或行程控制线路，它是利用位置开关来检测运动部件的位置，当运动部件运动到指定位置时，位置开关给控制线路发出指令，让电动机停转或反转。常见的位置开关有行程开关和接近开关，其中行程开关使用更为广泛。

（1）行程开关

行程开关如图8-4（a）所示，它可分为按钮式、单轮旋转式和双轮旋转式等，行程开关内部一般有一个常闭触点和一个常开触点，行程开关的符号如图8-4（b）所示。

在使用时，行程开关通常安装在运动部件需停止或改变方向的位置，如图8-5所示。当运动部件行进到行程开关处时，挡铁会碰压行程开关，行程开关内的常闭触点断开、常开触点闭合，由于行程开关的两个触点接在控制线路，它控制电动机停转，从而使运动部件也停止。如果需要运动部件反向运动，可操作控制线路中的反转按钮，当运动部件反向运动到另

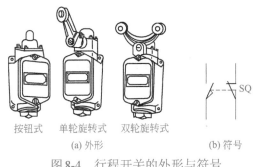

图8-4　行程开关的外形与符号

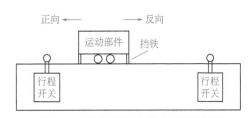

图8-5　行程开关安装位置示意图

一个行程开关处时，会碰压该处的行程开关，行程开关通过控制线路让电动机停转，运动部件也就停止。

行程开关可分为自动复位和非自动复位两种。按钮式和单轮旋转式行程开关可以自动复位，当挡铁移开时，依靠内部的弹簧使触点自动复位；双轮旋转式行程开关不能自动复位，当挡铁从一个方向碰压其中一个滚轮时，内部触点动作，挡铁移开后内部触点不能复位，当挡铁反向运动（返回）时碰压另一个滚轮，触点才能复位。

（2）限位控制线路

限位控制线路如图8-6所示。从图8-6可以看出，限位控制线路是在接触器联锁正反转控制线路的控制电路中串接两个行程开关SQ$_1$、SQ$_2$构成的。

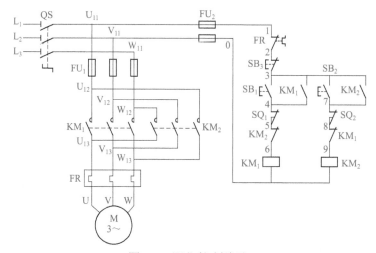

图8-6　限位控制线路

线路工作原理分析如下：

① 闭合电源开关QS。

② 正转控制过程。

a.正转控制。按下正转按钮SB$_1$→KM$_1$线圈得电→KM$_1$主触点闭合、KM$_1$常开辅助触点闭合、KM$_1$常闭辅助触点断开→KM$_1$主触点闭合，电动机通电正转，驱动运动部件正向运动；KM$_1$常开辅助触点闭合，让KM$_1$线圈在SB$_1$断开时能继续得电（自锁）；KM$_1$常闭辅助触点断开，使KM$_2$线圈无法得电，实现KM$_1$、KM$_2$之间的联锁。

b.正向限位控制。当电动机正转驱动运动部件运动到行程开关SQ$_1$处→SQ$_1$常闭触点断开（常开触点未用）→KM$_1$线圈失电→KM$_1$主触点断开、KM$_1$常开辅助触点断开、KM$_1$常闭辅助触点闭合→KM$_1$主触点断开使电动机断电而停转→运动部件停止正向运动。

③ 反转控制过程。

a.反转控制。按下反转按钮SB$_2$→KM$_2$线圈得电→KM$_2$主触点闭合、KM$_2$常开辅助触点闭合、KM$_2$常闭辅助触点断开→KM$_2$主触点闭合，电动机通电反转，驱动运动部件反向运动；KM$_2$常开辅助触点闭合，锁定KM$_2$线圈得电；KM$_2$常闭辅助触点断开，使KM$_1$线圈无法得电，实现KM$_1$、KM$_2$之间的联锁。

b.反向限位控制。当电动机反转驱动运动部件运动到行程开关SQ$_2$处→SQ$_2$常闭触点断开→KM$_2$线圈失电→KM$_2$主触点断开、KM$_2$常开辅助触点断开、KM$_2$常闭辅助触点闭合→KM₂主触点断开使电动机断电而停转→运动部件停止反向运动。

④ 断开电源开关QS。

8.1.5　自动往返控制线路

有些生产机械设备在加工零件时，要求在一定的范围内能自动往返运动，即当运动部件运行到一定位置时不用人工操作按钮就能自动返回，如果采用限位控制线路来控制会很麻烦，对于这种情况，可给电动机安装自动往返控制线路。

自动往返控制线路如图8-7所示。该线路采用了$SQ_1 \sim SQ_4$四个行程开关，四个行程开关的安装位置如图8-8所示。SQ_2、SQ_1分别用来控制电动机正、反转，当运动部件运行到SQ_2处时电动机由反转转为正转，运行到SQ_1处时则由正转转为反转；SQ_3、SQ_4用作终端保护，它们只用到了常闭触点，当SQ_1、SQ_2失效时它们可以让电动机停转进行保护，防止运动部件行程超出范围而发生安全事故。

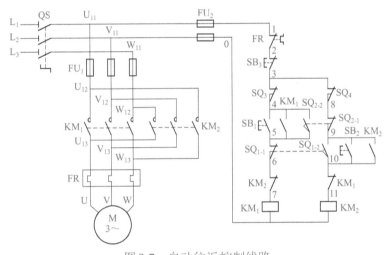

图8-7　自动往返控制线路

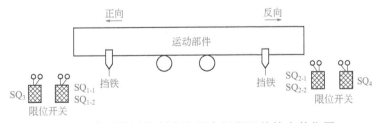

图8-8　自动往返控制线路四个行程开关的安装位置

线路工作原理分析如下：

① 闭合电源开关QS。

② 往返运行控制。

a.运转控制。若启动时运动部件处于反向位置，按下正转按钮SB_1→KM_1线圈得电→KM_1主触点闭合、KM_1常开辅助触点闭合、KM_1常闭辅助触点断开→KM_1主触点闭合，电动机通电正转，驱动运动部件正向运动；KM_1常开辅助触点闭合，让KM_1线圈在SB_1断开时继续得电（自锁）；KM_1 常闭辅助触点断开，使 KM_2 线圈无法得电，实现 KM_1、KM_2 之间的联锁。

b.方向转换控制。电动机正转带动运动部件运动并碰触行程开关 SQ_1 → SQ_1 常闭触点 SQ_{1-1} 断开、常开触点 SQ_{1-2} 闭合 → KM_1 线圈失电 → KM_1 主触点断开、KM_1 常开辅助触点断开、KM_1 常闭辅助触点闭合 → KM_1 主触点断开使电动机断电，KM_1 常开辅助触点断开撤销自锁，闭合的 KM_1 常闭辅助触点与闭合的 SQ_{1-2} 为 KM_2 线圈供电 → KM_2 主触点闭合，电动机通电反转，驱动运动部件反向运动；KM_2 常开辅助触点闭合，让 KM_2 线圈在 SB_2 断开时继续得电（自锁）；KM_2 常闭辅助触点断开，使 KM_1 线圈无法得电，实现 KM_2、KM_1 之间的联锁。

c.终端保护控制。若行程开关 SQ_1 失效 → 运动部件碰触 SQ_1 时，常闭触点 SQ_{1-1} 仍闭合、常开触点 SQ_{1-2} 仍断开 → 电动机继续正转，带动运动部件碰触行程开关 SQ_3 → SQ_3 常闭触点断开 → KM_1 线圈供电切断 → KM_1 主触点断开 → 电动机停转 → 运动部件停止运动。

若启动时运动部件处于正向位置，应按下反转按钮 SB_2，其工作原理与运动部件处于反向位置时按下正转按钮 SB_1 相同，这里不再叙述。

③ 停止控制。若需要停止运动部件的往返运行，可按下停止按钮 SB_3 → KM_1、KM_2 线圈供电均被切断 → KM_1、KM_2 主触点均断开 → 电动机断电停转 → 运动部件停止运行。

④ 断开电源开关 QS。

8.1.6 顺序控制线路

有一些机械设备安装有两个或两个以上的电动机，为了保证设备的正常工作，常常要求这些电动机按顺序进行启动，如只有在电动机A启动后，电动机B才能启动，否则机械设备工作容易出现问题。顺序控制线路就是让多台电动机能按先后顺序工作的控制线路。

实现顺序控制的线路很多，图8-9是一种典型的顺序控制线路。

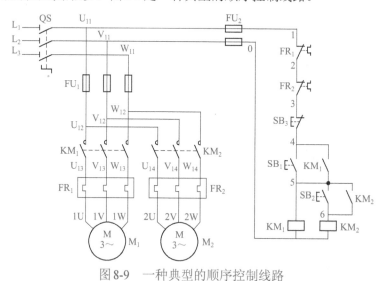

图 8-9　一种典型的顺序控制线路

从图 8-9 可以看出，该电路采用了 KM_1、KM_2 两个接触器，KM_1、KM_2 的主触点属于并接关系，为了让电动机 M_1、M_2 能按先后顺序启动，要求 KM_2 主触点只能在 KM_1 主触点闭合后才能闭合。

线路工作原理分析如下：

① 闭合电源开关QS。

② 电动机M_1的启动控制。按下电动机M_1启动按钮SB_1→KM_1线圈得电→KM_1主触点闭合、KM_1常开辅助触点闭合→KM_1主触点闭合，电动机M_1通电运转；KM_1常开辅助触点闭合，让KM_1线圈在SB_1断开时继续得电（自锁）。

③ 电动机M_2的启动控制。按下电动机M_2启动按钮SB_2→KM_2线圈得电→KM_2主触点闭合、KM_2常开辅助触点闭合→KM_2主触点闭合，电动机M_2通电运转；KM_2常开辅助触点闭合，让KM_2线圈在SB_2断开时继续得电。

④ 停转控制。按下停转按钮SB_3→KM_1、KM_2线圈均失电→KM_1、KM_2主触点均断开→电动机M_1、M_2均断电停转。

⑤ 断开电源开关QS。

在图8-9所示电路中，若先按下电动机M_2启动按钮，由于SB_1和KM_1常开辅助触点都是断开的，KM_2线圈无法得电，KM_2主触点无法闭合，因此电动机M_2无法在电动机M_1前启动。

8.1.7　多地控制线路

利用多地控制线路可以在多个地点控制同一台电动机的启动与停止。多地控制线路如图8-10所示。

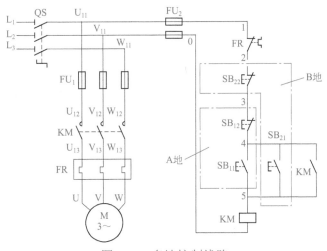

图8-10　多地控制线路

在图8-10中，SB_{11}、SB_{12}分别为A地启动和停止按钮，安装在A地；SB_{21}、SB_{22}分别为B地启动和停止按钮，安装在B地。

线路工作原理分析如下：

① 闭合电源开关QS。

② A地启动控制。按下A地启动按钮SB_{11}→KM线圈得电→KM主触点闭合、KM常开辅助触点闭合→KM主触点闭合，电动机通电运转；KM常开辅助触点闭合，让KM线圈在SB_{11}断开时继续得电（自锁）。

③ A地停止控制。按下A地停止按钮SB_{12}→KM线圈失电→KM主触点断开、KM常开

辅助触点断开→KM主触点断开，电动机断电停转；KM常开辅助触点断开，让KM线圈在SB$_{12}$复位闭合时无法得电。

④B地控制。B地与A地的启动与停止控制原理相同。

⑤断开电源开关QS。

图8-10实际上是一个两地控制线路，如果要实现3个或3个以上地点的控制，只要将各地的启动按钮并接，将停止按钮串接即可。

8.1.8 星形－三角形降压启动线路

电动机在刚启动时，流过定子绕组的电流很大，为额定电流的4～7倍。对于容量大的电动机，若采用普通的全压启动方式，会出现启动时电流过大而使供电电源电压下降很多的现象，这样可能会影响采用同一供电电源的其他设备的正常工作。

解决上述问题的方法就是对电动机进行降压启动，待电动机运转以后再提供全压。一般规定，供电电源容量在180kV·A以上，电动机容量在7kW以下的三相异步电动机可采用直接全压启动，超出这个范围需采用降压启动方式。另外，由于降压启动时流入电动机的电流较小，电动机产生的力矩小，因此降压启动需要在轻载或空载时进行。

降压启动控制线路种类很多，下面仅介绍较常见的星形-三角形（Y-△）降压启动控制线路。

（1）星形－三角形降压启动的接线方式

三相异步电动机接线盒有U$_1$、U$_2$、V$_1$、V$_2$、W$_1$、W$_2$共6个接线端，如图8-11所示。当U$_2$、V$_2$、W$_2$三端连接在一起时，内部绕组就构成了星形连接；当U$_1$和W$_2$、U$_2$和V$_1$、V$_2$和W$_1$两两连接在一起时，内部绕组就构成了三角形连接。若三相电源任意两相之间的电压是380V，当电动机绕组接成星形时，每个绕组上的实际电压值为380V/$\sqrt{3}$=220V；当电动机绕组接成三角形时，每个绕组上的电压值为380V。由于绕组接成星形时电压降低，相应流过绕组的电流也减小（约为三角形接法的1/3）。

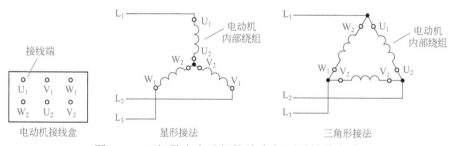

图8-11 三相异步电动机接线盒与两种接线方式

星形-三角形降压启动控制线路就是在启动时将电动机的绕组接成星形，启动后再将绕组接成三角形，让电动机全压运行。当电动机绕组接成星形时，绕组上的电压低，流过的电流小，因而产生的力矩也小，所以星形-三角形降压启动只适用于轻载或空载启动。

（2）星形－三角形降压启动线路

星形-三角形降压启动线路如图8-12所示，该线路采用时间继电器来自动控制切换。

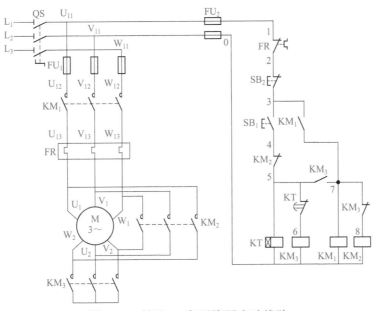

图8-12 星形-三角形降压启动线路

线路工作原理分析如下：

① 闭合电源开关QS。

② 星形降压启动控制。按下启动按钮SB$_1$→接触器KM$_3$线圈和时间继电器KT线圈均得电→KM$_3$主触点闭合、KM$_3$常开辅助触点闭合、KM$_3$常闭辅助触点断开→KM$_3$主触点闭合，将电动机绕组接成星形；KM$_3$常闭辅助触点断开使KM$_2$线圈的供电切断；KM$_3$常开辅助触点闭合使KM$_1$线圈得电→KM$_1$线圈得电使KM$_1$常开辅助触点和主触点均闭合→KM$_1$常开辅助触点闭合使KM$_1$线圈在SB$_1$断开后继续得电；KM$_1$主触点闭合使电动机U$_1$、V$_1$、W$_1$端得电，电动机星形启动。

③ 三角形正常运行控制。时间继电器KT线圈得电一段时间后，其延时常闭触点断开→KM$_3$线圈失电→KM$_3$主触点断开、KM$_3$常开辅助触点断开、KM$_3$常闭辅助触点闭合→KM$_3$主触点断开，取消电动机绕组的星形连接；KM$_3$常闭辅助触点闭合，使KM$_2$线圈得电→KM$_2$线圈得电使KM$_2$常闭辅助触点断开、KM$_2$主触点均闭合→KM$_2$常闭辅助触点断开，使KT线圈失电；KM$_2$主触点闭合，将电动机绕组接成三角形方式，电动机以三角形连接正常运行。

④ 停止控制。按下停止按钮SB$_2$→KM$_1$、KM$_2$、KM$_3$线圈均失电→KM$_1$、KM$_2$、KM$_3$主触点均断开→电动机因供电被切断而停转。

⑤ 断开电源开关QS。

8.2 控制线路的安装

三相异步电动机的控制线路很多，只要学会一种控制线路的安装过程和方法，安装其他的控制线路就很容易，下面以点动控制线路的安装为例说明。

8.2.1 画出待安装线路的电路原理图

在安装控制线路前，应画出控制线路的电路原理图，并了解其工作原理。

点动控制线路如图8-13所示。该线路由主电路和控制电路两部分构成，其中主电路由电源开关QS、熔断器FU₁和交流接触器的3个KM主触点和电动机组成，控制电路由熔断器FU₂、按钮开关SB和接触器KM线圈组成。

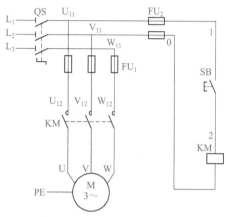

图8-13 点动控制线路原理图

当合上电源开关QS时，由于接触器KM的3个主触点处于断开状态，电源无法给电动机供电，电动机不工作。若按下按钮开关SB，L_1、L_2两相电压加到接触器KM线圈两端，有电流流过KM线圈，线圈产生磁场吸合接触器KM的3个主触点，使3个主触点闭合，三相交流电源L_1、L_2、L_3通过QS、FU₁和接触器KM的3个主触点给电动机供电，电动机运转。此时，若松开按钮开关SB，无电流通过接触器线圈，线圈无法吸合主触点，3个主触点断开，电动机停止运转。

电路的工作过程也可用下面的流程图来表示：

① 合上电源开关QS。

② 启动过程。按下按钮SB→接触器KM线圈得电→KM主触点闭合→电动机M通电运转。

③ 停止过程。松开按钮SB→接触器KM线圈失电→KM主触点断开→电动机断电停转。

④ 停止使用时，应断开电源开关QS。

在该线路中，按下按钮开关时，电动机运转；松开按钮时，电动机停止运转。所以称这种线路为点动式控制线路。

8.2.2 列出器材清单并选配器材

根据控制线路和电动机的规格列出器材清单，见表8-1，并根据清单选配好这些器材。

表8-1 点动控制线路的安装器材清单

符号	名称	型号	规格	数量
M	三相笼型异步电动机	Y112M-4	4kW、380V、△接法、8.8A、1440r/min	1
QF	断路器	DZ5-20/330	三极复式脱扣器、380V、20A	1
FU₁	螺旋式熔断器	RL1-60/25	500V、60A、配熔体额定电流25A	3
FU₂	螺旋式熔断器	RL1-15/2	500V、15A、配熔体额定电流2A	2
KM	交流接触器	CJT1-20	20A、线圈电压380V	1
SB	按钮	LA4-3H	保护式、按钮数3（代用）	1
XT	端子板	TD-1515	15A、15节、660V	1
	配电板		500mm×400mm×20mm	1
	主电路导线		BV1.5mm²和BVR1.5mm²（黑色）	若干
	控制电路导线		BV 1mm²（红色）	若干
	按钮导线		BVR 0.75mm²（红色）	若干
	接地导线		BVR 1.5mm²（黄绿双色）	若干
	紧固体和编码套管			若干

8.2.3 在配电板上安装元件和导线

在配电板上先安装元件，然后按原理图所示的元件连接关系用导线将这些元件连接起来。

（1）安装元件

在安装元件前，先要在配电板（或配电箱）上规划好各元件的安装位置，再安装元件。元件在配电板上的安装位置如图8-14所示。

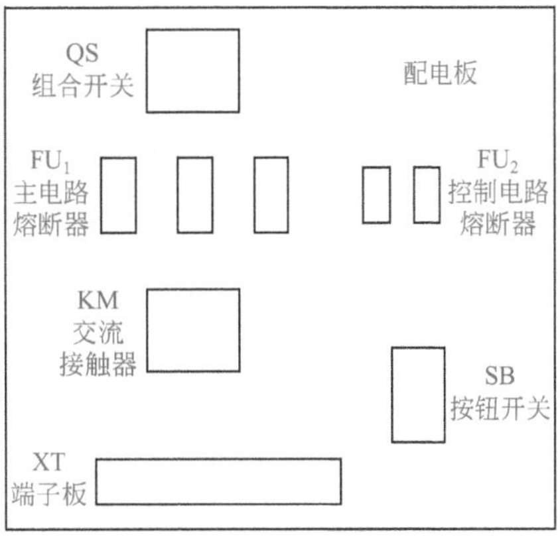

安装元件的工艺要求如下：

① 断路器、熔断器的入电端子应安装在控制板的外侧。

② 元件的安装位置应整齐，间距合理，这样有利于元件的更换。

③ 在紧固元件时，用力要均匀，紧固程度适当。在紧固熔断器、接触器等易碎裂元件时，应用手按住元件一边轻轻摇动，一边用螺丝刀轮换旋紧对角线上的螺钉，直到手摇不动后再适当旋紧些即可。

图 8-14 元件在配电板上的安装位置图

（2）布线

在配电板上安装好各元件后，再根据原理图所示的各元件连接关系用导线将这些元件连接起来。配电板上各元件的接线如图8-15所示。

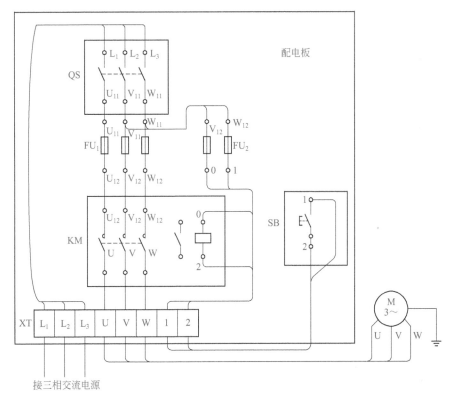

图 8-15 元件在配电板上的接线图

安装导线的工艺要求如下：

① 布线通道应尽可能少，同路并行导线按主、控电路分类集中，单层密排，紧贴安装面布线。

② 同一平面的导线应高低一致或前后一致，不要交叉，一定要交叉时，交叉导线应在接线端子引出时就水平架空跨越，且必须走线合理。

③ 在布线时，导线应横平竖直，分布均匀，变换走向时应尽量垂直转向。

④ 在布线时，严禁损伤线芯和导线绝缘层。

⑤ 布线一般以接触器为中心，由里向外，由低至高，先控制电路，后主电路的顺序进行，以不妨碍后续布线为原则。

⑥ 为了区分导线的功能，可在每根剥去绝缘层的导线两端套上编码套管，两个接线端子之间的导线必须连续，中间无接头。

⑦ 导线与接线端了连接时，不得压绝缘层、不露铜过长。

⑧ 同一元件、同一回路的不同接点的导线间距离应保持一致。

⑨ 一个元件的接线端子上的连接导线尽量不要多于两根。

8.2.4 检查线路

为了避免接线错误造成不必要的损失，在通电试车前需要对安装的控制线路进行检查。

（1）直观检查

对照按电路原理图，从电源端开始逐段检查接线及接线端子处连接是否正确，有无漏接、错接，检查导线接点是否符合要求，压接是否牢固，以免接负载运行时因接触不良而产生闪弧。

（2）用万用表检查

① 主电路的检查　在检查主电路时，应断开断路器QS，并断开（取下）控制电路的熔断器FU_2，然后万用表拨至$R \times 10\Omega$挡，测量熔断器上端子U_{11}-V_{11}之间的电阻，正常阻值应为无穷大，如图8-16所示，再用同样的方法测量端子U_{11}-W_{11}、V_{11}-W_{11}的电阻，正常阻值也应为无穷大，如果某两相之间的阻值很小或为0，说明该两相之间的接线有短路点，应认真检查找出短路点。

按压接触器KM的联动架，人为让内部触点动作（主触点会闭合），用万用表测量熔断器上端子U_{11}-V_{11}之间的电阻，正常应有一定的阻值，该阻值为电动机U、V相绕组的串联值，如果阻值无穷大，应检查两相之间的各段接线，具体检查时万用表一根表笔接U_{11}端子，另一根表笔依次接熔断器的下U_{12}端子、接触器KM的上U_{12}端子、下U端子、端子板的U端，正常测得阻值都应为0，若阻值为无穷大，则上方的元件或导线开路，再将表笔接端子板的V端，正常应用一定的阻值（U、V绕组的串联值），若阻值无穷大，可能是电动机接线盒错误或U、V相绕组开路，如果测到端子板的V端时均正常，继续将表笔依次接接触器KM的下V端子、上V_{12}端子、熔断器FU_1的下V_{12}端子、上V_{11}端子，找出开路的元件或导线。再用同样的方法测量熔断器上端子U_{11}-W_{11}、V_{11}-W_{11}的电阻，若阻值不正常，用前述方法检查两相之间的元件和导线。

② 控制电路（辅助电路）的检查　在取下熔断器FU_2的情况下，用万用表测量FU_2下端

子0-1之间的电阻，正常阻值应为无穷大，按下按钮SB后测得的阻值应变小，此时的阻值为接触器KM线圈的直流电阻，如果测得的阻值始终都是无穷大，可将一根表笔接熔断器FU₂的下0端子，另一根表笔依次接KM线圈上0端子、下2端子→端子板的端子2→按钮SB（保持按下）的端子2、端子1→端子板的端子1→熔断器FU₂的下1端子，找出开路的元件或导线。

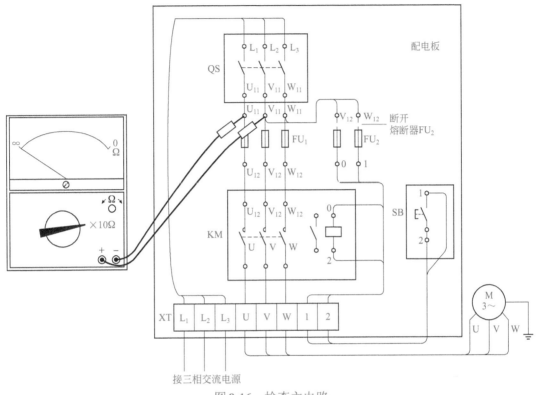

图8-16　检查主电路

8.2.5　通电试车

如果直观检查和万用表检查均正常，可以进行通电试车。通电试车分为空载试车和带载试车。

（1）空载试车

空载试车是指不带电动机来测试控制线路。将端子板上的三根连接电动机的导线拆下，然后合上断路器QS，为主、辅电路接通电源，按下按钮SB，接触器应发出触点吸合的声音，松开SB，触点应释放，重复操作多次以确定电路的可靠性。

（2）带载试车

带载试车是指带电动机来测试控制线路。将电动机的三根连接导线接到端子板的U、V、W端子上，然后合上断路器QS，为主、辅电路接通电源，按下按钮SB，电动机应通电运行，松开SB，电动机断电停止运行。

8.2.6 注意事项

在安装电动机控制线路时，应注意以下事项：

① 不要触摸带电部件，正确的操作程序是：先接线后通电，先接电路部分后接电源部分；先接主电路，后接控制电路，再接其他电路；先断电源后拆线。

② 在接线时，必须先接负载端，后接电源端；先接接地端，后接三相电源相线。

③ 如果发现异常现象（如发响、发热、焦臭），应立即切断电源，保持现场，以便确定故障。

④ 电动机必须安放平稳，电动机金属外壳必须可靠接地，连接电动机的导线必须穿在导线管道内加以保护，或采取坚韧的四芯橡胶护套线进行临时通电校验。

⑤ 电源进线应接在螺旋式熔断器底座中心端上，出线应接在螺纹外壳上。

第9章
室内配电与照明线路的安装

室内配电线路安装主要包括照明光源的安装、导线的选择与安装、插座与开关的安装及配电箱的安装等。室内配电线路安装好后，在室内可以获得照明，可以通过插座为各种家用电器供电，在电器出现过载和人体触电时能实现自动保护，另外还能对室内的用电量进行记录等。

9.1 照明光源

在室内安装照明光源是配电线路安装最基本的操作。照明光源的种类很多，常见的有白炽灯、荧光灯、卤钨灯、高压汞灯和高压钠灯等。

9.1.1 白炽灯

（1）结构与原理

白炽灯是一种最常用的照明光源，它有卡口式和螺口式两种，如图9-1所示。

白炽灯内的灯丝为钨丝，当通电后钨丝温度升高到2200～3300℃而发出强光，当灯丝温度太高时，会使钨丝蒸发过快而降低寿命，且蒸发后的钨沉积在玻璃壳内壁上，使壳内壁发黑而影响亮度，为此通常在60W以上的白炽灯玻璃壳内充有适量的惰性气体（氪、氩、氖等），这样可以减少钨丝的蒸发。

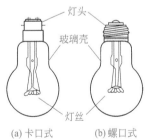

图9-1　白炽灯

在选用白炽灯时，要注意其额定电压要与所接电源电压一致。若电源电压偏高，如电压偏高10%，其发光效率会提高17%，但寿命会缩短到原来的28%；若电源电压偏低，其发光效率会降低，但寿命会延长。

（2）安装注意事项

在安装白炽灯时，要注意以下事项：

① 白炽灯座安装高度通常应在2m以上，环境差的场所应达2.5m以上。

② 照明开关的安装高度不应低于1.3m。

③ 对于螺口灯座，应将灯座的螺旋铜圈极与市电的零线（或称中性线）相连，火线（即相线）与灯座中心铜极连接。

（3）开关控制线路

白炽灯的常用开关控制线路如图9-2所示，在实际接线时，导线的接头尽量安排在灯座和开关内部的接线端子上，这样做不但可减少线路连接的接头数，在线路出现故障时查找比较容易。

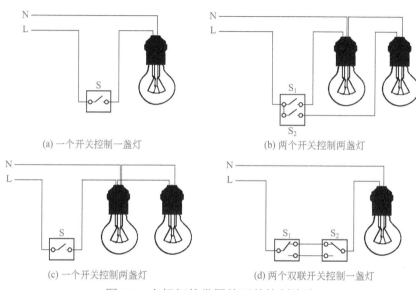

(a) 一个开关控制一盏灯　　　　　　　(b) 两个开关控制两盏灯

(c) 一个开关控制两盏灯　　　　　　　(d) 两个双联开关控制一盏灯

图9-2　白炽灯的常用的开关控制线路

9.1.2　荧光灯

荧光灯又称日光灯，它是一种利用气体放电而发光的光源。荧光灯具有光线柔和、发光效率高和寿命长等特点。

（1）工作原理

荧光灯主要由荧光灯管、启辉器和镇流器组成。荧光灯的结构及电路连接如图9-3所示。荧光灯工作原理说明如下：

当闭合开关S时，220V电压通过熔断器、开关S、镇流器和灯管的灯丝加到启辉器两端。由于启辉器内部的动、静触片距离很近，两触片间的电压使中间的气体电离发出辉光，辉光的热量使动触片弯曲与静触片接通，于是电路中有电流通过，其途径是：相线→熔断器→开关→镇流器→右灯丝→启辉器→左灯丝→零线，该电流流过灯管两端灯丝，灯丝温度升高。当灯丝温度升高到850～900℃时，荧光管内的汞蒸发就变成气体。与此同时，由于启辉器动、静触片的接触而使辉光消失，动触片无辉光加热又恢复原样，从而使得动、静触片又断开，电

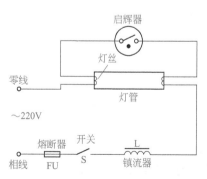

图9-3　荧光灯的结构及电路连接

路被突然切断，流过镇流器（实际是一个电感）的电流突然减小，镇流器两端马上产生很高的反峰电压，该电压与220V电压叠加送到灯管的两灯丝之间（即两灯丝间的电压为220V加上镇流器上的高压），使灯管两灯丝间的汞蒸气电离，同时发出紫外线，紫外线激发灯管壁上的荧光粉发光。

灯管内的汞蒸气电离后，汞蒸气变成导电的气体，它一方面发出紫外线激发荧光粉发光，另一方面将两灯丝电气连通。两灯丝通过电离的汞蒸气接通后，它们之间的电压下降（100V以下），启辉器两端的电压也下降，无法产生辉光，内部动、静触片处于断开状态，这时取下启辉器，灯管照样发光。

（2）荧光灯各部分说明

① 荧光灯管 荧光灯管的结构如图9-4所示。

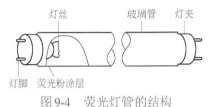

图9-4 荧光灯管的结构

荧光灯管的功率与灯管长度、管径大小有一定的关系，一般来说灯管越长，管径越粗，其功率越大。表9-1列出了一些荧光灯管的管径尺寸与对应的功率。

表9-1 荧光灯管的管径尺寸与对应的功率

管径代号	T5	T8	T10	T12
管径尺寸/mm	15	25	32	38
灯管功率/W	4、6、8、12、13	10、15、18、30、36	15、20、30、40	15、20、30、40、65、80、85、125

② 启辉器 启辉器是由一个辉光放电管与一个小电容器并联而成的。启辉器的外形和结构如图9-5所示。辉光放电管的外形与内部结构如图9-6所示。

(a) 外形   (b) 结构

图9-5 启辉器的外形和结构

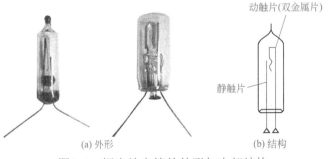

(a) 外形   (b) 结构

图9-6 辉光放电管的外形与内部结构

从图9-6可以看出，辉光放电管内部有一个动触片（U形双金属片）和一个静触片，在玻璃管内充有氖气或氩气，或氖氩混合惰性气体。当动、静触片之间加有一定的电压时，中间的惰性气体被击穿导电而出现辉光放电，动触片被辉光加热而弯曲与静触片接通。动、静触片接通后不再发生辉光放电，动触片开始冷却，经过 1 ~ 8s 的时间，动触片收缩回原来状态，动、静触片又断开。此时因灯管导通，辉光放电管动、静触片两端的电压很低，无法再击穿惰性气体产生辉光。另外，在辉光放电管两端一般并联一个电容，用来消除动、静触片通断时产生的干扰信号，防止干扰无线电接收设备（如电视机和收音机）。

③ 镇流器　镇流器实际上是一个电感量较大的电感器，它是由线圈绕制在铁芯上构成的。镇流器的外形及结构如图9-7所示。

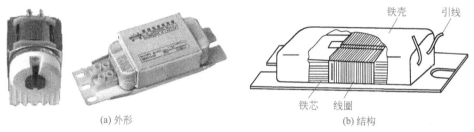

(a) 外形　　　　　　　　　　　　　　　　(b) 结构

图9-7　镇流器的外形与结构

电感式镇流器体积大、笨重，并且成本高，故现在很多荧光灯采用电子式镇流器。电子式镇流器采用电子电路来对荧光灯进行启动，同时还可以省去启辉器。

（3）荧光灯的安装

荧光灯的安装形式主要有吸顶式、钢管式和链吊式三种，其中链吊式不但可以避免振动，还有利于镇流器散热，故应用最为广泛。荧光灯的链吊式安装如图9-8所示，安装时先将灯座、启辉器和镇流器按图示方法安装在木架上，然后按图前述的荧光灯接线原理图将各部件连接起来，最后用吊链进行整体吊装。

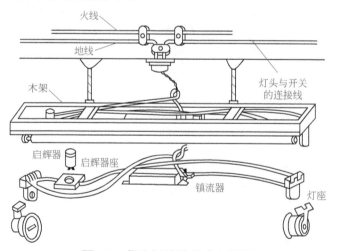

图9-8　荧光灯的链吊式安装图

9.1.3　卤钨灯

卤钨灯是在白炽灯的基础上改进而来的，在充有惰性气体的白炽灯内再加入卤族元素

（如氟、碘、溴等）就制成了卤钨灯。第一个实用的卤钨灯是1959年由美国通用电气公司研制成功的管型碘钨灯。由于卤钨灯具有体积小、发光效率高、色温稳定、几乎无光衰、寿命长等优点，问世后发展十分迅速，有逐渐取代白炽灯的趋势。

（1）结构与原理

根据充入的卤族元素的不同，卤钨灯可分为碘钨灯、溴钨灯等，这里以碘钨灯为例来介绍卤钨灯。常见的碘钨灯外形与结构如图9-9所示。

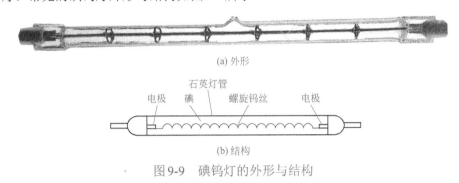

(a) 外形

石英灯管

电极　　碘　　螺旋钨丝　　电极

(b) 结构

图9-9　碘钨灯的外形与结构

卤钨灯的石英灯管两端为电极，电极之间连接着钨丝，石英灯管内部充有惰性气体和碘。当给卤钨灯两个电极接上电源时，有电流流过钨丝，钨丝发热，钨丝因高温使部分钨蒸发而成为钨蒸气，它与灯管壁附近的碘发生化学反应而生成气态的碘化钨，通过对流和扩散碘化钨又返回到灯丝的高温区，高温将碘化钨分解成钨和卤素，钨沉积在灯丝表面，而碘则扩散到温度较低的灯管内壁附近，再继续与蒸发的钨化合。这个过程会不断循环，从而使钨灯丝不会因蒸发而变细，灯管壁上也不会有钨沉积，灯管始终保持透亮。

（2）使用注意事项

在使用和安装卤钨灯时，要注意以下事项：

① 卤钨灯对电源电压稳定性要求较高，当电压超过灯额定电压的5%时，灯的寿命会缩短50%，因此要求电源电压变化在2.5%范围内。

② 卤钨灯要求水平安装，若倾斜超过±4°，则会严重影响使用寿命。

③ 卤钨灯工作时，管壁温度很高（近600℃），所以安装位置应远离易燃物，并且要加灯罩，接线最好采用耐高温导线。

9.1.4　高压汞灯

高压汞灯又称为高压水银灯，它是一种利用气体放电而发光的灯。

（1）结构与原理

高压汞灯的实物外形和结构如图9-10所示。

从图中可以看出，高压汞灯由两个玻璃管组成，外玻璃管内部装着一个小玻璃管，外玻璃管内壁涂有荧光粉，内玻璃管又称为放电管，它接有两个主电极和一个辅助电极，辅助电极上串有一个电阻，在放电管内部充有汞和氩气。

在通电时，电压通过灯头加到主电极1和主电极2，送给主电极1的电压另经过一个电阻加到辅助电极上。由于辅助电极与主电极2距离近，它们之间首先放电产生辉光，放电管内的气体电离。由于气体的电离，主电极1和主电极2之间也产生放电而发出白光，两主电极导通使它们之间的电压降低，因电阻的降压，主电极2与辅助电极之间的电压更低，它们之间放电停止。随着两主电极间的放电，放电管内温度升高，汞蒸气气压增大，放电管发出更明亮的可见蓝绿色光和不可见的紫外线，紫外线照射外玻璃管内壁上的荧光粉，荧光粉也发出光线。由此可见，高压汞灯通电后，并不是马上就会发出强光，而是光线慢慢变亮，这个过程称为高压汞灯的启动过程，耗时 4 ～ 8min。

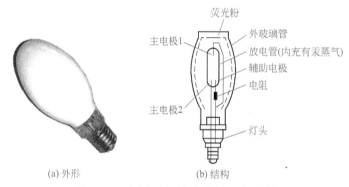

(a) 外形　　　　(b) 结构

图 9-10　高压汞灯的实物外形与结构

（2）电路连接

高压汞灯具有负阻特性，即两主电极之间的电阻随着温度升高而变小，这是因为温度高，汞蒸气放电更彻底，通过的电流更大。这样就会出现温度升高→电阻更小→电流更大→温度更高的情况。随着温度不断升高，放电管内的气压不断增大，高压汞灯很容易损坏，所以需要给高压汞灯串接一个镇流器，对汞灯的电流进行限制，防止电流过大。高压汞灯与镇流器的连接如图 9-11 所示。

目前，市面上已有一种不用镇流器的高压汞灯，它是在高压汞灯内部的一个主电极上串接一根钨丝作为灯丝，如图 9-12 所示。高压汞灯在工作时，有电流流过灯丝，灯丝发光，另外灯丝因发热而阻值变大，并且温度越高阻值越大，这正好与放电管温度越高阻值越小相反，从而防止流过放电管的电流过大。这种高压汞灯具有光色种类多、启动快和使用方便等优点。

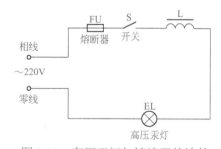

图 9-11　高压汞灯与镇流器的连接

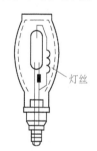

图 9-12　不用镇流器的高压汞灯

（3）使用注意事项

在安装和使用高压汞灯时，要注意以下事项：

① 高压汞灯要求电源电压稳定，当电压降低5%时，所需的启动时间长，并且容易自灭。

② 高压汞灯要垂直安装，若水平安装，亮度会降低，并且容易自灭。

③ 如果选用普通的高压汞灯，需要串接镇流器，并且镇流器功率要与高压汞灯一致。

④ 高压汞灯外玻璃管破裂后仍可以发光，但会发出大量的紫外线，对人体有危害，应更换处理。

⑤ 若在使用高压汞灯时突然关断电源，再通电点燃时，应间隔 10 ～ 15min。

9.2 室内配电布线

在室内配电布线的一般过程是：先根据室内情况和用户需要设计出配电方案，然后在室内进行布线（即安装导线），再安装开关和插座，最后安装配电箱。

9.2.1 了解整幢楼房的配电系统结构

在设计用户室内配电方案前，有必要先了解一下用户所在楼房的整体配电结构，图9-13是一幢8层16个用户的配电系统图。楼电能表用于计量整幢楼的用电量，断路器用于接通或切断整幢楼的用电，整幢楼的每户都安装有电能表，用于计量每户的用电量，为了便于管理，这些电能表一般集中安装在一起管理（如安装在楼梯间或地下车库），用户可到电能表集中区查看电量。电能表的输出端接至室内配电箱，用户可根据需要，在室内配电箱安装多个断路器、漏电保护器等配电电器。

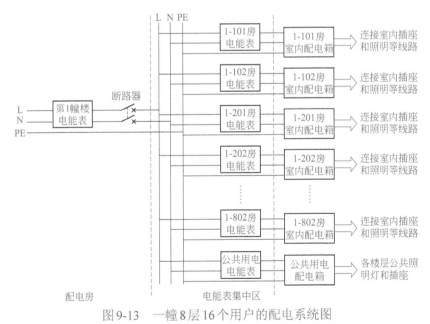

图9-13 一幢8层16个用户的配电系统图

9.2.2 室内配电方式与配电原则

（1）配电方式

室内配电是指根据一定的方式将入户电源分配成多条电源支路，以提供给室内各处的插座和照明灯具。下面介绍三种住宅常用的配电方式。

① 按家用电器的类型分配电源支路　在采用该配电方式时，可根据家用电器类型，从室内配电箱分出照明、电热、厨房电器、空调等若干支路（或称回路）。由于该方式将不同类型的用电器分配在不同支路内，当某类型用电器发生故障需停电检修时，不会影响其他电器的正常供电。这种配电方式敷设线路长，施工工作量较大，造价相对较高。

图9-14采用了按家用电器的类型来分配电源支路。三根入户线中的L、N线进入配电箱后先接用户总开关，厨房的用电器较多且环境潮湿，故用漏电保护器单独分出一条支路；一般住宅都有多台空调，由于空调功率大，可分为两条支路（如一路接到客厅大功率柜式空调插座，另一条接到几个房间的小功率壁挂式空调）；浴室的浴霸功率较大，也单独引出一条支路；卫生间比较潮湿，用漏电保护器单独分出一条支路；室内其他各处的插座分出两路来接，如一条支路接餐厅、客厅和过道的插座，另一条支路接三房的插座；照明灯具功率较小，故只分出 条支路接到室内各处的照明灯具。

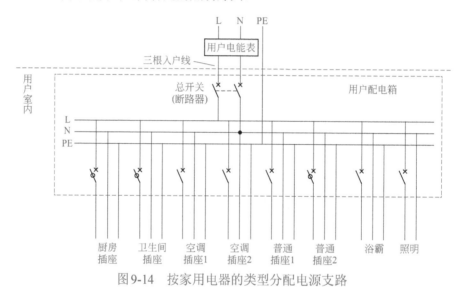

图9-14　按家用电器的类型分配电源支路

② 按区域分配电源支路　在采用该配电方式时，可从室内配电箱分出客餐厅、主卧室、客书房、厨房、卫生间等若干支路。该配电方式使各室供电相对独立，减少相互之间的干扰，一旦发生电气故障时仅影响一两处。这种配电方式敷设线路较短。图9-15采用了按区域分配电源支路。

③ 混合型分配电源支路　在采用该配电方式时，除了大功率的用电器（如空调、电热水器、电取暖器等）单独设置线路回路以外，其他各线路回路并不一定分割得十分明确，而是根据实际房型和导线走向等因素来决定各用电器所属的线路回路。这样配电对维修和处理故障有一定不便，但由于配电灵活，可有效地减少导线敷设长度，节省投资，方便施工，所以这种配电方式使用较广泛。

（2）配电原则

现在的住宅用电器越来越多，为了避免某一电器出现问题影响其他或整个电器的工作，需要在配电箱中将入户电源进行分配，以提供给不同的电器使用。不管采用哪种配电方式，在配电时应尽量遵循基本原则。

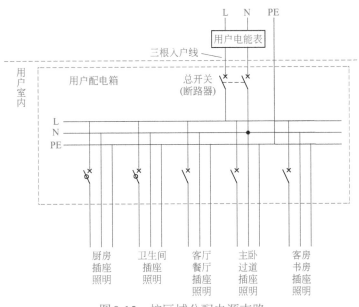

图9-15　按区域分配电源支路

住宅配电的基本原则如下：

①　一个线路支路的容量应尽量在1.5kW以下，如果单个用电器的功率在1kW以上，建议单独设为一个支路。

②　照明、插座尽量分成不同的线路支路。当插座线路连接的电气设备出现故障时，只会使该支路的电源中断，不会影响照明线路的工作，因此可以在有照明的情况下对插座线路进行检修，如果照明线路出现故障，可在插座线路接上临时照明灯具，对插座线路进行检查。

③　照明可分成几个线路支路。当一个照明线路出现故障时，不会影响其他的照明线路工作，在配电时，可按不同的房间搭配分成两三个照明线路。

④　对于大功率用电器（如空调、电热水器、电磁灶等），尽量一个电器分配一个线路支路，并且线路应选用截面积大的导线。如果多台大功率电器合用一个线路，当它们同时使用时，导线会因流过的电流很大而易发热，即使导线不会马上烧坏，长期使用也会降低导线的绝缘性能。与截面积小的导线相比，截面积大的导线的电阻更小，截面积大的导线对电能损耗更小，不易发热，使用寿命更长。

⑤　潮湿环境（如浴室）的插座和照明灯具的线路支路必须采取接地保护措施。一般的插座可采用两极、三极普通插座，而潮湿环境需要用防溅三极插座，其使用的灯具如有金属外壳，则要求外壳必须接地（与PE线连接）。

9.2.3　配电布线

配电布线是指将导线从配电箱引到室内各个用电处（主要是灯具或插座）。布线分为明装布线和暗装布线，这里以常用的线槽式明装布线为例进行说明。

线槽布线是一种较常用的住宅配电布线方式，它是将绝缘导线放在绝缘槽板（塑料或木质）内进行布线，由于导线有槽板的保护，因此绝缘性能和安全性较好。塑料槽板布线用于干燥场合做永久性明线敷设，或用于简易建筑或永久性建筑的附加线路。

布线使用的线槽类型很多，其中使用最广泛的为PVC电线槽布线，其外形如图9-16所示，方形电线槽截面积较大，可以容纳更多导线，半圆形电线槽虽然截面积要小一些，因其外形特点，用于地面布线时不易绊断。

图9-16　PVC电线槽

（1）布线定位

在线槽布线定位时，要注意以下几点：

① 先确定各处的开关、插座和灯具的位置，再确定线槽的走向。插座采用明装时距离地面一般为1.3～1.8m，采用暗装时距离地面一般为0.3～0.5m，普通开关安装高度一般为1.3～1.5m，开关距离门框20cm左右，拉线开关安装高度为2～3m。

② 线槽一般沿建筑物墙、柱、顶的边角处布置，要横平竖直，尽量避开不易打孔的混凝梁、柱。

③ 线槽一般不要紧靠墙角，应隔一定的距离，紧靠墙角不易施工。

④ 在弹（画）线定位时，如图9-17所示，横线弹在槽上沿，纵线弹在槽中央位置，这样安装好线槽后就可将定位线遮挡住，使墙面干净整洁。

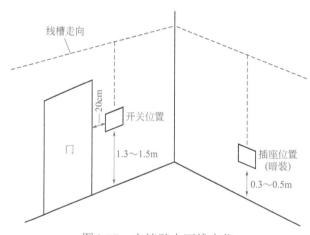

图9-17　在墙壁上画线定位

（2）线槽的安装

线槽安装如图9-18所示，先用钉子将电线槽的槽板固定在墙壁上，再在槽板内铺入导线，然后给槽板压上盖板即可。

在安装线槽时，应注意以下几个要点：

① 在安装线槽时，内部钉子之间相隔距离不要大于50cm，如图9-19（a）所示。

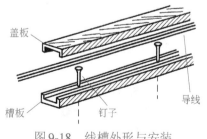

图9-18　线槽外形与安装

② 在线槽连接安装时，线槽之间可以直角拼接安装，也可切割成45°拼接安装，钉子与拼接中心点距离不大于5cm，如图9-19（b）所示。

③ 线槽在拐角处采用45°拼接，钉子与拼接中心点距离不大于5cm，如图9-19（c）所示。

④ 线槽在T字形拼接时，可在主干线槽旁边切出一个凹三角形口，分支线槽切成凸三角形，再将分支线槽的三角形凸头插入主干线槽的凹三角形口，如图9-19（d）所示。

⑤ 线槽在十字形拼接时，可将四个线槽头部端切成凸三角形，再并接在一起，如图9-19（e）所示。

⑥ 线槽在与接线盒（如插座、开关底盒）连接时，应将二者紧密无缝隙地连接在一起，如图9-19（f）所示。

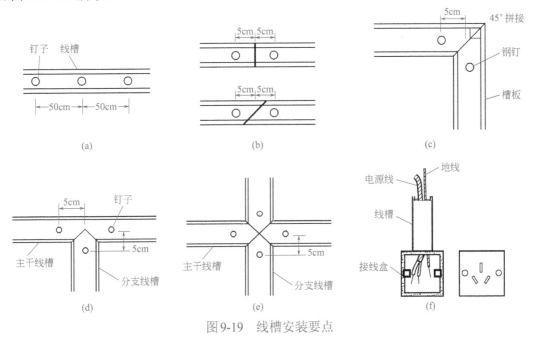

图9-19 线槽安装要点

（3）用配件安装线槽

为了让线槽布线更为美观和方便，可采用配件来连接线槽。PVC电线槽常用的配件如图9-20所示，这些配件在线槽布线的安装位置如图9-21所示，要注意的是，该图仅用来说明各配件在线槽布线时的安装位置，并不代表实际的布线。

（4）线槽布线的配电方式

在线管暗装布线时，由于线管被隐藏起来，故将配电分成多个支路并不影响室内整洁美观，而采用线槽明装布线时，如果也将配电分成多个支路，在墙壁上明装敷设大量的线槽，不但不美观，而且比较碍事。为适合明装布线的特点，线槽布线常采用区域配电方式。配电线路的连接方式主要有：①单主干接多分支方式；②双主干接多分支方式；③多分支方式。

① 单主干接多分支配电方式

单主干接多分支方式是一种低成本的配电方式，它是从配电箱引出一路主干线，该主干线依次走线到各厅室，每个厅室都用接线盒从主干线处接出一路分支线，由分支线路为本厅室配电。

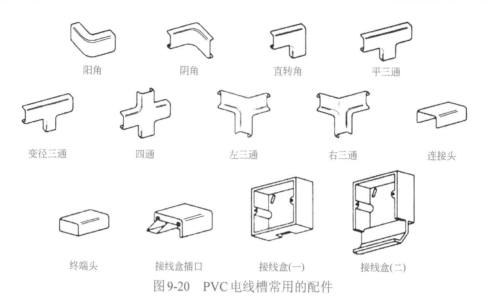

图 9-20　PVC 电线槽常用的配件

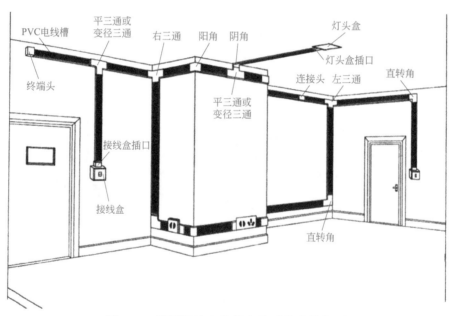

图 9-21　线槽配件在线槽布线时的安装位置

单主干接多分支的配电方式如图 9-22 所示，从配电箱引出一路主干线（采用与入户线相同截面积的导线），根据住宅的结构，并按走线最短原则，主干线从配电箱出来后，先后依次经过餐厅、厨房、过道、卫生间、主卧室、客房、书房、客厅和阳台，在餐厅、厨房等合适的主干线经过的位置安装接线盒，从接线盒中接出分支线路，在分支线路上安装插座、开关和灯具。主干线在接线盒穿盒而过，接线时不要截断主干线，只要剥掉主干线部分绝缘层，分支线与主干线采用 T 形接线。在给带门的房室内引入分支线路时，可在墙壁上钻孔，然后给导线加保护管进行穿墙。

单主干接多分支方式的某房间走线与接线如图 9-23 所示。该房间的插座线和照明线通过穿墙孔接外部接线盒中的主干线，在房间内，照明线路的零线直接去照明灯具，相线先进入开关，经开关后去照明灯具，插座线先到一个插座，在该插座的底盒中，将线路中分作两个分支，分别去接另两个插座，导线接头是线路容易出现问题的地方，不要放在线槽中。

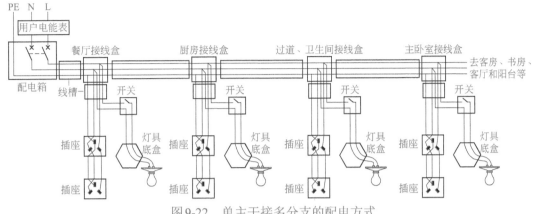

图9-22 单主干接多分支的配电方式

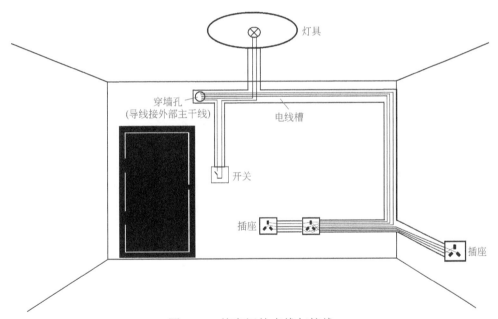

图9-23 某房间的走线与接线

② 双主干接多分支方式 双主干接多分支方式是从配电箱引出照明和插座两路主干线，这两路主干线依次走线到各厅室，每个厅室都用接线盒从两路主干线分别接出照明和插座支路线，为本厅室照明和插座配电。由于双主干接多分支配电方式要从配电箱引出两路主干线，同时配电箱内需要两个控制开关，故较单主干接多分支方式的成本要高，但由于照明和插座分别供电，当一路出现故障时可暂时使用另一路供电。

双主干接多分支的配电方式如图9-24所示，该方式的某房间走线与接线与图9-23是一样的。

③ 多分支配电方式 多分支配电方式是根据各厅室的位置和用电功率，划分为多个区域，从配电箱引出多路分支线路，分别供给不同区域。为了不影响房间美观，线槽明线布线

通常使用单路线槽，而单路线槽不能容纳很多导线（在线槽明装布线时，导线总截面积不能超过线槽截面积的60%），故在确定分支线路的个数时，应考虑线槽与导线的截面积。

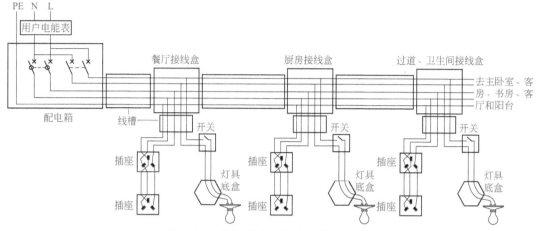

图9-24　双主干接多分支的配电方式

多分支的配电方式如图9-25所示，它将一户住宅用电分为三个区域，在配电箱中将用电分作三条分支线路，分别用开关控制各支路供电的通断，三条支路共9根导线通过单路线槽引出，当分支线路1到达用电区域一的合适位置时，将分支线路1从线槽中引到该区域的接线盒，在接线盒再接成三路分支，分别供给餐厅、厨房和过道，当分支线路2到达用电区域二的合适位置时，将分支线路2从线槽中引到该区域的接线盒，在接线盒中接成三路分支，分别供给主卧室、书房和客房，当分支线路3到达用电区域三的合适位置时，将分支线路3从线槽中引到该区域的接线盒，在接线盒接成三路分支，分别供给卫生间、客厅和阳台。

由于线槽中导线的数量较多，为了方便区别分支线路，可每隔一段距离用标签对各分支线路做上标记。

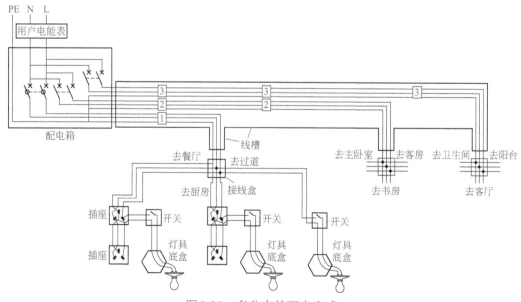

图9-25　多分支的配电方式

（5）导线连接点的处理

在室内布线时，除了要安装主干线外，还要安装分支线，而分支线与主干线连接时就会产生连接点。导线连接点是电气线路的薄弱环节，容易出现氧化、漏电和接触不良等故障，如果采用槽板、套管和暗敷布线时，由于无法看见导线，故连接点出现故障后很难查找。

正确处理导线连接点可以提高电气线路的稳定性，并且在出现故障后易于检查。处理导线连接点常用的方法是将连接点放在插座和接线盒内。

① 将导线连接点放在插座内　要安装一个插座，如果按图9-26（a）所示的做法在主干线上接分支线，再将插座接在分支线上，就会产生两个接线点。正常的做法是按图9-26（b）所示的方法，将主干线引入插座，并将连接点放在插座的接线端上，主干线仍引出插座。

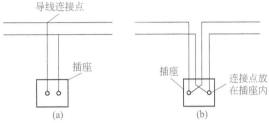

图9-26　将导线连接点放在插座内

② 将导线连接点放在接线盒中　如果导线分支处没有插座，那么也可以在分支处专门安装一个接线盒。图9-27（a）所示是没有使用接线盒的导线连接，它有两个连接点，采用接线盒后，可以将分支连接点安装在接线盒的两个接线端上，如图9-27（b）、（c）所示。导线连接点除了可以放在插座和接线盒中，还可以放在开关和灯具的灯座中。由于室内配电导线故障大多数发生在导线连接点，因此，当配电线路出现故障后，可先检查插座、接线盒内的导线连接点。

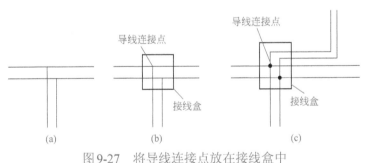

图9-27　将导线连接点放在接线盒中

9.3　开关、插座和配电箱的安装

9.3.1　开关的安装

（1）暗装开关的拆卸与安装

① 暗装开关的拆卸　拆卸是安装的逆过程，在安装暗装开关前，先了解一下如何拆卸已安装的暗装开关。单联暗装开关的拆卸如图9-28所示，先用一字螺丝刀插入开关面板的缺口，用力撬下开关面板，再撬下开关盖板，然后旋出固定螺钉，就可以拆下开关主体。多联

暗装开关的拆卸与单联暗装开关大同小异，如图9-29所示。

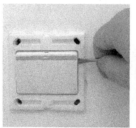

(a) 撬下面板　　　　　(b) 撬下盖板　　　　　(c) 旋出固定螺钉　　　　　(d) 拆下开关主体

图9-28　单联暗装开关的拆卸

(a) 未撬下面板　　　　　(b) 已撬下面板　　　　　(c) 已撬下一个开关盖板

图9-29　多联暗装开关的拆卸

　　② 暗装开关的安装　由于暗装开关是安装在暗盒上的，在安装暗装开关时，要求暗盒（又称安装盒或底盒）已嵌入墙内并已穿线，如图9-30所示，暗装开关的安装如图9-31所示，先从暗盒中拉出导线，接在开关的接线端是，然后用螺钉将开关主体固定在暗盒上，再依次装好盖板和面板即可。

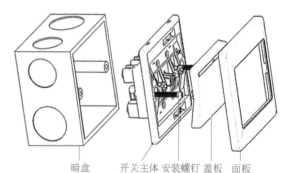

暗盒　开关主体 安装螺钉 盖板　面板

图9-30　已埋入墙壁并穿好线的暗盒　　　　　图9-31　暗装开关的安装

（2）明装开关的安装

　　明装开关直接安装在建筑物表面。明装开关有分体式和一体式两种类型。

　　分体式明装开关如图9-32所示，分体式明装开关采用明盒与开关组合。在安装分体式明装开关时，先用电钻在墙壁上钻孔，接着往孔内敲入膨胀管（胀塞），然后将螺钉穿过明盒的底孔并旋入膨胀管，将明盒固定在墙壁上，再从侧孔将导线穿入底盒并与开关的接线端连接，最后用螺钉将开关固定在明盒上。明装与暗装所用的开关是一样的，但底盒不同，由于暗装底盒嵌入墙壁，底部无需螺钉固定孔，如图9-33所示。

图9-32　分体式明装开关（明盒＋开关）

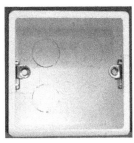

图9-33　暗盒（底部无螺钉孔）

　　一体式明装开关如图9-34所示，在安装时先要撬开面板盖，才能看见开关的固定孔，用螺钉将开关固定在墙壁上，再将导线引入开关并接好线，然后合上面板盖即可。

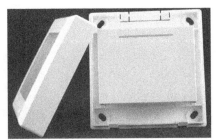

图9-34　一体式明装开关

（3）开关的安装要点

开关的安装要点如下：

① 开关的安装位置为距地约1.4m，距门口约0.2m处为宜。

② 为避免水汽进入开关而影响开关寿命或导致电气事故，卫生间的开关最好安装在卫生间门外，若必须安装在卫生间内，应给开关加装防水盒。

③ 开敞式阳台的开关最好安装在室内，若必须安装在阳台，应给开关加装防水盒。

④ 在接线时，必须将相线接开关，相线经开关后再去接灯具，零线直接灯具。

9.3.2　插座的安装

　　插座种类很多，常用的基本类型有两孔、三孔、四孔、五孔插座和三相四线插座，还有带开关插座，如图9-35所示，从图中可以看出，三孔插座有三个接线端，四孔插座有两个接线端（对应的上下插孔内部相通），五孔插座有三个接线端，三相四线插座有四个接线端，一开三孔插座有五个接线端（两个为开关端，三个为插座端），一开五孔插座也有五个接线端。

（1）暗装插座的拆卸与安装

暗装插座的拆卸方法与暗装开关是一样的，暗装插座的拆卸如图9-36所示。

暗装插座的安装与暗装开关也是一样的，先从暗盒中拉出导线，按极性规定将导线与插座相应的接线端连接，然后用螺钉将插座主体固定在暗盒上，再盖好面板即可。

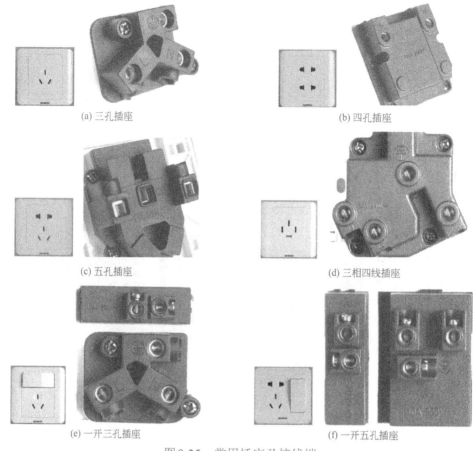

(a) 三孔插座　　　　　　　　　　　　　　　　(b) 四孔插座

(c) 五孔插座　　　　　　　　　　　　　　　　(d) 三相四线插座

(e) 一开三孔插座　　　　　　　　　　　　　　(f) 一开五孔插座

图9-35　常用插座及接线端

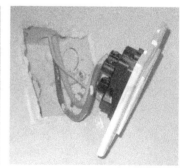

图9-36　暗装插座的拆卸

（2）明装插座的安装

与明装开关一样，明装插座也有分体式和一体式两种类型。

分体式明装插座如图9-37所示，分体式明装插座采用明盒与插座组合，明装与暗装所用的插座是一样的。安装分体式明装插座与安装分体式明装开关一样，将明盒固定在墙壁上，再从侧孔将导线穿入底盒并与插座的接线端连接，最后用螺钉将插座固定在明盒上。

一体式明装插座如图9-38所示，在安装时先要撬开面板盖，可以看见插座的螺钉孔和接线端，用螺钉将插座固定在墙壁上，并接好线，然后合上面板盖即可。

图9-37　分体式明装插座（明盒+插座）

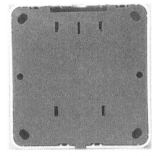

图9-38　一体式明装插座

（3）插座安装接线的注意事项

在安装插座时，要注意以下事项：

① 在选择插座时，要注意插座的电压和电流规格，住宅用插座电压通常规格为220V，电流等级有10A、16A、25A等，插座所接的负载功率越大，要求插座电流等级越大。

② 如果需要在潮湿的环境（如卫生间和开敞式阳台）安装插座，应给插座安装防水盒。

③ 在接线时，插座的插孔一定要按规定与相应极性的导线连接。插座的接线极性规律如图9-39所示。单相两孔插座的左极接N线（零线），右极接L线（相线）；单相三孔插座的左极接N线，右极接L线，中间极接E线（地线）；三相四线插座的左极接L_3线（相线3），右极接L_1线（相线1），上极接E线，下极接L_2线（相线2）。

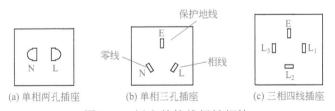

图9-39　插座的接线极性规律

9.3.3　配电箱的安装

（1）配电箱的外形与结构

家用配电箱种类很多，图9-40是一个已经安装了配电电器并接线的配电箱（未安装前盖）。

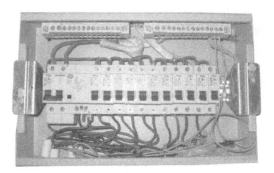

图9-40　一个已经安装配电电器并接线的配电箱

（2）配电电器的安装与接线

在配电箱中安装的配电电器主要有断路器和漏电保护器，在安装这些配电电器时，需要将它们固定在配电箱内部的导轨上，再给配电电器接线。

图9-41是配电箱线路原理图，图9-42是与之对应的配电箱的配电电器接线示意图。三根入户线（L、N、PE）进入配电箱，其中L、N线接到总断路器的输入端。而PE线直接接到地线公共接线柱（所有接线柱都是相通的），总断路器输出端的L线接到3个漏电保护器的L端和5个1P断路器的输入端，总断路器输出端的N线接到3个漏电保护器的N端和零线公共接线柱。在输出端，每个漏电保护器的2根输出线（L、N）和1根由地线公共接线柱引来的PE线组成一个分支线路，而单极断路器的1根输出线（L）和1根由零线公共接线柱引来的N线，再加上1根由地线公共接线柱引来的PE线组成一个分支线路，由于照明线路一般不需地线，故该分支线路未使用PE线。

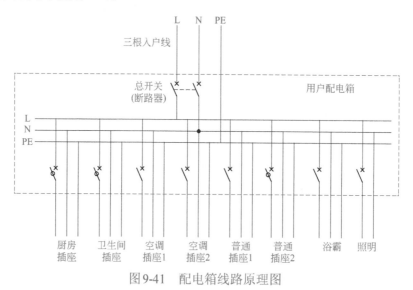

图9-41　配电箱线路原理图

在安装住宅配电箱时，当箱体高度小于60cm时，箱体下端距离地面宜为1.5m，箱体高度大于60cm时，箱体上端距离地面不宜大于2.2m。

在配电箱接线时，对导线颜色也有规定：相线应为黄、绿或红色，单相线可选择其中一种颜色，零线（中性线）应为浅蓝色，保护地线应为绿、黄双色导线。

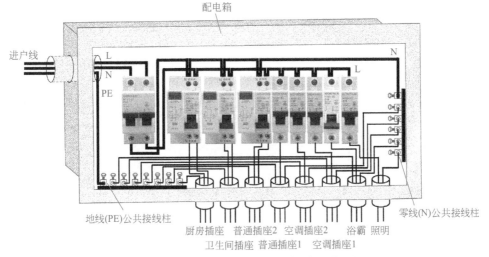

图9-42　配电箱的配电电器接线示意图

Chapter **10**

第10章
变频器的使用

10.1 变频器的基本组成与调速原理

10.1.1 异步电动机的调速方式

当三相异步电动机定子绕组通入三相交流电后，定子绕组会产生旋转磁场，旋转磁场的转速n_0与交流电源的频率f及电动机的磁极对数p有如下关系：

$$n_0 = 60f/p$$

电动机转子的旋转速度n（即电动机的转速）略低于旋转磁场的旋转速度n_0（又称同步转速），两者的转速差称为转差s，电动机的转速为：

$$n = (1 - s)60f/p$$

由于转差s很小，一般为$0.01 \sim 0.05$，为了计算方便，可近似认为电动机的转速与定子的旋转磁场转速相同，即电动机转速近似为：

$$n = 60f/p$$

从上面的近似公式可以看出，三相异步电动机的转速n与交流电源的频率f和电动机的磁极对数p有关，当交流电源的频率f发生改变时，电动机的转速就会发生变化。通过改变电动机的磁极对数p来调节电动机转速的方法称为变极调速。通过改变交流电源的频率来调节电动机转速的方法称为变频调速，变频器是通过改变交流电源频率来调节电动机转速。

10.1.2 变频器的基本组成

变频器是一种典型的采用了变频技术的电气设备。变频器的功能是将工频（50Hz或60Hz）交流电源换成频率可变的交流电源提供给电动机，通过改变输出电源的频率来对电动机进行调速控制。

（1）外形

图10-1列出了几种常见的变频器。

图 10-1　几种常见的变频器

（2）变频器的基本结构及原理

变频器种类很多，主要可分为两类：交-直-交型变频器和交-交型变频器。

① 交-直-交型变频器的结构与原理　交-直-交型变频器利用电路先将工频电源转换成直流电源，再将直流电源转换成频率可变的交流电源，然后提供给电动机，通过调节输出电源的频率来改变电动机的转速。交-直-交型变频器的典型结构如图10-2所示。

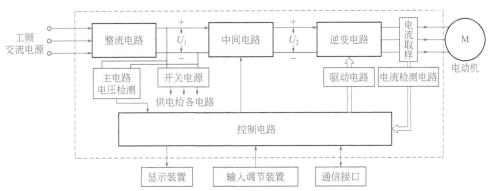

图 10-2　交-直-交型变频器的典型结构框图

下面对照图10-2所示框图说明交-直-交型变频器工作原理。

工频交流电源经整流电路转换成脉动的直流电，直流电再经中间电路进行滤波平滑，然后送到逆变电路，与此同时，控制系统会产生驱动脉冲，经驱动电路放大后送到逆变电路，在驱动脉冲的控制下，逆变电路将直流电转换成频率可变的交流电并送给电动机，驱动电动机运转。改变逆变电路输出交流电的频率，电动机转速就会发生相应的变化。

整流电路、中间电路和逆变电路构成变频器的主电路，用来完成交-直-交的转换。由于主电路工作在高电压大电流状态，为了保护主电路，变频器通常设有主电路电压检测和输出电流检测电路，当主电路电压过高或过低时，电压检测电路则将该情况反映给控制电路，当变频器输出电流过大（如电动机负荷大）时，电流取样元件或电路会产生过流信号，经电流检测电路处理后也送到控制电路。当主电路出现电压不正常或输出电流过大时，控制电路通过检测电路获得该情况后，会根据设定的程序作出相应的控制，如让变频器主电路停止工作，并发出相应的报警指示。

控制电路是变频器的控制中心，当它接收到输入调节装置或通信接口送来的指令信号后，会发出相应的控制信号去控制主电路，使主电路按设定的要求工作，同时控制电路还会将有关的设置和机器状态信息送到显示装置，以显示有关信息，便于用户操作或了解变频器的工作情况。

变频器的显示装置一般采用显示屏和指示灯；输入调节装置主要包括按钮、开关和旋钮等；通信接口用来与其他设备（如可编程序控制器PLC）进行通信，接收它们发送过来的信息，同时还将变频器有关信息反馈给这些设备。

② 交-交型变频器的结构与原理　交-交型变频器利用电路直接将工频电源转换成频率可变的交流电源并提供给电动机，通过调节输出电源的频率来改变电动机的转速。交-交型变频器的结构如图10-3所示。从图中可以看出，交-交型变频器与交-直-交型变频器的主电路不同，它采用交-交变频电路直接将工频电源转换成频率可调的交流电源的方式进行变频调速。

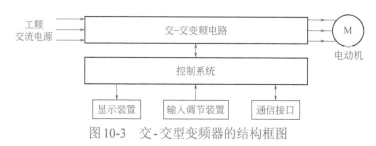

图10-3　交-交型变频器的结构框图

交-交变频电路一般只能将输入交流电频率降低输出，而工频电源频率本来就低，所以交-交型变频器的调速范围很窄，另外这种变频器要采用大量的晶闸管等电力电子器件，导致装置体积大、成本高，故交-交型变频器使用远没有交-直-交型变频器广泛，因此本章主要介绍交-直-交型变频器。

10.2　变频器的结构与接线说明

变频器生产厂家很多，主要有三菱、西门子、富士、施耐德、ABB、安川和台达等，每个厂家都生产很多型号的变频器。变频器虽然种类繁多，但其基本功能是一致的，所以使用方法大同小异，本章以三菱FR-A500系列中的FR-A540型变频器为例来介绍变频器的使用。

10.2.1　外形、结构与拆卸

（1）外形

三菱FR-A540型变频器外形如图10-4所示。

（2）型号含义

三菱FR-A540型变频器的型号含义如下：

图10-4　三菱FR-A540型
变频器外形

（3）结构

三菱FR-A540型变频器结构说明如图10-5所示，其中图（a）为带面板的前视结构图，图（b）为拆下面板后的结构图。

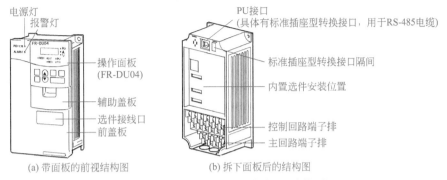

图 10-5　三菱FR-A540型变频器结构说明

（4）面板的拆卸

面板拆卸包括前盖板的拆卸和操作面板（FR-DU04）的拆卸（以FR-A540-0.4K ～ 7.5K型号为例）。

① 前盖板的拆卸　前盖板的拆卸如图10-6所示，具体过程如下：

a.用手握住前盖板上部两侧并向下推。

b.握着向下的前盖板向身前拉，就可将前盖板拆下。

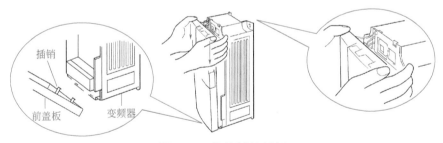

图 10-6　前盖板的拆卸

② 操作面板的拆卸　如果仅需拆卸操作面板，可按如图10-7所示方法进行操作，在拆卸时，按着操作面板上部的按钮，即可将面板拉出。

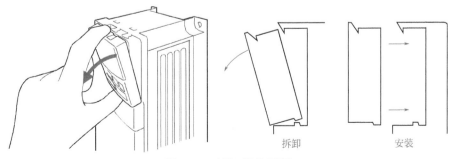

图 10-7　拆卸操作面板

10.2.2 端子功能与接线

变频器的端子主要有主回路端子和控制回路端子。在使用变频器时，应根据实际需要正确地将有关端子与外部器件（如开关、继电器等）连接起来。

（1）总接线图

三菱FR-A540型变频器总接线如图10-8所示。

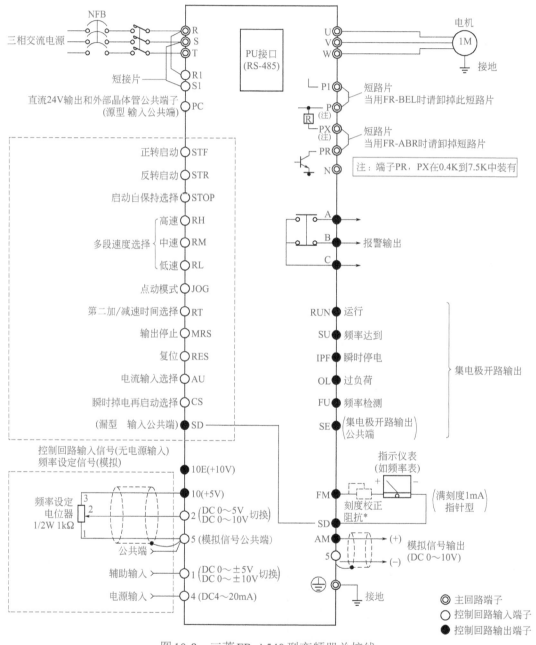

图10-8 三菱FR-A540型变频器总接线

（2）端子功能说明

变频器的端子可分为主回路端子和控制回路端子。

① 主回路端子　主回路端子说明见表10-1。

表10-1　主回路端子说明

端子记号	端子名称	说明
R，S，T	交流电源输入	连接工频电源。当使用高功率因数转换器时，确保这些端子不连接（FR-HC）
U，V，W	变频器输出	接三相笼型电动机
R1，S1	控制回路电源	与交流电源端子R，S连接。在保持异常显示和异常输出时或当使用高功率因数转换器时（FR-HC），请拆下R-R1和S-S1之间的短路片，并提供外部电源到此端子
P，PR	连接制动电阻器	拆开端子PR-PX之间的短路片，在P-PR之间连接选件制动电阻器（FR-ABR）
P，N	连接制动单元	连接选件FR-BU型制动单元或电源再生单元（FR-RC）或高功率因数转换器（FR-HC）
P，P1	连接改善功率因数DC电抗器	拆开端子P-P1间的短路片，连接选件改善功率因数用电抗器（FR-BEL）
PR，PX	连接内部制动回路	用短路片将PX-PR间短路时（出厂设定）内部制动回路便生效（7.5K以下装有）
⏚	接地	变频器外壳接地用，必须接大地

② 控制回路端子　控制回路端子说明见表10-2。

表10-2　控制回路端子说明

类型		端子记号	端子名称	说明	
输入信号	启动接点·功能设定	STF	正转启动	STF信号处于ON便正转，处于OFF便停止。程序运行模式时为程序运行开始信号，（ON开始，OFF静止）	当STF和STR信号同时处于ON时，相当于给出停止指令
		STR	反转启动	STR信号ON为逆转，OFF为停止	
		STOP	启动自保持选择	使STOP信号处于ON，可以选择启动信号自保持	
		RH，RM，RL	多段速度选择	用RH，RM和RL信号的组合可以选择多段速度	输入端子功能选择（Pr.180到Pr.186）用于改变端子功能
		JOG	点动模式选择	JOG信号ON时选择点动运行（出厂设定）。用启动信号（STF和STR）可以点动运行	
		RT	第2加/减速时间选择	RT信号处于ON时选择第2加减速时间。设定了［第2力矩提升］［第2V/F（基底频率）］时，也可以用RT信号处于ON时选择这些功能	
		MRS	输出停止	MRS信号为ON（20ms以上）时，变频器输出停止。用电磁制动停止电动机时，用于断开变频器的输出	
		RES	复位	用于解除保护回路动作的保持状态。使端子RES信号处于ON在0.1s以上，然后断开	

续表

类型		端子记号	端子名称	说明	
输入信号	启动接点·功能设定	AU	电流输入选择	只在端子AU信号处于ON时,变频器才可用直流4～20mA作为频率设定信号	输入端子功能选择(Pr.180到Pr.186)用于改变端子功能
		CS	瞬停电再启动选择	CS信号预先处于ON,瞬时停电再恢复时变频器便可自动启动。但用这种运行必须设定有关参数,因为出厂时设定为不能再启动	
		SD	公共输入端子(漏型)	接点输入端子和FM端子的公共端。直流24V,0.1A(PC端子)电源的输出公共端	
		PC	直流24V电源和外部晶体管公共端 接点输入公共端(源型)	当连接晶体管输出(集电极开路输出),例如可编程控制器时,将晶体管输出用的外部电源公共端接到这个端子时,可以防止因漏电引起的误动作,这端子可用于直流24V,0.1A电源输出。当选择源型时,这端子作为接点输入的公共端	
模拟	频率设定	10E	频率设定用电源	10V DC,容许负荷电流10mA	按出厂设定状态连接频率设定电位器时,与端子10连接。
		10		5V DC,容许负荷电流10mA	当连接到10E时,请改变端子2的输入规格
		2	频率设定(电压)	输入0～5V DC(或0～10V DC)时5V(10V DC)对应于为最大输出频率。输入输出成比例。用参数单元进行输入直流0～5V(出厂设定)和0～10V DC的切换。输入阻抗10kΩ,容许最大电压为直流20V	
		4	频率设定(电流)	DC 4～20mA,20mA为最大输出频率,输入,输出成比例。只在端子AU信号处于ON时,该输入信号有效,输入阻抗250Ω,容许最大电流为30mA	
		1	辅助频率设定	输入0～±5V DC或0～±10V DC时,端子2或4的频率设定信号与这个信号相加。用参数单元进行输入0～±5V DC或0～±10V DC(出厂设定)的切换。输入阻抗10kΩ,容许电压±20V DC	
		5	频率设定公共端	频率设定信号(端子2,1或4)和模拟输出端子AM的公共端子。请不要接大地	
输出信号	接点	A,B,C	异常输出	指示变频器因保护功能动作而输出停止的转换接点,AC 200V 0.3A,30V DC 0.3A,异常时:B-C间不导通(A-C间导通),正常时:B-C间导通(A-C间不导通)	输出端子的功能选择通过(Pr.190到Pr.195)改变端子功能
	集电极开路	RUN	变频器正在运行	变频器输出频率为启动频率(出厂时为0.5Hz,可变更)以上时为低电平,正在停止或正在直流制动时为高电平。容许负荷为DC 24V,0.1A	
		SU	频率到达	输出频率达到设定频率的±10%(出厂设定,可变更)时为低电平,正在加/减速或停止时为高电平。容许负荷为DC 24V,0.1A	
		OL	过负荷报警	当失速保护功能动作时为低电平,失速保护解除时为高电平。容许负荷为DC 24V,0.1A	

续表

类型		端子记号	端子名称	说明	
输出信号	集电极开路	IPF	瞬时停电	瞬时停电，电压不足保护动作时为低电平，容许负荷为DC 24V，0.1A	输出端子的功能选择通过（Pr.190到Pr.195）改变端子功能
		FU	频率检测	输出频率为任意设定的检测频率以上时为低电平，以下时为高电平，容许负荷为DC 24V，0.1A	
		SE	集电极开路输出公共端	端子RUN，SU，OL，IPF，FU的公共端子	
	脉冲	FM	指示仪表用	可以从16种监视项目中选一种作为输出，例如输出频率，输出信号与监视项目的大小成比例	出厂设定的输出项目：频率容许负荷电流1mA 60Hz时1440脉冲/s
	模拟	AM	模拟信号输出		出厂设定的输出项目：频率输出信号0～ 10V DC容许负荷电流1mA
通信	RS-485	—	PU接口	通过操作面板的接口，进行RS-485通信 • 遵守标准：EIA RS-485标准 • 通信方式：多任务通信 • 通信速率：最大：19200bps • 最长距离：500m	

10.3 操作面板的使用

变频器的主回路和控制回路接好后，就可以对变频器进行操作。变频器的操作方式较多，最常用的方式就是在面板上对变频器进行各种操作。

10.3.1 操作面板介绍

变频器安装有操作面板，面板上有按键、显示屏和指示灯，通过观察显示屏和指示灯来操作按键，可以对变频器进行各种控制和功能设置。三菱FR-A540型变频器的操作面板如图10-9所示。

操作面板按键和指示灯的功能说明见表10-3。

表10-3 操作面板按键和指示灯的功能说明

按键	MODE键	可用于选择操作模式或设定模式
	SET键	用于确定频率和参数的设定
	▲/▼键	• 用于连续增加或降低运行频率。按下这个键可改变频率 • 在设定模式中按下此键，则可连续设定参数

续表

按键	FWD键	用于给出正转指令
	REV键	用于给出反转指令
	STOP RESET键	• 用于停止运行 • 用于保护功能动作输出停止时复位变频器（用于主要故障）
指示灯	Hz	显示频率时点亮
	A	显示电流时点亮
	V	显示电压时点亮
	MON	监视模式时点亮
	PU	PU操作模式时点亮
	EXT	外部操作模式时点亮
	FWD	正转时闪烁
	REV	反转时闪烁

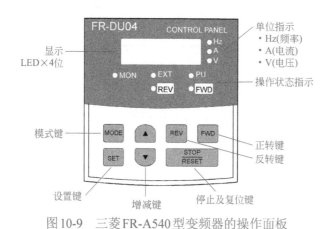

图 10-9　三菱 FR-A540 型变频器的操作面板

10.3.2　操作面板的使用

（1）模式切换

要对变频器进行某项操作，须先在操作面板上切换到相应的模式，例如要设置变频器的工作频率，须先切换到"频率设定模式"，再进行有关的频率设定操作。在操作面板可以进行五种模式的切换。

变频器接通电源后（又称上电），变频器自动进入"监视模式"，如图 10-10 所示，操作面板上的"MODE"键可以进行模式切换，第一次按"MODE"键进入"频率设定模式"，再按"MODE"键进入"参数设定模式"，反复按"MODE"键可以进行"监视、频率设定、参数设定、操作、帮助"五种模式切换。当切换到某一模式后，操作"SET"键或"▲"或"▼"键则对该模式进行具体设置。

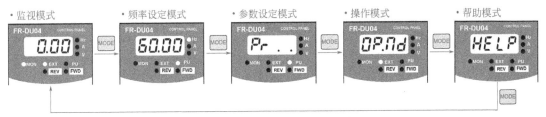

图 10-10　模式切换操作方法

（2）监视模式的设置

监视模式用于显示变频器的工作频率、电流大小、电压大小和报警信息，便于用户了解变频器的工作情况。

监视模式的设置方法是：先操作"MODE"键切换到监视模式（操作方法见模式切换），再按"SET"键就会进入频率监视，如图 10-11 所示，然后反复按"SET"键，可以让监视模式在"电流监视""电压监视""报警监视"和"频率监视"之间切换，若按"SET"键超过1.5s，会自动切换到上电监视模式。

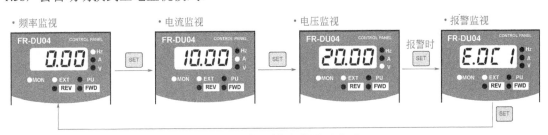

图 10-11　监视模式的设置方法

（3）频率设定模式的设置

频率设定模式用来设置变频器的工作频率，也就是设置变频器逆变电路输出电源的频率。

频率设定模式的设置方法是：先操作"MODE"键切换到频率设定模式，再按"▲"或"▼"键可以设置频率，如图 10-12 所示，设置好频率后，按"SET"键就将频率存储下来（也称写入设定频率），这时显示屏就会交替显示频率值和频率符号 F，这时若按下"MODE"键，显示屏就会切换到频率监视状态，监视变频器工作频率。

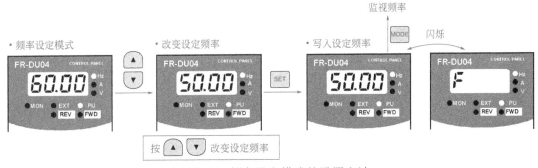

图 10-12　频率设定模式的设置方法

（4）参数设定模式的设置

参数设定模式用来设置变频器各种工作参数。三菱 FR-A540 型变频器有近千种参数，每种参数又可以设置不同的值,如第79号参数用来设置操作模式,其可设置值有0~8,若将79号参数值设置为1时,就将变频器设置为PU操作模式,将参数值设置为2时,会将变频器设置为外部操作模式。将79号参数值设为1,通常记作Pr.79=1。

参数设定模式的设置方法是:先操作"MODE"键切换到参数设定模式,再按"SET"键开始设置参数号的最高位,如图10-13所示,按"▲"或"▼"键可以设置最高位的数值,最高位设置好后,按"SET"键会进入中间位的设置,按"▲"或"▼"键可以设置中间位的数值,再用同样的方法设置最低位,最低位设置好后,整个参数号设置结束,再按"SET"键开始设置参数值,按"▲"或"▼"键可以改变参数值大小,参数值设置完成后,按住"SET"键保持1.5s以上时间,就将参数号和参数值存储下来,显示屏会交替显示参数号和参数值。

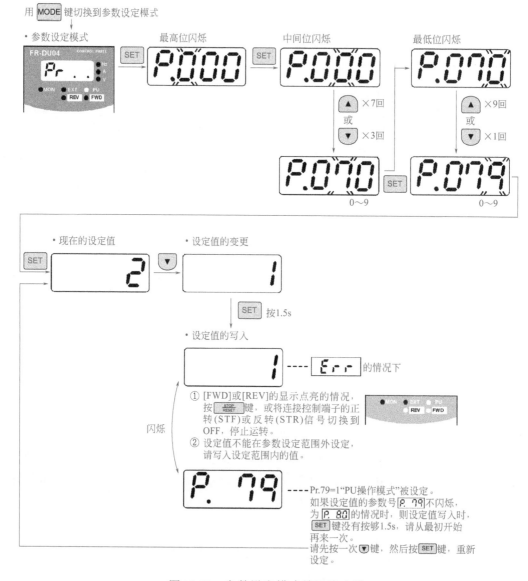

图10-13 参数设定模式的设置方法

（5）操作模式的设置

操作模式用来设置变频器的操作方式。在操作模式中可以设置外部操作、PU操作和PU点动操作。外部操作是指控制信号由控制端子外接的开关（或继电器等）输入的操作方式；PU操作是指控制信号由PU接口输入的操作方式，如面板操作、计算机通信操作都是PU操作；PU点动操作是指通过PU接口输入点动控制信号的操作方式。

操作模式的设置方法是：先操作"MODE"键切换到操作模式，默认为外部操作方式，按"▲"键切换至PU操作方式，如图10-14所示，再按"▲"键切换至PU点动操作方式，按"▼"可返回到上一种操作方式，按"MODE"会进入帮助模式。

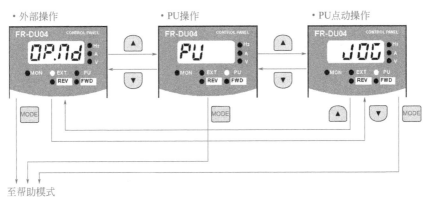

图10-14 操作模式的设置方法

（6）帮助模式的设置

帮助模式主要用来查询和清除有关记录、参数等内容。

帮助模式的设置方法是：先操作"MODE"键切换到帮助模式，按"▲"键显示报警记录，再按"▲"清除报警记录，反复按"▲"键可以显示或清除不同内容，按"▼"可返回到上一种操作方式，具体操作如图10-15所示。

图10-15 帮助模式的设置方法

10.4 变频器的使用

变频器最基本的功能是对电动机进行正、反转和调速控制。在使用变频器对电动机进行正、反转和调速控制时，既可以使用面板来操作（PU操作），也可以使用控制端子外接的开关和电位器来操作（外部操作）。

10.4.1 使用变频器的面板控制电动机正、反转

使用变频器的面板对电动机进行正、反转控制又称PU操作方式。

（1）接线

在操作变频器面板前，需要对变频器主电路进行接线，接线如图10-16所示。

图10-16 PU操作方式的接线

（2）操作过程

采用PU操作方式对电动机进行正、反转控制的操作过程见表10-4。

表10-4 PU操作方式对电动机进行正、反转控制的操作过程

操作说明	示图
第一步：接通电源并设置操作模式。 将断路器合闸，为变频器接通工频电源，再观察操作面板显示屏的PU指示灯（外部操作指示灯）是否亮（默认亮），若未亮，可操作MODE键切换到操作模式，并用"▲"和"▼"键将操作模式设定为PU操作	
第二步：设定运行频率。 首先按"MODE"键切换到频率设定模式，然后按"▲"和"▼"键将频率改为50.00Hz，按"SET"键存储设定频率值	
第三步：启动。 按"FWD"或"REV"键，电动机启动，显示屏自动转为监视模式，并显示变频器输出频率	
第四步：停止。 按"STOP/RESET"键，电动机减速后停止	

10.4.2　使用变频器外接的开关和电位器控制电动机正、反转和调速

使用变频器外接的开关和电位器对电动机正、反转和调速控制又称外部操作方式。在使用外部操作方式时，通过操作与控制回路端子连接的部件（如开关、继电器触点和电位器等）来控制变频器的运行。

（1）接线

在操作变频器面板前，需要对变频器主电路和控制电路进行接线，接线如图10-17所示。先将控制电路端子外接的正转（STF）或反转（STR）开关接通，然后调节频率电位器同时观察频率计，就可以调节变频器输出电源的频率，驱动电动机以合适的转速运行。

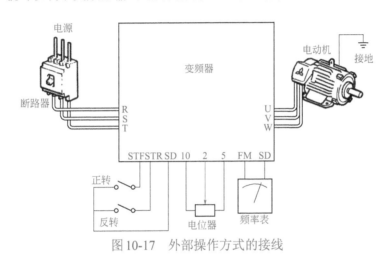

图10-17　外部操作方式的接线

（2）操作过程

采用外部操作方式对电动机进行正、反转和调速控制的操作过程见表10-5。

表10-5　外部操作方式对电动机进行正、反转和调速控制的操作过程

操作说明	示图
第一步：接通电源并设置外部操作模式。 将断路器合闸，为变频器接通工频电源，再观察操作面板显示屏的EXT指示灯（外部操作指示灯）是否亮（默认亮），若未亮，可操作"MODE"键切换到操作模式，并用"▲"和"▼"键将操作模式设定为外部操作	合闸 0.00
第二步：启动。 将正转或反转开关拨至ON，电动机开始启动运转，同时面板上指示运转的STF或STR指示灯亮。 注：在启动时，将正转和反转开关同时拨至ON，电动机无法启动，在运行时同时拨至ON会使电动机减速至停转	正转　反转 0.00

续表

操作说明	示图
第三步：加速。 将频率设定电位器顺时针旋转，显示屏显示的频率值由小变大，同时电动机开始加速，当显示频率达到50.00Hz时停止调节，电动机以较高的恒定转速运行	
第四步：减速。 将频率设定电位器逆时针旋转，显示屏显示的频率值由大变小，同时电动机开始减速，当显示频率值减小到0.00Hz时电动机停止运行	
第五步：停止。 将正转或反转开关断开	

10.4.3　变频器带保护电路控制电动机正、反转和调速

给变频器增加保护电路的好处在于，当变频器出现故障时保护电路可切断电源，防止故障范围扩大。变频器带保护功能的电动机正、反转和调速控制电路如图10-18所示。该电路采用了一个三挡开关SA，SA有"正转""停止"和"反转"3个位置，调速使用电位器*RP*，本方式也属于变频器的外部操作方式。

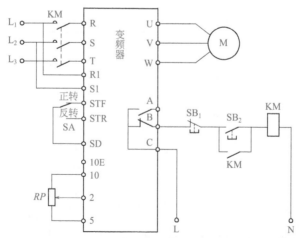

图10-18　变频器带保护功能的电动机正、反转和调速控制电路

电路工作原理说明如下：

① 启动准备。按下按钮SB_2→接触器KM线圈得电→KM常开辅助触点和主触点均闭合→KM常开辅助触点闭合锁定KM线圈得电（自锁），KM主触点闭合为变频器接通主电源。

② 正转控制。将开关SA拨至"正转"位置，STF、SD端子接通，相当于STF端子输入正转控制信号，变频器U、V、W端子输出正转电源电压，驱动电动机正向运转。调节端子10、2、5外接电位器RP，变频器输出电源频率会发生改变，电动机转速也随之变化。

③ 停转控制。将开关SA拨至"停转"位置（悬空位置），STF、SD端子连接切断，变频器停止输出电源，电动机停转。

④ 反转控制。将开关SA拨至"反转"位置，STR、SD端子接通，相当于STR端子输入反转控制信号，变频器U、V、W端子输出反转电源电压，驱动电动机反向运转。调节电位器RP，变频器输出电源频率会发生改变，电动机转速也随之变化。

⑤ 调速控制。在正转或反转时，调节电位器RP，端子2输入电压发生变化，变频器从U、V、W端子输出的电源频率发生变化，电动机转速随之改变。

⑥ 变频器异常保护。若变频器运行期间出现异常或故障，变频器B、C端子间内部等效的常闭开关断开，接触器KM线圈失电，KM主触点断开，切断变频器输入电源，对变频器进行保护。

若要切断变频器输入主电源，须先将开关SA拨至"停止"位置，让变频器停止工作，再按下按钮SB_1，接触器KM线圈失电，KM主触点断开，变频器输入电源被切断。

第11章
PLC快速入门

11.1 认识PLC

11.1.1 什么是PLC

PLC是英文Programmable Logic Controller的缩写，意为可编程序逻辑控制器，是一种专为工业应用而设计的控制器。世界上第一台PLC于1969年由美国数字设备公司（DEC）研制成功，随着技术的发展，PLC的功能越来越强大，不仅限于逻辑控制，因此美国电气制造协会NEMA于1980年对它进行重命名，称为可编程控制器（Programmable Controller），简称PC。但由于PC容易和个人计算机PC（Personal Computer）混淆，故人们仍习惯将PLC当作可编程控制器的缩写。

由于可编程控制器一直在发展中，至今尚未对其下最后的定义。国际电工学会（IEC）对PLC最新定义为：

可编程控制器是一种数字运算操作电子系统，专为在工业环境下应用而设计，它采用了可编程序的存储器，用来在其内部存储执行逻辑运算、顺序控制、定时、计数和算术运算等操作的指令，并通过数字的、模拟的输入和输出，控制各种类型的机械或生产过程，可编程控制器及其有关的外围设备，都应按易于与工业控制系统形成一个整体、易于扩充其功能的原则设计。

图11-1列出了几种常见的PLC。

图11-1　几种常见的PLC

11.1.2 PLC控制与继电器控制的比较

PLC控制是在继电器控制基础上发展起来的，为了让读者能初步了解PLC控制方式，下面以电动机正转控制为例对两种控制系统进行比较。

（1）继电器正转控制

图11-2是一种常见的继电器正转控制线路，可以对电动机进行正转和停转控制，图（a）为主电路，图（b）为控制电路。

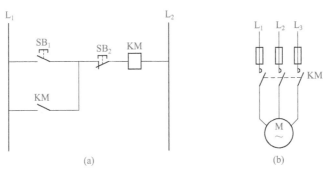

图11-2　继电器正转控制线路

电路工作原理说明如下：

按下启动按钮SB₁，接触器KM线圈得电，主电路中的KM主触点闭合，电动机得电运转，与此同时，控制电路中的KM常开自锁触点也闭合，锁定KM线圈得电（即SB₁断开后KM线圈仍可得电）。

按下停止按钮SB₂，接触器KM线圈失电，KM主触点断开，电动机失电停转，同时KM常开自锁触点也断开，解除自锁（即SB₂闭合后KM线圈无法得电）。

（2）PLC正转控制

图11-3是PLC正转控制线路，它可以实现图11-2所示的继电器正转控制线路相同的功能。PLC正转控制线路也可分为主电路和控制电路两部分，PLC与外接的输入、输出部件构成控制电路，主电路与继电器正转控制主线路相同。

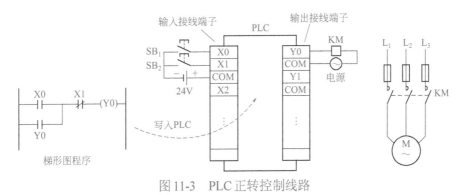

图11-3　PLC正转控制线路

在组建PLC控制系统时，先要进行硬件连接，再编写控制程序。PLC正转控制线路的硬件接线如图11-3所示，PLC输入端子连接SB₁（启动）、SB₂（停止）和电源，输出端子连接接触器线圈KM和电源。PLC硬件连接完成后，再在电脑中使用专门的PLC编程软件编写图示的梯形图程序，然后通过电脑与PLC之间的连接电缆将程序写入PLC。

PLC软、硬件准备好后就可以操作运行。操作运行过程说明如下：

按下启动按钮SB$_1$，PLC端子X0、COM之间的内部电路与24V电源、SB$_1$构成回路，有电流流过X0、COM端子间的电路，PLC内部程序运行，运行结果使PLC的Y0、COM端子之间的内部电路导通，接触器线圈KM得电，主电路中的KM主触点闭合，电动机运转，松开SB$_1$后，内部程序维持Y0、COM端子之间的内部电路导通，让KM线圈继续得电（自锁）。

按下停止按钮SB$_2$，PLC端子X1、COM之间的内部电路与24V电源、SB$_2$构成回路，有电流流过X1、COM端子间的电路，PLC内部程序运行，运行结果使PLC的Y0、COM端子之间的内部电路断开，接触器线圈KM失电，主电路中的KM主触点断开，电动机停转，松开SB$_2$后，内部程序让Y0、COM端子之间的内部电路维持断开状态。

11.2　PLC的组成与工作原理

11.2.1　PLC的组成

PLC种类很多，但结构大同小异，典型的PLC控制系统组成方框图如图11-4所示。在组建PLC控制系统时，需要给PLC的输入端子接有关的输入设备（如按钮、触点和行程开关等），给输出端子接有关的输出设备（如指示灯、电磁线圈和电磁阀等），另外，还需要将编好的程序通过通信接口输入PLC内部存储器，如果希望增强PLC的功能，可以将扩展单元通过扩展接口与PLC连接。

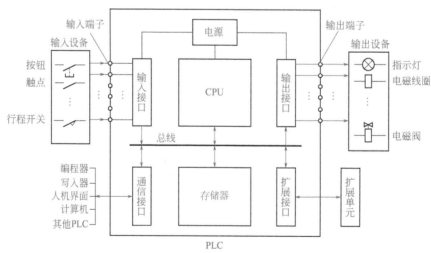

图11-4　典型的PLC控制系统组成方框图

PLC内部主要由CPU、存储器、输入接口、输出接口、通信接口和扩展接口等组成。

（1）CPU

CPU又称中央处理器，它是PLC的控制中心，它通过总线（包括数据总线、地址总线和控制总线）与存储器和各种接口连接，以控制它们有条不紊地工作。CPU的性能对PLC工作速度和效率有较大的影响，故大型PLC通常采用高性能的CPU。

CPU的主要功能有：

① 接收通信接口送来的程序和信息，并将它们存入存储器；

② 采用循环检测（即扫描检测）方式不断检测输入接口送来的状态信息，以判断输入设备的状态；

③ 逐条运行存储器中的程序，并进行各种运算，再将运算结果存储下来，然后经输出接口对输出设备进行有关的控制；

④ 监测和诊断内部各电路的工作状态。

（2）存储器

存储器的功能是存储程序和数据。PLC通常配有ROM（只读存储器）和RAM（随机存储器）两种存储器，ROM用来存储系统程序，RAM用来存储用户程序和程序运行时产生的数据。

系统程序由厂家编写并固化在ROM存储器中，用户无法访问和修改系统程序。系统程序主要包括系统管理程序和指令解释程序。系统管理程序的功能是管理整个PLC，让内部各个电路能有条不紊地工作。指令解释程序的功能是将用户编写的程序翻译成CPU可以识别和执行的程序。

用户程序是用户通过编程器输入存储器的程序，为了方便调试和修改，用户程序通常存放在RAM中，由于断电后RAM中的程序会丢失，因此RAM专门配有的后备电池供电。有些PLC采用EEPROM（电可擦写只读存储器）来存储用户程序，由于EEPROM存储器中的内部可用电信号进行擦写，并且掉电后内容不会丢失，因此采用这种存储器后可不要备用电池。

（3）输入/输出接口

输入/输出接口又称I/O接口或I/O模块，是PLC与外围设备之间的连接部件。PLC通过输入接口检测输入设备的状态，以此作为对输出设备控制的依据，同时PLC又通过输出接口对输出设备进行控制。

PLC的I/O接口能接收的输入和输出信号个数称为PLC的I/O点数。I/O点数是选择PLC的重要依据之一。

PLC外围设备提供或需要的信号电平是多种多样的，而PLC内部CPU只能处理标准电平信号，所以I/O接口要能进行电平转换，另外，为了提高PLC的抗干扰能力，I/O接口一般采用光电隔离和滤波功能，此外，为了便于了解I/O接口的工作状态，I/O接口还带有状态指示灯。

① 输入接口 PLC的输入接口分为开关量（又称数字量）输入接口和模拟量输入接口，开关量输入接口用于接收开关通断信号，模拟量输入接口用于接收模拟量信号（连续变化的电压或电流）。模拟量输入接口采用A/D转换电路，将模拟量信号转换成数字量信号。图11-5是PLC的一种开关量输入接口电路。

输入接口的电源由PLC内部24V直流电源提供。当闭合输入开关后，有电流流过光电耦合器和输入指示灯，电流途径是：24V正→光电耦合器内部的发光管→指示灯发光二极管→电阻R_1→输入端子出→输入开关→COM端子入→24V负，光电耦合器内的发光管发光，其光敏管受光导通，给内部电路送入一个信号，由于光电耦合器内部是通过光线传递，故可以将外部电路与内部电路进行有效的电气隔离，输入指示灯点亮用于指示输入端子有输入。R_2、C 为滤波电路，用于滤除输入端子窜入的干扰信号，R_1 为限流电阻。

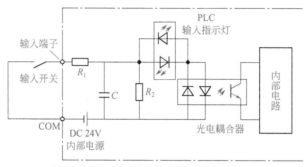

图 11-5　PLC 的开关量输入接口电路

②　输出接口　PLC 的输出接口也分为开关量（又称数字量）输出接口和模拟量输出接口。模拟量输出接口采用 D/A 转换电路，将数字量信号转换成模拟量信号，开关量输出接口采用的电路形式较多，根据使用的输出开关器件不同可分为：继电器输出接口、晶体管输出接口和双向晶闸管输出接口。三种类型开关量输出接口如图 11-6 所示。

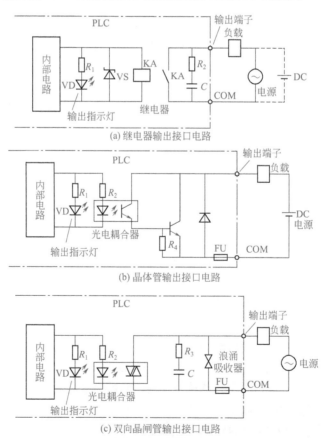

(a) 继电器输出接口电路

(b) 晶体管输出接口电路

(c) 双向晶闸管输出接口电路

图 11-6　PLC 的三种类型开关量输出接口电路

　　图11-6（a）为继电器输出接口电路，当PLC内部电路输出信号时，有电流流过输出指示灯和继电器KA线圈，继电器常开触点KA闭合，负载有电流通过，电流途径：外部电源（直流或交流）的一端→负载→输出端子入→闭合的KA常开触点→COM端子出→外部电源的另一端。继电器输出接口采用的继电器触点无极性，故负载电源可以是交流，也可以是直流，由于触点通断速度慢，因此输出响应慢，动作频率低。

　　图11-6（b）为晶体管输出接口电路，它采用光电耦合器与晶体管配合使用。当PLC内部电路输出信号时，有电流流过输出指示灯和光电耦合器内的发光管，发光管导通发光，光敏管则受光导通，外部的DC电源通过负载和导通的光敏管为晶体管的基极提供电压，晶体管导通，有电流流过负载，电流途径是：DC电源正→负载→输出端子入→导通的晶体管→熔断器FU→COM端子出→DC电源负。晶体管输出接口电路采用的晶体管有极性，故外部负载电源只能是直流电源，由于晶体管通断速度快，故输出响应快，动作频率高。

　　图11-6（c）为双向晶闸管输出接口电路，它采用双向晶闸管型光电耦合器。当PLC内部电路输出信号时，有电流流过输出指示灯和光电耦合器的发光管，双向光敏晶闸管则受光导通，有电流流过负载，电流途径是：外部交流电源一端→负载→输出端子入→导通的晶闸管→熔断器FU→COM端子出→外部交流电源的另一端。晶闸管输出接口电路的输出响应速度快，动作频率高，常用于驱动交流负载。

　　（4）通信接口

　　PLC配有通信接口，PLC可通过通信接口与监视器、打印机、其他PLC、计算机等设备实现通信。PLC与编程器或写入器连接，可以接收编程器或写入器输入的程序；PLC与打印机连接，可将过程信息、系统参数等打印出来；PLC与人机界面（如触摸屏）连接，可以在人机界面直接操作PLC或监视PLC工作状态；PLC与其他PLC连接，可组成多机系统或连成网络，实现更大规模控制；与计算机连接，可组成多级分布式控制系统，实现控制与管理相结合。

　　（5）扩展接口

　　为了提升PLC的性能，增强PLC控制功能，可以通过扩展接口给PLC增接一些专用功能模块，如高速计数模块、闭环控制模块、运动控制模块、中断控制模块等。

　　（6）电源

　　PLC一般采用开关电源供电，与普通电源相比，PLC电源的稳定性好、抗干扰能力强。PLC的电源对电网提供的电源稳定度要求不高，一般允许电源电压在其额定值±15%的范围内波动。有些PLC还可以通过端子往外提供直流24V稳压电源。

11.2.2　PLC的工作方式

　　PLC是一种由程序控制运行的设备，其工作方式与微型计算机不同，微型计算机运行到结束指令END时，程序运行结束。PLC运行程序时，会按顺序依次逐条执行存储器中的程序指令，当执行完最后的指令后，并不会马上停止，而是又重新开始再次执行存储器中的程序，如此周而复始，PLC的这种工作方式称为循环扫描方式。

　　PLC的工作过程如图11-7所示。

　　PLC通电后，首先进行系统初始化，将内部电路恢复到起始状态，然后进行自我诊断，

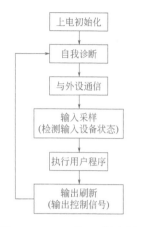

图 11-7 PLC 的工作过程

检测内部电路是否正常，以确保系统能正常运行，诊断结束后对通信接口进行扫描，若接有外设则与其通信。通信接口无外设或通信完成后，系统开始进行输入采样，检测输入设备（开关、按钮等）的状态，然后根据输入采样结果依次执行用户程序，程序运行结束后对输出进行刷新，即输出程序运行时产生的控制信号。以上过程完成后，系统又返回，重新开始自我诊断，以后不断重复上述过程。

PLC 有两个工作状态：RUN（运行）状态和 STOP（停止）状态。当 PLC 工作在 RUN 状态时，系统会完整执行图 11-7 过程；当 PLC 工作在 STOP 状态时，系统不执行用户程序。PLC 正常工作时应处于 RUN 状态，而在编制和修改程序时，应让 PLC 处于 STOP 状态。PLC 的两种工作状态可通过开关进行切换。

PLC 工作在 RUN 状态时，完整执行图 11-7 过程所需的时间称为扫描周期，一般为 1 ～ 100ms。扫描周期与用户程序的长短、指令的种类和 CPU 执行指令的速度有很大的关系。

11.2.3 PLC 用户程序的执行过程

PLC 的用户程序执行过程很复杂，下面以 PLC 正转控制线路为例进行说明。图 11-8 是 PLC 正转控制线路，为了便于说明，图中画出了 PLC 内部等效图。

图 11-8 中 PLC 内部等效图中的 X0、X1、X2 称为输入继电器，它由线圈和触点两部分组成，由于线圈与触点都是等效而来，故又称为软线圈和软触点，Y0 称为输出继电器，它也包括线圈和触点。PLC 内部中间部分为用户程序（梯形图程序），程序形式与继电器控制电路相似，两端相当于电源线，中间为触点和线圈。

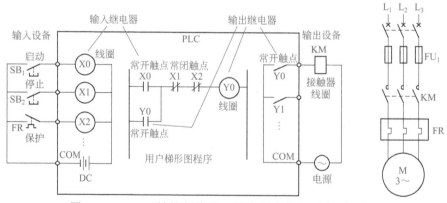

图 11-8 PLC 正转控制线路（用户程序执行过程说明图）

用户程序执行过程说明如下：

当按下启动按钮 SB_1 时，输入继电器 X0 线圈得电，它使用户程序中的 X0 常开触点闭合，输出继电器 Y0 线圈得电，它一方面使用户程序中的 Y0 常开触点闭合，对 Y0 线圈供电锁定外，另一方面使输出端的 Y0 常开触点闭合，接触器 KM 线圈得电，主电路中的 KM 主触点闭合，电动机得电运转。

当按下停止按钮SB_2时，输入继电器X1线圈得电，它使用户程序中的X1常闭触点断开，输出继电器Y0线圈失电，用户程序中的Y0常开触点断开，解除自锁，另外输出端的Y0常开触点断开，接触器KM线圈失电，KM主触点断开，电动机失电停转。

若电动机在运行过程中电流过大，热继电器FR动作，FR触点闭合，输入继电器X2线圈得电，它使用户程序中的X2常闭触点断开，输出继电器Y0线圈失电，输出端的Y0常开触点断开，接触器KM线圈失电，KM主触点闭合，电动机失电停转，从而避免电动机长时间过流运行。

11.3 PLC编程软件的使用

要让PLC完成预定的控制功能，就必须为它编写相应的程序，并将程序写入PLC。不同厂家生产的PLC通常需要配套的软件进行编程。下面介绍三菱FXGP/WIN-C编程软件的使用，该软件可对三菱FX系列PLC进行编程。

11.3.1 软件的安装和启动

（1）软件的安装

在购买三菱FX系列PLC时会配带编程软件。打开fxgpwinC文件夹，找到安装文件SETUP32.EXE，双击该文件即开始安装FXGP/WIN-C软件，如图11-9所示。

图11-9 双击SETUP32.EXE文件开始安装FXGP/WIN-C软件

（2）软件的启动

FXGP/WIN-C软件安装完成后，从开始菜单的"程序"项中找到"FXGP_WIN-C"图标，如图11-10所示，单击该图标即开始启动FXGP/WIN-C软件。启动完成的软件界面如图11-11所示。

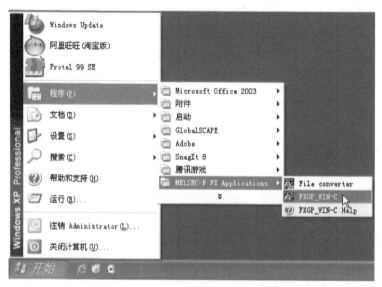

图11-10　启动FXGP/WIN-C软件

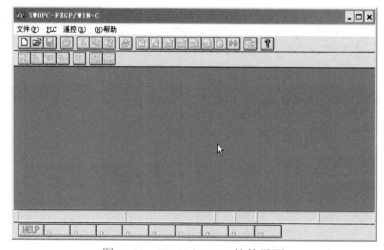

图11-11　FXGP/WIN-C软件界面

11.3.2　程序的编写

（1）新建程序文件

要编写程序，须先新建程序文件。新建程序文件过程如下：

执行菜单命令"文件→新文件"，也可点击"▢"图标，弹出"PLC类型设置"对话框，如图11-12所示，选择"FX2N/FX2NC"类型，单击"确认"，即新建一个程序文件，如图11-13所示，它提供了"指令表"和"梯形图"两种编程方式，若要编写梯形图程序，可单击"梯形图"编辑窗口右上方的"最大化"按钮，可将该窗口最大化。

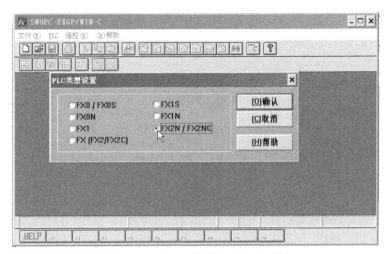

图11-12 "PLC类型设置"对话框

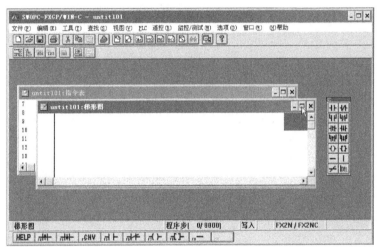

图11-13 新建了一个程序文件

在窗口的右方有一个浮置的工具箱,如图11-14所示,它包含有各种编写梯形图程序的工具,各工具功能如图标注说明。

(2)程序的编写

编写程序过程如下:

① 单击浮置的工具箱上的"┤├"工具,弹出

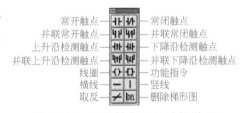

图11-14 工具箱各工具功能说明

"输入元件"对话框,如图11-15所示,在该框中输入"X000",确认后,在程序编写区出现常开触点符号X000,高亮光标自动后移。

② 单击工具箱上的"〈〉"工具,弹出"输入元件"对话框,如图11-16所示,在该框中输入"T2 K200",确认后,在程序编写区出现线圈符号,符号内的"T2 K200"表示T2线圈是一个延时动作线圈,延迟时间为0.1s×200=20s。

③ 再依次使用工具箱上的"┤├"输入"X001",用"〈↑〉"输入"RST T2",用"┤├"输入"T2",用"〈〉"输入"Y000"。

编写完成的梯形图程序如图11-17所示。

若需要对程序内容进行编辑，可用鼠标选中要操作的对象，再执行"编辑"菜单下的各种命令，就可以对程序进行复制、粘贴、删除、插入等操作。

图11-15　"输入元件"对话框

图11-16　在对话框内输入"T2 K200"

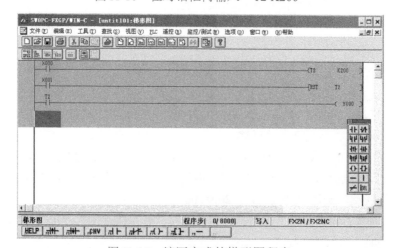

图11-17　编写完成的梯形图程序

11.3.3　程序的转换与传送

梯形图程序编写完成后，需要先转换成指令表程序，然后将计算机与PLC连接好，再将程序传送到PLC中。

（1）程序的转换

单击工具栏中的"🖰"工具，也可执行菜单命令"工具→转换"，软件自动将梯形图程序转换成指令表程序。执行菜单命令"视图→指令表"，程序编程区就切换到指令表形式，如图11-18所示。

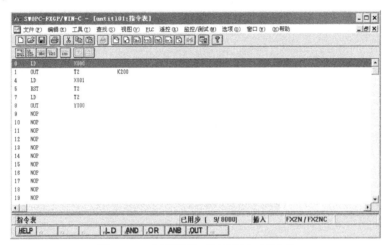

图11-18　编程区切换到指令表形式

（2）计算机与PLC的连接

要将计算机中编写好的程序写入PLC，须用专门的通信电缆将编程计算机与PLC连接起来。图11-19是使用USB-SC09-FX电缆（即USB转RS-422电缆）将计算机与三菱FX2N型PLC连接起来，电缆的USB接口插入计算机的USB端口，电缆的另一接口插入PLC的编程端口。在往PLC写入程序时，需要给PLC接上电源。为了让计算机能识别USB-SC09-FX电缆，需要在计算机中安装该电缆的驱动程序。

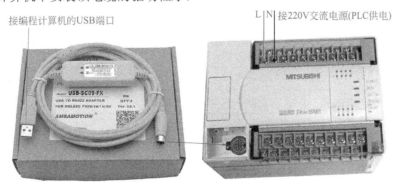

图11-19　使用USB-SC09-FX电缆连接计算机与三菱FX2N型PLC

（3）程序的传送

要将编写好的程序传送到PLC中，可执行菜单命令"PLC→传送→写出"，出现"PC程

图 11-20 "PC程序写入"对话框

序写入"对话框，如图11-20所示，选择"所有范围"，确认后，编写的程序就会全部送入PLC。

如果要修改PLC中的程序，可执行菜单命令"PLC→传送→读入"，PLC中的程序就会读入计算机编程软件中，然后就可以对程序进行修改。

11.4 PLC应用系统的开发流程及举例

11.4.1 PLC应用系统的一般开发流程

PLC应用系统的一般开发流程如图11-21所示。

11.4.2 PLC控制电动机正反转的开发举例

下面通过开发一个电动机正、反转控制线路为例来说PLC应用系统的开发过程。

（1）明确系统的控制要求

系统要求通过3个按钮分别控制电动机连续正转、反转和停转，还要求采用热继电器对电动机进行过载保护，另外要求正反转控制联锁。

（2）确定输入/输出设备，并为其分配合适的I/O端子

表11-1列出了系统要用到的输入/输出设备及对应的PLC端子。

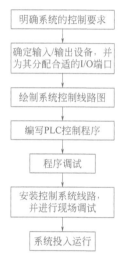

图 11-21 PLC应用系统的一般开发流程

表 11-1 系统用到的输入/输出设备和对应的PLC端子

输入			输出		
输入设备	对应PLC端子	功能说明	输出设备	对应PLC端子	功能说明
SB_2	X000	正转控制	KM_1线圈	Y000	驱动电动机正转
SB_3	X001	反转控制	KM_2线圈	Y001	驱动电动机反转
SB_1	X002	停转控制			
FR常开触点	X003	过载保护			

（3）绘制系统控制线路图

图11-22为PLC控制电动机正、反转线路图。

（4）编写PLC控制程序

启动三菱FXGP/WIN-C编程软件，编写图11-23所示的梯形图控制程序。

下面对照图11-22线路图来说明图11-23梯形图程序的工作原理：

① 正转控制 当按下PLC的X000端子外接按钮SB_2时→该端子对应的内部输入继电

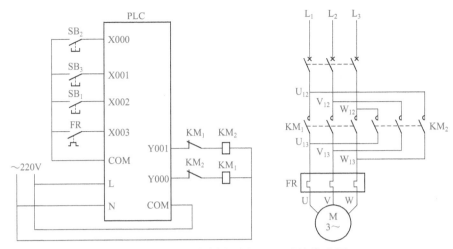

图 11-22 PLC控制电动机正、反转线路图

器X000得电→程序中的X000常开触点闭合→输出继电器Y000线圈得电，一方面使程序中的Y000常开自锁触点闭合，锁定Y000线圈供电，另一方面使程序中的Y000常闭触点断开，Y001线圈无法得电，此外还使Y000端子内部的硬触点闭合→Y000端子外接的KM₁线圈得电，它一方面使KM₁常闭联锁触点断开，KM₂线圈无法得电，另一方面使KM₁主触点闭合→电动机得电正向运转。

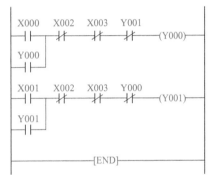

图 11-23 电动机正、反转控制梯形图程序

② 反转控制 当按下X001端子外接按钮SB₃时→该端子对应的内部输入继电器X001得电→程序中的X001常开触点闭合→输出继电器Y001线圈得电，一方面使程序中的Y001常开自锁触点闭合，锁定Y001线圈供电，另一方面使程序中的Y001常闭触点断开，Y000线圈无法得电，还使Y001端子内部的硬触点闭合→Y001端子外接的KM₂线圈得电，它一方面使KM₂常闭联锁触点断开，KM₁线圈无法得电，另一方面使KM₂主触点闭合→电动机两相供电切换，反向运转。

③ 停转控制 当按下X002端子外接按钮SB₁时→该端子对应的内部输入继电器X002得电→程序中的两个X002常闭触点均断开→Y000、Y001线圈均无法得电，Y000、Y001端子内部的硬触点均断开→KM₁、KM₂线圈均无法得电→KM₁、KM₂主触点均断开→电动机失电停转。

④ 过载保护 当电动机过载运行时，热继电器FR发热元件使X003端子外接的FR常开触点闭合→该端子对应的内部输入继电器X003得电→程序中的两个X003常闭触点均断开→Y000、Y001线圈均无法得电，Y000、Y001端子内部的硬触点均断开→KM₁、KM₂线圈均无法得电→KM₁、KM₂主触点均断开→电动机失电停转。

（5）将程序写入PLC

在计算机中用编程软件编好程序后，如果要将程序写入PLC，须做以下工作：

① 用专用编程电缆将计算机与PLC连接起来，再给PLC接好工作电源，如图11-24所示。

② 将PLC的"RUN/STOP"开关置于"STOP"位置，再在计算机编程软件中执行PLC

程序写入操作，将写好的程序由计算机通过电缆传送到PLC中。

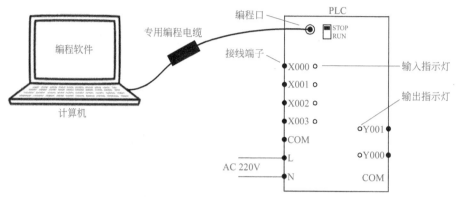

图 11-24　PLC 与计算机的连接

（6）模拟运行

程序写入PLC后，将PLC的"RUN/STOP"开关置于"RUN"位置，然后用导线将PLC的X000端子和COM端子短接一下，相当于按下正转按钮，在短接时，PLC的X000端子的对应指示灯正常应该会亮，表示X000端子有输入信号，根据梯形图分析，在短接X000端子和COM端子时，Y000端子应该有输出，即Y000端子的对应指示灯应该会亮，如果X000端指示灯亮，而Y000端指示灯不亮，可能是程序有问题，也可能是PLC不正常。

若X000端子模拟控制的运行结果正常，再对X001、X002、X003端子进行模拟控制，并查看运行结果是否与控制要求一致。

（7）安装系统控制线路，并进行现场调试

模拟运行正常后，就可以按照绘制的系统控制线路图，将PLC及外围设备安装在实际现场，线路安装完成后，还要进行现场调试，观察是否达到控制要求，若达不到要求，需检查是硬件问题还是软件问题，并解决这些问题。

（8）系统投入运行

系统现场调试通过后，可试运行一段时间，若无问题发生可正式投入运行。